数学之书 The Math Book
U0184373

数学之书

[美]克利福德·皮寇弗 著
杨大地 译

重庆大学出版社

From Pythagoras

to the 57th Dimension

250 Milestones

in the History of Mathematics

数学之书

The Math Book

从毕达哥拉斯

到57度空间物体

数学史上250个里程碑

毫无疑问，数学不仅拥有真理，而且拥有至高无上的美——就像雕塑那样冷峻而朴素。

——伯特兰·罗素，《神秘主义与逻辑》，1918 年

数学是一门奇妙而疯狂的学科，充满了想象力、幻想和创造力，它不受物质世界的细节所限制，只受我们内心灵光的制约。

——格雷戈里·柴廷，《更少的证明，更多的真理》，《新科学家》，2007 年 7 月 28 日

也许是上帝的一位天使仔细观察了这片无穷无尽的混沌之海，然后用手指轻轻地拨弄了一下。在这个微小而短暂的平衡漩涡中，我们的宇宙诞生了。

——马丁·加德纳，《秩序与惊奇》，1950 年

现代物理学的伟大方程式是科学知识的永久组成部分之一，它甚至可能比古老而美丽的大教堂更持久。

——史蒂文·温伯格，见于格雷厄姆·法米罗的《天地有大美》，2002 年

目 录

III

V

前言　数学之美与效用

一个聪明的观察者在看到数学家工作时可能会得出结论，他们是一群古怪教派的狂热信徒，是宇宙秘钥的追寻者。

——菲利普·戴维斯（Philip Davis）与鲁本·赫什（Reuben Hersh），

《数学经验谈》（*The Mathematical Experience*）一书作者

数学已经渗透到科学发展的每一个领域，并在生物学、物理、化学、经济学、社会学和工程学中发挥着宝贵的作用。数学可以用来解释夕阳的颜色或我们大脑的结构。数学帮助我们建造超音速飞机和云霄飞车，模拟地球自然资源的流动，探索亚原子量子世界，观察并想象遥远的星系。可以说，数学改变了我们看待宇宙的方式。

在这本书中，我希望能使用较少的公式就能让读者感受到数学的魅力，同时拓展和锻炼读者的想象力。然而，对多数读者而言，这本书并不讨论只为满足猎奇心理而缺乏实用价值的东西。事实上，来自美国教育部的报告表明，在高中能顺利完成数学课程的学生，在大学选择的专业里也能取得更好的成绩。

数学的可用性使我们能够建造宇宙飞船和研究我们宇宙的几何学。而数字更可能是我们与外星智慧生命沟通的首选方式。一些物理学家甚至推测，对更高维度和拓扑学（研究形状及其相互关系的数学分支）的理解——也许有一天，当地球在极热或极冷中毁灭之时，数学能帮助我们逃离所在的时空，把整个宇宙都当成我们的家园。

“同时发现”在数学史上经常发生。正如我在“莫比乌斯带（1858 年）”条目中提到的那样，1858 年，德国数学家奥古斯特·莫比乌斯（August Möbius，1790—1868）和与同时代的学者，德国数学家约翰·贝内迪克特·利斯廷（Johann Benedict Listing，1808—1882）同时并独立地发现了莫比乌斯带（一种神奇的扭曲环带，只有一个面）。类似于莫比乌斯和利斯廷同时发现莫比乌斯带的事例，英国博学多才的艾萨克·牛顿（Isaac

Newton，1643—1727）和德国数学家戈特弗里德·威廉·莱布尼茨（Gottfried Wilhelm Leibniz，1646—1716）独自同时发明了微积分。这让我十分好奇：为什么在科学上有这么多的发现是由多人独立同时完成的。又如，英国博物学家查尔斯·达尔文（Charles Darwin，1809—1882）和阿尔弗雷德·华莱士（Alfred Wallace，1823—1913）既独立又同时提出了进化论。同样，匈牙利数学家亚诺什·鲍耶（János Bolyai，1802—1860）和俄罗斯数学家尼古拉·罗巴切夫斯基（Nikolai Lobachevsky，1792—1856）也似乎是同时而独立地发明了双曲几何学。

最有可能的解释是，这种同时出现的发现是因为人类在这时已经积累了足够的知识，发现的时机正好成熟。有时候，两个科学家可能通过阅读同时代的某人的先导研究，受到了同样的启发。但神秘主义者却认为这种巧合存在着更深层次的意义。奥地利生物学家保罗·卡梅纳（Paul Kammerer，1880—1926）写道："因此，正如我们观察一个世界拼图或宇宙万花筒的影像，不管怎样地刷新和重组，它也会出现相似的图案。"他认为我们世界上的事件，就如同海浪顶部的浪花，似乎孤立无关变幻莫测。但根据他这种颇具争议的理论，我们往往只注意到海浪的顶部，但在海面之下可能存在某种同步机制，神秘地连接着我们世界中的事件，并使它们聚集在一起。"

乔治·伊夫拉（Georges Ifrah）在《数学通史》（*The Universal History of Numbers*）中写到玛雅数学时也讨论了这种同时性：

> 因此，我们再次看到，那些在时间或空间上被远远分离的人，是如何被引导出哪怕不能说是完全相同，至少也是非常相似的结果的。在某些情况下，可以用不同人群之间的接触和影响来解释这个现象。而真正的解释在于我们以前所说的文化的深刻的统一性：世界各地的智人的智慧及其潜能是高度一致的。

古人，比如希腊人，对数字有着深深的迷恋。在不断变化的世界中，对处境艰难的人类来说，数字才是唯一不变的东西。对于追随毕达哥拉斯学派的人来说，数字是有形的、不变的、舒适的、永恒的，比朋友更可靠，也不像阿波罗和宙斯之类的神祇那样可怕。

本书中的许多条目都涉及整数。才华横溢的数学家保罗·艾狄胥（Paul Erdös，1913—1996）对数论——整数的研究十分着迷，他轻而易举地提出了许多关于整数的问题，这些问题的陈述通常很简单，但却是出了名的难解。艾狄胥认为，如果某人提出了一个超过一个世纪未能解决的数学问题，那它一定是与数论有关的问题。

宇宙的许多方面都可以表示为整数。整数模式可以描述雏菊花序的排列、兔子的繁殖、行星的轨道、音乐中的和弦以及元素在周期表中的关系。德国代数学家、数论学家利奥波德·克罗内克（Leopold Kronecker，1823—1891）曾说过："整数来自上帝，其他的一切都是人造的。”他的意思是，所有数学的主要来源是整数。

自毕达哥拉斯时代以来，把音乐中音阶确定为整数比得到了广泛的共识。更重要的是，整数在人类对科学理解的演化中一直至关重要。例如，法国化学家安托万·拉瓦锡（Antoine Lavoisier，1743—1794）发现，化合物是由相关元素的固定比例组成的，这种固定比例呈现出简单的整数比。这是原子存在的非常有力的证据。1925 年，原子激发态发射的光谱线波长之间的整数关系提供了原子结构的早期线索。原子量的整数比证明了原子核是由整数个数的相似核子（质子或中子）组成的。而原子量与整数比的偏差，则促成元素同位素（具有几乎相同的化学性质，但原子核具有不同数量的中子的元素变体）的发现。单一同位素的原子量与精确整数的微小差异，证实了爱因斯坦的著名方程 $E = mc^2$，从而也证实了制造原子弹的可能性。整数关系在原子物理学中随处可见。它是数学结构中最基本的组成部分，正如德国数学家卡尔·弗里德里希·高斯（Carl Friedrich Gauss，1777—1855）所说：“数学是科学的女王，而数论则是数学的女王。”

我们对宇宙的数学描述会一直向前发展下去，但我们的大脑和语言技能却依然十分滞后。我们需要新的思考和理解的方法，才能不断地发现或创造新的数学。例如，在过去的几年里，一些数学史上的著名数学问题已经得到了证明，但却引发了太多太久的争议，这些证明是如此复杂，以致连专家也难以确定它们是否完全正确。比如数学家托马斯·黑尔斯（Thomas Hales）将一篇几何学论文投稿到《数学年刊》（*The Journal Annals of Mathematics*）后，等待了整整五年时间。专家审查意见结论却是没有发现这篇论文有错误，建议发表，可是必须加上免责声明——他们无法肯定这个证明的正确性！此外，数学家艾克·基思·德夫林（Ike Keith Devlin）在《纽约时报》（*New York Times*）上承认，“数学的故事已经达到了如此抽象的阶段，以至于它的许多前沿问题甚至专家都难以理解。”如果专家都有这样的麻烦，人们就很容易理解向普罗大众传播数学知识所面临的挑战。我们将尽力而为，虽然数学家可以构建理论、进行计算，但他们可能并不擅长于充分理解、阐述解释或传播这些思想。

可以引用一个物理故事做相关的类比。在 20 世纪 20 年代，在维尔纳·海森堡（Werner Heisenberg）担心人类可能永远不能真正理解原子结构时，尼尔斯·波尔（Niels Bohr）则显得很乐观。他回答说：“我想也许我们可以做到这一点，但在这个过程中，我们可能不得不重新认识‘理解’这个词的真正含义。”今天，我们使用计算机来帮助我们超越自己直觉的局限。事实上，用计算机进行的实验正在启发数学家们的观察能力和发现能力，这在没有这些设备之前是无法想象的。计算机和计算机图形学允许数学家能够在他们正式证明之前就发现结果，并开启全新的数学领域。即使是最简单的计算机工具，如电子表格（Spreadsheets，即在线电子表格程序）给现代数学家增添的力量，高斯、欧拉和牛顿都一定会羡慕不已。

作为一个例子，在 20 世纪 90 年代末，戴维·贝利（David Bailey）和赫拉曼·弗格森（Helaman Ferguson）设计的计算机程序可以产生将 π 与 log5 以及其他两个常数联系起来的公式。正如埃里卡·克拉瑞希（Erica Klarreich）在《科学新闻》（*Science News*）的报道所说，一旦计算机产生了公式，要证明它是正确的就相对容易了。通常，简单地知道答案是公式证明过程中要克服的最大障碍。

数学理论有时被用来预测直到几年后才被证实的现象。例如，以物理学家詹姆斯·克莱克·麦克斯韦（James Clerk Maxwell）命名的麦克斯韦方程就预言了电磁波。爱因斯坦的场方程则预测，重力会使光弯曲，预言宇宙正在膨胀。物理学家保罗·狄拉克（Paul Dirac）曾指出，我们现在研究的抽象数学使我们得以窥视未来的物理学。事实上，他的方程式预测了反物质的存在，这也在后来被证实。同样，数学家罗巴切夫斯基说，“哪怕再抽象的数学分支，都可能会有一天用于诠释现实世界的现象。”

在这本书中，你会遇到各种有趣的几何学，它们被认为是把握宇宙的钥匙。伽利略·伽利雷（Galileo Galilei，1564—1642）提出“大自然最伟大的著作是用数学符号书写的。”约翰尼斯·开普勒（Johannes Kepler，1571—1630）用柏拉图多面体（如正十二面体）来模拟太阳系。20 世纪 60 年代，物理学家尤金·维格纳（Eugene Wigner，1902—1995）强调说：“数学在自然科学中具有的超乎常理的有效性。”像是 E_8 这种大李群（Large Lie Group）[请参阅条目“探索李群 E_8（2007 ）”]，也许有一天会帮助我们统一物理学的理论。2007 年，瑞典籍美国宇宙学家马克斯·特格马克（Max Tegmark）发表了关于“数学宇宙假说”的一系列科学和通俗文章，指出我们的物理现实就是一种数学结构。换句话说，我们的宇宙不仅仅是用数学来描述而已—— 它本身就是数学。

本书的架构和目的

物理学发展的每一个重大步骤，都要求并且经常鼓励引进新的数学工具和概念。鉴于其极端的精确性和普遍性，我们现在只有用数学语言才有可能理解物理学定律。

——迈克尔·阿蒂亚爵士（Sir Michael Atiyah）

数学家的一个共同特点是对完整性的追求——习惯用一种回归本源的冲动来解释他们的作品。因此，数学文章的读者必须经常参阅基本内容之前的许多背景资料。本书为了避免这个问题，将每一个条目都设置得很短，最多只有几个段落的长度。这种形式可以让读者直接阅读思考一个主题，而不必罗列太多的相关内容。想知道无穷大吗？请参阅“康托尔的超限数（1874 年）”或“希尔伯特旅馆悖论（1925 年）”两个条目，你将得到一次快速的思想锻炼。如果你对由纳粹集中营的一名囚犯开发的、第一个商业上成功的便携式机械计算器感兴趣，那么请翻到“科塔计算器（1948 年）”，那里有简明的介绍。

一个听起来很有趣的定理能在某一天帮助科学家为电子设备生成纳米线路？请阅读“毛球定理（1912 年）”条目。为什么纳粹分子会强迫波兰数学会主席用自己的血喂虱子？为什么第一位女数学家会被谋杀？真的有可能把一个球体内部翻转出来吗？是谁号称“数学教宗”？人类什么时候系的第一个结？为什么我们不再使用罗马数字了？在数学史上最早获得个人命名的人是谁？单面的曲面可能存在吗？我们将在接下来的篇幅中为你解答这些以及更多的发人深省的问题。

我写《数学之书》的目的，是为广大读者提供一本关于重要的数学思想和思想家的简短指南，其中的条目相当简短，以便读者们在几分钟内消化吸收。其中大多数条目都是我个人感兴趣的。不过为了避免这本书变得太厚，我没有把所有伟大的数学里程碑都囊括在内。因此，在这本颂扬数学的作品中，我不得不略去了许多重要的数学奇闻轶事。尽管如此，我相信我已经把大多数具有历史意义的，对数学、社会或人类思想产生强烈影响的内容包含进去了。有些条目非常实用，比如“计算尺（1621 年）”和其他计算设备的发明、“巨蛋穹顶（1922 年）”和“零的出现（约 650 年）”等。偶尔我也会插入几个较轻松的事件，它们也很重要，比如风靡一时的魔方或床单折叠问题等条目。

这本《数学之书》也反映了我智识上的不足，虽然我已经尽可能多地学习科学和数学知识，但很难在每个领域都面面俱到。本书很清楚地展示出我自己的个人兴趣、优势和弱点。我负责选择本书中的关键条目，当然也对其中的任何错误和不当之处负责。但它不是一部全面的数学巨著，也并非严谨的学术论文，而是为学习科学和数学的学生及有兴趣的行外人士提供的休闲娱乐读本。我热忱欢迎来自读者们的反馈和建议，并不断地虚心地对本书进行改进。

这本书的条目是根据数学里程碑发生的年份，按时间顺序排列的。有时候，文献报道的日期可能略有不同，这是因为我们给出的是文献发表的日期，而有些来源给出的是数学原理诞生萌芽的实际日期，实际上其出版发表的日期有时是一年后或更晚。如果我不能肯定更早的确切发现日期的话，我通常采用出版日期。

当某项成就不止一个人做出贡献时，条目日期就可能面临如何界定的问题。一般情况下我使用最早的日期，但有时也会考虑多个方面而决定使用该项成就突显其重要性的日期。例如“格雷码（1947 年）”，格雷码广泛用于如电视信号传输等数字通信中的纠错，使传输系统不易受噪声的影响。这种编码是以 20 世纪五六十年代贝尔电话实验室的物理学家弗兰克·格雷（Frank Gray）的名字命名的。在这段时间里，此类代码得到特别的重视，部分原因是格雷在 1947 年申请了格雷码专利，现代通信技术从而得以蓬勃发展。因此，本书格雷码条目的日期定位在 1947 年，尽管这个想法的根源可以追溯到法国电报的先驱埃米尔·博多（Émile Baudot，1845—1903）。

学者们有时对历史上的某些发现归于谁存在争议。例如作家海因里希·多里（Heinrich Dörrie）就引用了四位学者的话，他们不相信“阿基米德的群牛问题”的某个版本真的是阿基米德提出来的，但他也引用了另外四位作者的话，他们认为这个问题应该归于阿基米德。学者们也对“亚里士多德的轮子悖论”的提出者身份提出了质疑。

你会注意到，在过去的几十年中，书中条目中提到的问题有的已经得到了解答。例如在 2007 年，研究人员最终“破解”了西洋跳棋游戏，证明了如果双方都不犯错的话，比赛就将以平局结束。正如前面已经提到过的，最近数学进展迅速的一部分原因是使用计算机作为数学实验的工具。跳棋破解方案的分析实际上从 1989 年就开始了，这款 E_8 游戏有大约 5×10^{20} 种可能的走法，需要几十台计算机同时运行才能得到完整的破解方案。

有时，我会在主要条目中介绍科学记者或著名研究人员，但为了简洁起见，我没有在条目中列出引用资料来源或作者的完整介绍。我为这种偶尔为之的紧凑方法预先道歉；在书后面的参考资料我会附上作者身份的详细资料。

就连定理的命名也暗藏玄机。例如，数学家德夫林在 2005 年为《美国数学学报》（*Mathematical Association of America*）撰写的专栏中写道：

> 有的数学家们在他们的有生之年证明了许多定理，而他们的名字被加到其中某个定理的过程却是非常偶然的。例如，欧拉、高斯和费马各证明了数百个定理，其中许多是非常重要的，但他们也只“冠名”了其中几个。而有时定理附加的名字是不正确的。比如著名的“费马最后定理”，几乎可以肯定地说，费马没能证明这个定理，他的名字是其他人在他死后加上去的，这位法国数学家只是在一本教科书的某页边上潦草地写了一句话而已。毕达哥拉斯定理也是如此，早在毕达哥拉斯出生之前这个定理就已经出现了。

正是数学发现为我们提供了探索自然界本源的框架，正是因为有了数学工具才使科学家得以对宇宙进行预测；因此，这本书中讲述的发现可称得上是人类最伟大的成就。

你刚拿到这本书时，可能会以为它似乎是一本长长的目录，里面有一些孤立的概念和人物，它们之间似乎没有联系。但开始阅读后，你会开始感觉其中有许多关联。显然，科学家和数学家的最终目标不仅仅是积累事实和建立一个公式清单，而是寻求对物质世界的理解模式，研究如何将原理和规则组织起来，厘清在这些客观事实之间的关系，固化形成定理，从而建立起人类思想的全新分支。对个人来说，数学陶冶了人们的心灵，使人们思想扩展到极致，对广阔的宇宙万物始终保持着永恒的好奇心和探索愿望。

我们的大脑，已经进化到让我们足以逃避非洲大草原上狮子的追杀了，但也许不是为了揭开笼罩在现实之上的面纱而构建的。为了揭开这些面纱，揭示真理，我们可能需要更多的数学、科学和计算工具，需要更强的大脑，甚至需要从文学、艺术和诗歌中汲取养料，获取帮助。希望各位即将开始从头到尾地阅读《数学之书》的读者能细心思索，寻找各条目之间的联系，心怀敬畏地凝视人类思想的进化，在无边无际的思想海洋上扬帆远航！

译者推荐序

数学伴随我们的文明发生，伴随我们的文明发展，可是数学是什么，即使大师巨匠们也莫衷一是，答案依然五花八门。但数学之美确实渗入每一个学科领域，渗入我们每一个人心中。

翻开《数学之书》，我们会看到，数学发生于实用，这是毋庸置疑的。早期，人们用数学丈量土地、分配财产；后来，人们用数学设计机械、修造建筑、开发资源、管理国家、探索宇宙……人类壮丽文明的每一个脚印都有数学的深度参与，它确实是一种无所不在、无所不能的工具，但仅仅这样理解数学之美是远远不够的。

数学在发展的过程中建立了自身的体系，这是一个壮观而严密、华丽而简洁的真、善、美系统，展现了惊人的魅力。

说到“真”，数学定理是最真的真理。一个猜想一旦得到证明，就绝对正确、毫无疑义、无可挑战，成为人类文明永久的成果（如费马大定理）；反之只要举出一个反例，就可彻底推翻这个猜想（如梅森素数猜想）。这就产生了无穷的吸引力，引得一代代的数学家们穷尽自己毕生的才智，去追求真理，追求名垂青史的成就。

说到“善”，意味着一个完整的数学体系是完善的、完备的、自洽的，具有普遍意义的。如书中提到欧几里得的《几何原本》。很难想象两千三百多年前，这位大师就用五个简单的公设，通过逻辑推导，构建起了光彩夺目的几何学大厦，至今还是我们中学生学习数学和逻辑推理的重要内容。又如哥尼斯堡七桥问题，1736 年被数学大师欧拉解决，从而奠定了图论的基础。所有一笔画乃至多笔画问题，都可以引用他的简明扼要的结论去解决，以一挂万，可谓善也。

再说“美”，在本书中就可以信手拈来：毕达哥拉斯用整数比奠定了美妙的和弦音乐的基础，黄金比造就的匀称的美感，阿基米德螺线描述了蕨苔的卷须和美丽的唐卡，莫比乌斯带和克莱因瓶匪夷所思的奇妙特质，曼德布洛特集合展示的超自然的惊人的分形之美……

集真善美之大成的是数学公式：$e^{i\pi}+1=0$。它大气、漂亮、简洁，充满神秘的气息。正如皮尔斯说："虽然我们无法理解这个方程式，也不知道它所表达的意义，但我们却已经完成了证明。因此我们相信这个公式代表真理。"

最后让我们用克莱因的一段话来结束这篇短文："音乐能激发或抚慰人的感情，绘画使人赏心悦目，诗歌能动人心弦，哲学使人聪慧，科学可以改善生活，而数学能做到一切。"

杨大地

数学之书 The Math Book

001

蚂蚁的里程表

撒哈拉沙漠蚁可能有内置的“计步器”，可以计算行走的步数，从而使蚂蚁可以测量精确的距离。在腿上粘有“高跷”（用红色表示）的蚂蚁走得太远，以致错过了蚁巢的入口，这表明步幅的长度对距离的确定是很重要的。

灵长类计数（约公元前 3000 万年），质数和蝉的生命周期（约公元前 100 万年）

蚂蚁是由大约 1.5 亿年前白垩纪中期的一种小黄蜂进化而来的社会化的昆虫。在大约 1 亿年前开花植物兴起并繁盛起来，蚂蚁也开始演化出许多不同的种类。

撒哈拉沙漠蚁是一种长脚沙漠蚂蚁，它们往往在完全没有地标的沙地上长途跋涉，寻找食物。它们回家时，并不是通过回溯出来时走过的路径，而是走直线。它们不仅能利用天空中的阳光来判断方向，而且体内似乎还有一台内置的“计算机”，其功能就像计步器一样，可以计算它们行走的步数，并给出回家的精确距离。当蚂蚁在遇到一只昆虫尸体之前，可能要走多达 50 米的距离，然后它们将猎物撕下一块并直接走回它的巢穴，通过一个直径往往小于 1 毫米的洞口进入其中。

一个由德国和瑞士科学家组成的研究小组，通过改变蚂蚁的腿长来改变它们的步幅，发现蚂蚁是通过“计算步数”的方式来判断距离的。当蚂蚁到达食物所在地后，科学家们通过给蚂蚁腿上粘上“高跷”来加大步长，或者通过轻度截肢来缩短步长，再将蚂蚁放回去，让蚂蚁寻找回巢的道路。他们发现有高跷的蚂蚁因走得太远而错过了洞口，而那些有腿部截肢的蚂蚁却没能达到洞口。然而，如果蚂蚁一开始就用修改后的腿出发，它们仍然能计算出合适的回家距离。这表明步长是计算距离的关键因素。此外，他们还发现蚂蚁头脑中高度复杂的计算机甚至能够计算其路径的水平投影，这样即使沙漠中有沙丘和洼谷，它们也不会迷失路径。■

灵长类计数

002

灵长类动物似乎有一定的数字感，人们可以教会高等灵长类动物识别 1 到 6 的数字。当屏幕显示一定数量的物体时，它们可以学会按下键盘上对应的数字键。

蚂蚁的里程表（约公元前 1.5 亿年），伊尚戈骨骸（约公元前 1.8 万年）

约公元前 3000 万年

约 6000 万年前，狐猴类的小型灵长类动物已经出现在世界的许多地区，约 3000 万年前，具有猴子特征的灵长类动物就已存在。这样的生物能计数吗？动物计数的意义在动物行为专家中是一个非常有争议的问题。许多学者认为动物有一定的数量感。H. 卡尔穆斯（H. Kalmus）在《自然》（*Nature*）杂志发表过的一篇文章《作为数学家的动物》（*Animals as Mathematicians*）中写道：

毫无疑问，如松鼠或鹦鹉之类的一些动物，可以训练来计数。据报道，松鼠、老鼠和授粉的昆虫都具有计数能力。其中一些动物可以在视觉中区分数量，而另一些动物则可以被训练来识别甚至重复听觉中声音信号的数量。少数动物在训练后，甚至能在视觉模式中抽象出元素（点）的数量。但由于它们缺乏口头和书面表达数字的能力，许多人不愿意接受动物也懂数字的事实。

老鼠已经被证明会“计数”，它可以执行正确次数的某种操作以换取奖励。黑猩猩可以在计算机键盘上按出与箱子里香蕉数量相匹配的数字。日本京都大学灵长类动物研究所的松泽彻郎（Testsuro Matsuzawa）教授则教会一只雌性黑猩猩在计算机屏幕上看到一定数量的某种物体时，按下计算机键盘上对应的 1 到 6 的数字键。

美国佐治亚州立大学的科学家迈克尔·贝兰（Michael Beran）训练黑猩猩使用计算机屏幕和操纵杆。当屏幕上闪烁着一个数字和几群不同数量的圆点时，他的黑猩猩能用操纵杆把两者正确匹配起来。一只黑猩猩学习后能正确匹配数字 1 到 7，而另一只黑猩猩则努力做到了 1 到 6。三年后，当两只黑猩猩再次接受测试时，它们都还能够完成这些匹配操作，但错误率是原来的两倍。■

003

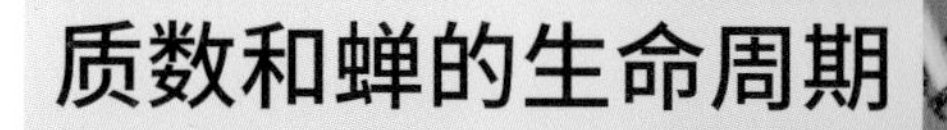

质数和蝉的生命周期

某些品种的蝉的生命周期使人印象深刻：它们从土壤中钻出来的同步周期通常是质数 13 和 17 年。有时会有超过 150 万只的幼蝉在很短的时间里突然在 1 英亩的土地上钻出来。

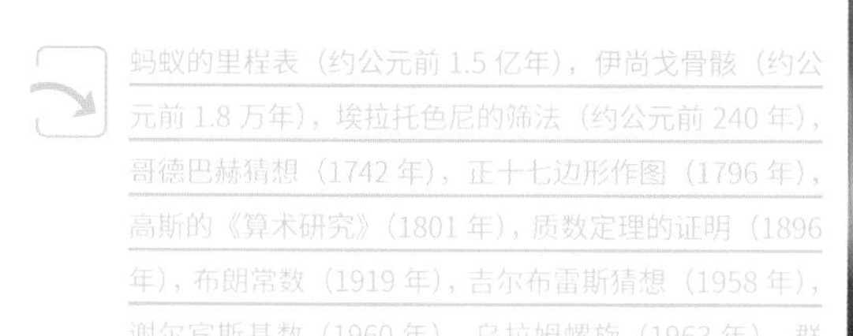

蚂蚁的里程表（约公元前 1.5 亿年），伊尚戈骨骸（约公元前 1.8 万年），埃拉托色尼的筛法（约公元前 240 年），哥德巴赫猜想（1742 年），正十七边形作图（1796 年），高斯的《算术研究》（1801 年），质数定理的证明（1896 年），布朗常数（1919 年），吉尔布雷斯猜想（1958 年），谢尔宾斯基数（1960 年），乌拉姆螺旋（1963 年），群策群力的艾狄胥（1971 年），安德里卡猜想（1985 年）

约公元前 100 万年

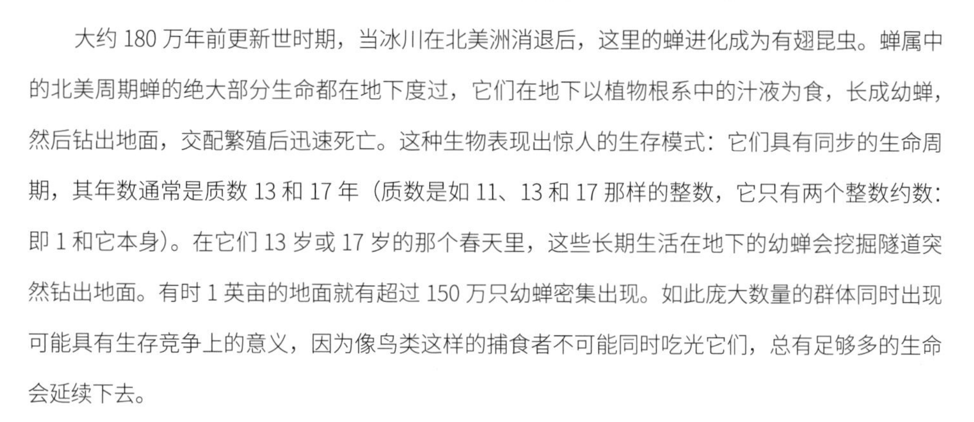

大约 180 万年前更新世时期，当冰川在北美洲消退后，这里的蝉进化成为有翅昆虫。蝉属中的北美周期蝉的绝大部分生命都在地下度过，它们在地下以植物根系中的汁液为食，长成幼蝉，然后钻出地面，交配繁殖后迅速死亡。这种生物表现出惊人的生存模式：它们具有同步的生命周期，其年数通常是质数 13 和 17 年（质数是如 11、13 和 17 那样的整数，它只有两个整数约数：即 1 和它本身）。在它们 13 岁或 17 岁的那个春天里，这些长期生活在地下的幼蝉会挖掘隧道突然钻出地面。有时 1 英亩的地面就有超过 150 万只幼蝉密集出现。如此庞大数量的群体同时出现可能具有生存竞争上的意义，因为像鸟类这样的捕食者不可能同时吃光它们，总有足够多的生命会延续下去。

一些研究人员推测，北美周期蝉进化出质数生命周期，是为了逃避寿命较短的捕食者和寄生虫对它们的吞噬。假如这些蝉有 12 年的生命周期，那么所有生命周期为 2、3、4 或 6 年的捕食者都可能更容易刚好对上它们大量出现的时间。德国多特蒙德的普朗克分子生理学研究所的马里奥·马库斯（Mario Markus）和他的同事们发现，这些质数生命周期自然来自捕食者和猎物之间相互作用的进化数学模型。他们为此进行了计算机模拟试验，他们首先将模拟种群的生命周期年数设置为随机数，代入计算机模型进行模拟。过了一段时间，随着一系列灾变的出现，对周期蝉的生存最有利的生命周期总是锁定在一个稳定的质数上。

当然这项研究还处于起步阶段，还有许多问题没有答案。为什么刚好是 13 和 17 这两个质数？究竟是什么肉食动物或寄生虫促使周期蝉进化出这样的生命周期？还有一个未解之谜是，在世界上的 1500 种蝉中，为什么只有北美周期蝉等少数品种具有这两个质数的生命周期。■

绳 结

《凯尔斯书》是凯尔特僧侣们在公元 800 年左右制作的一本具有精美插图的《福音圣经》。在这些插图中可以看到各种结构形状的绳结。

印加人的奇普（约公元前 3000 年），博罗梅安环（834 年），帕科绳结（1974 年），琼斯多项式（1984 年），墨菲定律和绳结（1988 年）

绳结的使用可以追溯到智人出现之前。例如，在摩洛哥的一个洞穴中发现了 8.2 万年前的贝壳，这些贝壳都被用赭石着色并且穿过孔。考古学的证据还表明，在比这更早的时期，人类就开始使用穿孔的串珠了。贝壳和珠子带有穿孔，意味着它们曾经被细绳穿过并打结串成项链一样的环形。

《凯尔斯书》（*The Book of Kells*）就是其中的一个例子，这本书是凯尔特僧侣们在公元 800 年左右制作的一本插图精美的《福音圣经》（*Gospel Bible*）。在现代，关于研究绳结（比如带有三个交叉的三叶结）的“纽结理论”是一个庞大的数学领域的分支，它专门研究扭曲而封闭的圈环形状的对象。1914 年，德国数学家马克斯 · 德恩（Max Dehn，1878—1952）证明了三叶结和它的镜像图像是不等价的。

几个世纪以来，数学家们一直试图开发一种方法来判明那些像纽结（称为非纽结）的缠绕形状和真正的纽结之间的区别。经过多年努力，数学家们创造出看似无穷无尽的不同纽结的列表。到目前为止，对具有 16 个或更少结点的纽结，已鉴别出 170 多万个不等价的纽结图案。

今天有很多研究关于纽结的学会。从分子遗传学到粒子物理学等各个领域的科学家都在研究纽结，以帮助我们理解如何解开缠绕的 DNA 结构，或弄清基本粒子的自然特征。

结绳对文明的发展是至关重要的，它们被用来将织物连结成衣服，把武器固定在身体上，搭建棚屋遮挡风雨，让船只能扬帆远航探索世界。今天，数学中的纽结理论已经变得如此先进，以至于一般人很难挑战它的理论并理解它最深刻的应用。几千年来，人类已经将绳结从简单的项链、领带发展出了生活中各种结构的模型。■

005

伊尚戈骨骸

伊尚戈的狒狒骨头带有一系列的刻痕，它最初被认为是石器时代的非洲人使用的一种简单的计数工具。然而一些科学家认为，这些标记展现了其主人远超计数能力的数学能力。

灵长类计数（约公元前 3000 万年），质数和蝉的生命周期（约公元前 100 万年），埃拉托色尼的筛法（约公元前 240 年）

约公元前1.8万年

1960 年，比利时地质学家和探险家让·德·海因泽林·德·布劳克（Jean de Heinzelin de Braucourt，1920—1998）在今天的刚果民主共和国境内发现了一些带有标记的狒狒骨骸——伊尚戈骨骸，上面有一系列的刻痕，最初被认为是石器时代非洲人用来简单计数的一些骨棒。然而，根据一些科学家的说法，这些标记展现了远古人的一种远超计数本身的数学能力。

这些骨头是在尼罗河源头附近的伊尚戈（Ishango）发现的，那里是旧石器时代上层居民的家园，后来火山爆发将这一地区掩埋了。一些骨头上分别有三道刻痕和加倍的六道刻痕，四道刻痕和加倍的八道刻痕，以及十道刻痕和减半的五道刻痕。这可能意味着对加倍或减半的朴素理解。更令人惊讶的是有的骨棒上的刻痕数目都是奇数（9，11，13，17，19 和 21）。还有一支骨棒甚至包含了 10 到 20 之间的质数，而每支骨棒上的刻痕总和为 60 或 48，它们都是 12 的倍数。

在伊尚戈骨骸之前，已经发现过一些骨头上存在的数字刻痕。例如，在斯威士兰发现的列朋波骨骸（Lebombo Bone）是一根 3.7 万年前的狒狒腓骨，有 29 道刻痕。在捷克也发现过一根 3.2 万年前的野狼胫骨，上面有被分为五组的共 57 道刻痕。有人甚至大胆推测伊尚戈骨骸上的标记是石器时代的一位妇女在记录她的月经周期，进而提出了“月经创造了数学”的口号。即使伊尚戈骨骸只是一个简单的计数工具，这些数字符号似乎也标志着我们脱离了动物界，走出了符号数学的第一步。看来伊尚戈骨骸谜团，还有待其他类似骨骸的发现，才有可能被完全解读。■

印加人的奇普

古代印加人用细绳打结制成的奇普来记录数字。奇普中绳结类型、位置、细绳的方向、层次和颜色通常代表了日期、人和物体的数字。

绳结（约公元前 10 万年），算盘（约 1200 年）

约公元前 3000 年

古代印加人使用的“奇普”(Quipu)，是由一种用绳索和绳结组成的数字存储系统。人们曾认为最古老的著名奇普可以追溯到公元 650 年左右。然而在 2005 年，秘鲁沿海城市卡拉尔发现了大约 5000 年前的奇普。

南美洲的印加人曾经有一个复杂的文明，他们有着共同的宗教信仰和共同的语言。虽然没有发展出文字书写系统，但他们保存了大量的由逻辑数字编码记录的奇普系统，这种系统的结构十分复杂，每件奇普由三条到一千条以上绳索组成。不幸的是，当西班牙人来到南美洲时，他们看到奇普觉得十分怪异，认为它们是魔鬼的作品，于是就以上帝的名义摧毁了数以千计的奇普，今天保留下来的奇普大约只剩下 600 件了。

奇普中绳结类型和位置，绳索的方向、层次、颜色和间距代表的数字记录了现实世界中的对象。不同的绳结组用于代表 10 的不同次方幂。奇普中的结是可能用来记录人数、物资和历法信息的。奇普甚至可能包含了诸如建筑计划、舞蹈形式，或是印加历史方面的更多信息。奇普的重要意义在于它消除了一种观念，这种观念认为只有具有书写系统的文明才会发展出繁荣的数学。然而奇普系统表明，一个没有书写系统的社会也能发展出先进的国家组织。有趣的是，今天有一种计算机系统就将其文件管理器命名为“奇普”，以纪念这个非常实用的古代设备。

印加人对奇普的一种邪恶的应用是用作死亡计数器。印加人每年的祭祀仪式都要杀掉一些成人和儿童，奇普也被用来计划这种祭祀。奇普代表着帝国，绳索代表的是生命道路，而绳结则代表了牺牲者生命的终结。■

007

骰子

骰子最初是由动物踝骨制成的，是最早产生随机数字的工具之一。在古代文明中，人们用骰子来预测未来，并相信骰子掷出的结果是上帝的旨意。

大数定律（1713年），布丰投针问题（1777年），最小二乘法（1795年），拉普拉斯的《概率的分析理论》（1812年），卡方（1900年），超空间迷航记（1921年），随机数发生器的诞生（1938年），小猪游戏策略（1945年），冯·诺依曼的平方取中伪随机数（1946年）

约公元前3000年

现在很难想象一个没有随机数的世界。在20世纪40年代，统计中的随机数的产生对于模拟热核爆炸的物理学家们十分重要；今天，许多计算机互联网络也使用随机数帮助路由器调整流量，以避免网络拥塞。甚至在政治选举中，也使用随机数在潜在的选民中选择无偏样本进行民意调查。

骰子最初是由有蹄动物的踝骨制成，是最早产生随机数的工具之一。古代文明认为上帝控制着骰子的投掷结果，因此无论是选举统治者还是遗产中的财产继承分割，骰子常被用来做出关键的决定。即使在今天上帝控制骰子的说法也很常见，比如天体物理学家斯蒂芬·霍金（Stephen Hawking）就说过一句名言："上帝不仅掷骰子，有时还会把它们扔到看不见的地方来迷惑我们。"

已知最古老的一枚骰子是和一副5000年前的双陆棋一起，从伊朗东南部的传说中的伯恩特城（Burnt City）遗址中挖掘出来的。这座被遗弃的城市曾有四个文明阶段，在公元前2100年被火灾所摧毁。在同一地点，考古学家还发现了最早的人工假眼，它曾经被安装在一个女祭司或女占卜师的脸上，催眠般地凝视着世界。

几个世纪以来，投掷骰子一直被用来教授概率论。对于有 n 个面，每个面上刻有不同数字的骰子，投出其中某个数字的概率为 $1/n$。用一枚骰子连续掷出有 i 个数的特定序列的概率是 $1/n^i$。例如，用传统骰子连续掷出1和4的概率是 $1/6^2=1/36$。同时投掷两枚传统骰子，使投出的数字之和等于给定数字的概率，等于掷出该和数的所有组合方式的数量除以所有组合方式的总数量，这就是为什么掷出的总和为7比掷出的总和为2的可能性更大的原因。■

幻 方

伯纳德·弗雷尼卡·德·贝西
（Bernard Frénicle de Bessy，1602—1675）

在西班牙巴塞罗那的圣家族大教堂（The Sagrada Familia Church）里，有一个 4×4 的幻方，其幻和数为 33，根据圣经解释，这刚好是耶稣的死亡年龄。注意，这不是一个经典的幻方，因为其中有些数字是重复的。

富兰克林的幻方（1769 年），完美超幻方（1999 年）

约公元前 2200 年

幻方起源于中国。传说早在公元前 2200 年，大禹治水时，有只神龟浮出水面，龟背上就有幻方的图案。一个典型的幻方是一个 $N\times N$ 的方阵，每个格子里填入了不同的整数，它的每行、每列和对角线上的数字之和都是相等的。

如果幻方中填充的是从 1 到 N^2 的连续整数，则说这是一个 N 阶幻方，它每行的和称为幻和，是一个常数，等于 $N(N^2+1)/2$。文艺复兴时期的艺术家阿尔布雷特·丢勒（Albrecht Dürer）在 1514 年创造了这个神奇的 4×4 幻方。

16	3	2	13
5	10	11	8
9	6	7	12
4	15	14	1

右图就是这个幻方。请注意，最下面一行中的中间两个数字为“15”和“14”，刚好与其创造年份相同。它的每行、每列和主对角线之和都是 34。另外，幻方四个角上的数字之和（16+13+4+1）与中央小方块中四个数字之和（10+11+6+7）也都是 34。

1693 年一本名为《破解幻方》的书出版了，其署名作者为已经去世的法国著名的业余数学家德·贝西，幻方研究的领军人物之一。其中就记载了 880 个不同的四阶幻方。

我们从最简单的 3×3 幻方一路走来，已经走过了很长的路。从玛雅印第安人到非洲的豪萨人，几乎每个时期和大陆的文明都有过幻方的记载，今天，数学家已经在研究高维的幻方——例如四维超立方体形状的幻方，它们在所有的方向上也都有相同的幻和。■

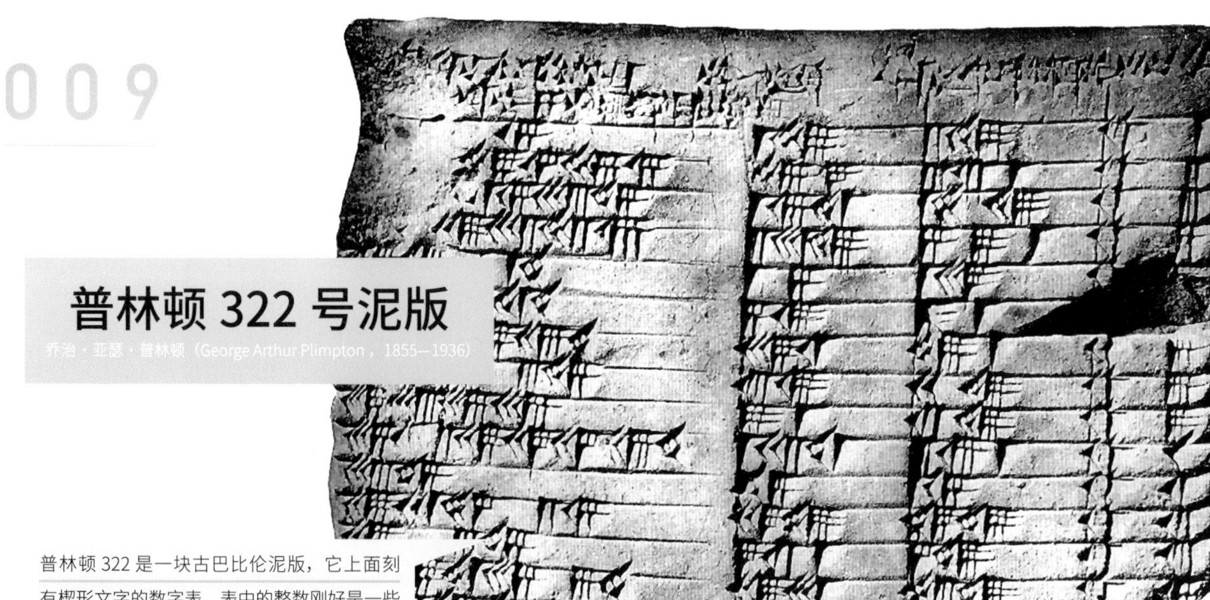

普林顿 322 号泥版

乔治・亚瑟・普林顿（George Arthur Plimpton，1855—1936）

普林顿 322 是一块古巴比伦泥版，它上面刻有楔形文字的数字表。表中的整数刚好是一些直角三角形的边长，是满足勾股定理 $a^2+b^2=c^2$ 的整数解。

毕达哥拉斯定理和毕氏三角形（约公元前 600 年）

普林顿 322 指的是一块神秘的巴比伦黏土泥版，它的表面有用楔形文字刻画的数字，这些数字组成了一个 4 列 15 行的表格。科学史专家埃莉诺・罗布森（Eleanor Robson）将其称为"世界上最著名的数学文物之一"。在公元前 1800 年左右的这张表居然列出了毕达哥拉斯三元数组——也就是说，表中列出的整数组刚好是一些直角三角形的边长，它们满足勾股定理的方程 $a^2+b^2=c^2$。

例如，数字 3、4 和 5 就是一组毕达哥拉斯三元数。泥版上表中前三列是毕达哥拉斯三元数，第四列则简单地列出了行号。对于表中数字的确切含义有各种不同解释。一些学者认为，这些数字是当时的学生们研究代数或三角学问题的解题方案。

普林顿 322 号泥版是以纽约出版商普林顿的名字命名的，他在 1922 年以 10 美元的价格从一个商人那里买下了这块泥版，然后将泥版捐赠给哥伦比亚大学。这块泥版可以追溯到古巴比伦文明，古巴比伦这个古老的工国位丁现在伊拉克的底格里斯河和幼发拉底河之间的肥美河谷，即美索不达米亚平原上。让我们回顾一下当时的历史背景，这位刻画普林顿 322 泥版的无名氏生活的年代，距离制作"以眼还眼，以牙还牙"的著名法典的汉谟拉比王朝不到一个世纪。而按照《圣经》的记载，也就是在与此相近的年代，亚伯拉罕（Abraham）带领他的子民从幼发拉底河畔的吾珥城（Ur）向西进入了迦南（Canaan）。

巴比伦人用手持笔在潮湿的泥版上刻字后，再将泥版晒干。在巴比伦的数字系统中，数字 1 是用一个笔画的刻痕代表，数字 2 到 9 则是用多笔画的组合刻痕表示的。

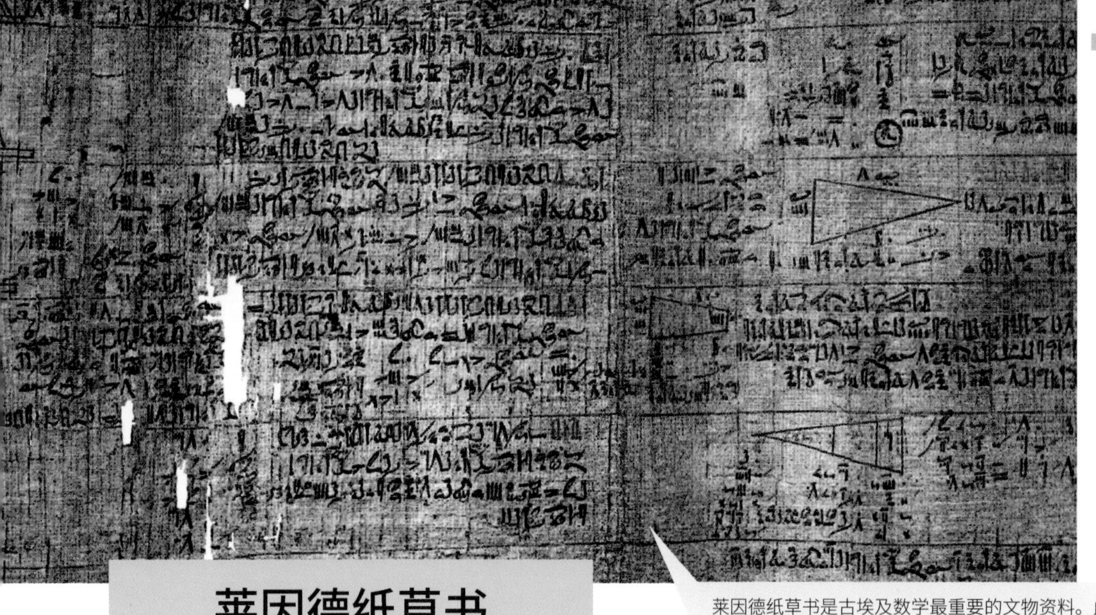

莱因德纸草书

阿姆斯（Ahmes，公元前 1680—公元前 1620）
亚历山大·亨利·莱因德（Alexander Henry Rhind，1833—1863）

莱因德纸草书是古埃及数学最重要的文物资料。此处展示了卷轴中的一部分，其中包括了分数、算术级数、代数、几何和会计中的数学问题。

摩诃吠罗的算术书（850 年），斐波那契的《计算书》（1202 年），《特雷维索算术》（1478 年）

约公元前 1650 年

莱因德纸草书被认为是古埃及数学已知的最重要文献来源。这是一幅卷轴，高约 30 厘米，长达 5.5 米，在尼罗河东岸底比斯的一座坟墓里被发现。是当时的书记官阿姆斯用象形文字系统的僧侣字体书写的。写作时间大约是在公元前 1650 年，这使阿姆斯成为数学史上最早见诸姓名的人！卷轴中还出现了已知最早的数学运算符号——加号——用“向右走的两条腿”表示，朝要加的数字走去。

1858 年，苏格兰律师和埃及学家莱因德出于健康原因一直在埃及访问，他在卢克索的一个市场购得了这幅纸草书。1864 年莱因德纸草书被伦敦大英博物馆收藏。

阿姆斯宣称，这幅卷轴给出了“精确的计算，以了解事物，以及事物的一切知识、神奇和所有的秘密”。卷轴的内容涉及各种数学问题，包含分数、算术级数、代数和金字塔几何学，还有用于测量、建筑和会计的各种实用数学。使人最感兴趣的是编号为 79 的问题，对该问题最初的解释令人困惑不已。

今天，许多人把问题 79 理解为一个谜题，它可被翻译为“7 间房里有 7 只猫，每只猫杀死 7 只老鼠，每只老鼠吃掉 7 支麦穗，每支麦穗生产了 7 赫卡特（hekat，一种质量单位）麦子，问总数一共是多少?”有趣的是，这种包括数字 7 和动物的谜题，历经几千年长盛不衰！在世界各地我们都能看到。在 1202 年出版的斐波那契的《计算书》（*Fibonacci's Liber Abaci*）会看到类似的题目，在后来的《圣艾夫斯拼图》（*St. Ives Puzzle*）中也有一首关于 7 只猫的古老的英国民谣。■

011

井字棋

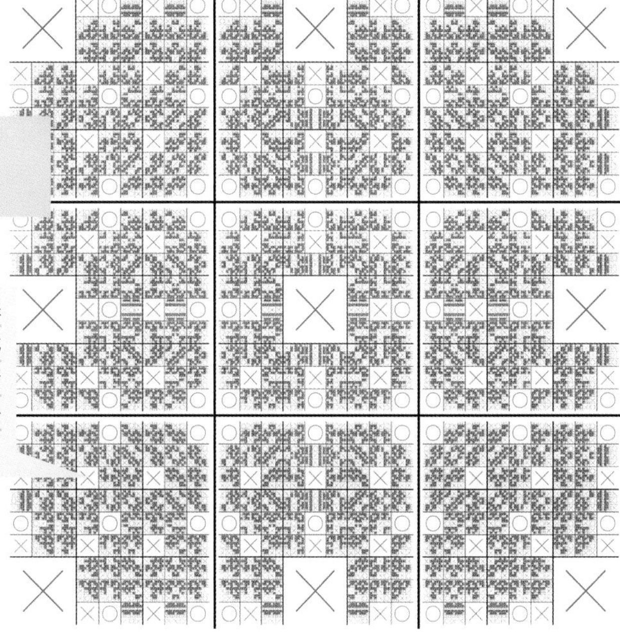

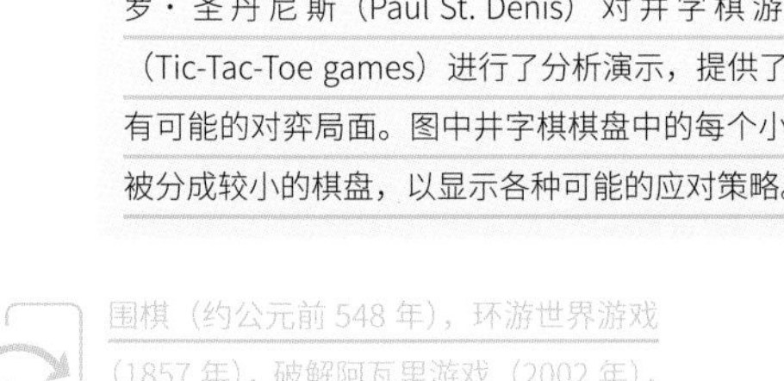

哲学家帕特里克·格里姆（Patrick Grim）和保罗·圣丹尼斯（Paul St. Denis）对井字棋游戏（Tic-Tac-Toe games）进行了分析演示，提供了所有可能的对弈局面。图中井字棋棋盘中的每个小格被分成较小的棋盘，以显示各种可能的应对策略。

围棋（约公元前 548 年），环游世界游戏（1857 年），破解阿瓦里游戏（2002 年），破解西洋跳棋（2007 年）

约公元前 1300 年

井字棋游戏是人类最著名的古老游戏之一。虽然井字棋现代规则的确定日期可能没那么久远，但考古学家认为这种“三子排一线”的游戏可以追踪到公元前 1300 年左右的古埃及时代。我猜测类似的游戏在人类社会文明初期就出现了。井字棋有两名玩家，用“O”和“X”两种符号在 3×3 棋盘的方格轮流作上标记，首先在水平、垂直或对角线中将自己的三个标记连成一线的一方获胜。双方在 3×3 的棋盘上的对抗多半以平局结束。

在古埃及伟大的法老时期，棋盘游戏在日常生活中扮演着重要的角色，据悉井字棋之类的游戏在这个时期就出现了。如果将井字棋比着一个“原子”的话，若干世纪以来已经组合演变成各种“分子”——各种更复杂的占位游戏。只要有一点点的变化和扩展，简单的井字棋游戏就会变成需要大量的时间才能掌握的华丽挑战。

数学家和棋迷们已经将井字棋扩展到更大的棋盘、更高的维度和各种稀奇古怪的曲面上，比如将矩形或方形的棋盘的边连起来形成圆环面（甜甜圈的形状）或克莱因瓶（一种单面的曲面）。

再回来说说井字棋的奇妙之处。玩家可以在 9 个格子中放置他们的“X”和“O”，这样就有 9!=362 880 种不同的走法。但考虑到井字棋可能在第 5、6、7 或 8 步就结束，则共有 255 168 个可能的对局。在 20 世纪 80 年代初，计算机天才丹尼·希利斯（Danny Hillis）、布莱恩·西尔弗曼（Brian Silverman）和朋友们用万能工匠（Tinkertoy）的零件建造了一台能玩井字棋的游戏机。该装置由 10 000 个万能工匠部件制成。1998 年，多伦多大学的研究人员和学生们打造了一款机器人，能与人类一起玩 4×4×4 的三维棋盘上的井字棋游戏。■

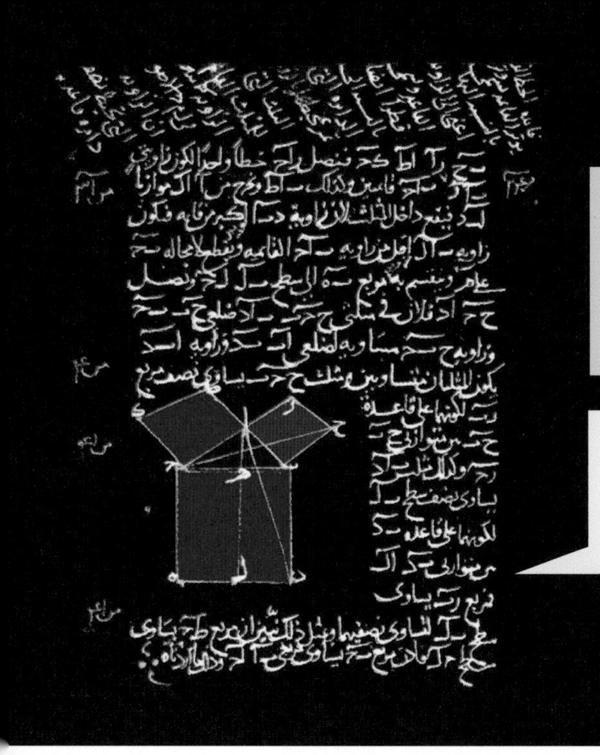

毕达哥拉斯定理和毕氏三角形

波哈亚纳（Baudhayana，约公元前 800—约公元前 740）
毕达哥拉斯（Pythagoras 约公元前 580—公元前 500）

波斯数学家阿图西（Al-Tusi，1201—1274）给出了欧几里得关于毕达哥拉斯定理的一个证明。阿图西是一位多产的数学家、天文学家、生物学家、化学家、哲学家、医生和神学家。

普林顿 322 号泥版（约公元前 1800 年），毕达哥拉斯创建数学兄弟会（约公元前 530 年），月牙求积（约公元前 440 年），余弦定理（约 1427 年），维维亚尼定理（1659 年）

如今，有的小朋友最先是从 1939 年的米高梅电影《绿野仙踪》（*The Wizard of Oz*）的稻草人口中听到毕达哥拉斯定理的，在电影中稻草人终于得到了一个大脑，并背诵了著名的毕达哥拉斯定理。可惜，稻草人背诵的定理是完全错误的！

毕达哥拉斯定理指出，对于任何直角三角形，斜边长 c 的平方等于两个较短的边长 a 和 b 的平方和，写成公式为：$a^2+b^2=c^2$。这个定理的证明方法比任何其他定理都要多，在以利沙·斯科特·卢米斯（Elisha Scott Loomis）的《毕达哥拉斯命题》（*Pythagorean Proposition*）一书中就收罗了多达 367 个证明。

毕氏三角形是具有整数边长的直角三角形。边长“3—4—5”就是一个毕氏三角形——直角边长为 3 和 4，斜边长为 5，这是唯一的一个三边为连续整数的毕氏三角形，也是唯一具有整数边长，而且边长之和（12）等于其面积（6）的两倍的毕氏三角形。在“3—4—5”之后，下一个直角边为连续整数的毕氏三角形是“21—20—29”，第 10 个这样的毕氏三角形就很大了，它是“27 304 197—27 304 196—38 613 965”。

1643 年，法国数学家皮埃尔·费马（Pierrede Fermat，1601—1665）提出一个问题：能否找到一个毕氏三角形，它的斜边 c 和两条直角边的和（$a+b$）的值都是完全平方数。令人吃惊的是，满足这些条件的最小的三个数字是 4 565 486 027 761、1 061 652 293 520 和 4 687 298 610 289。由此看来，下一个这样的三角形将是如此之“大”，如果它的数字是以英尺为单位的话，它的边长将超过地球到太阳的距离！

虽然我们通常将毕达哥拉斯当成这个定理的提出者，但证据表明，这个定理是由印度数学家波哈亚纳在几个世纪前的公元前 800 年左右，在他的著作《波哈亚纳·苏尔巴经》（*Baudhayana Sulba Sutra*）中提出来的。此外，古巴比伦人可能更早就知道毕氏三角形了。■

013

围 棋

围棋游戏非常复杂，其较大的棋盘、复杂的策略，以及变化多端的走法导致可能的选择太多。目前功能强大的国际象棋软件可以击败顶尖的棋手了，而最好的围棋程序往往会输给受过围棋训练的孩子。

井字棋（约公元前 1300 年），破解阿瓦里游戏（2002 年），破解西洋跳棋（2007 年）

约公元前 548 年

围棋是一种两人制的棋类游戏，起源于公元前 2000 年左右的中国。最早提到围棋的文字记载是中国最早的编年体史书《左传》，它讲述了公元前 548 年一位棋手的故事。围棋从中国传入日本后在那里成为广受欢迎的游戏。对弈时两名棋手各持黑白两色的棋子，轮流在一块 19×19 的方格形状的棋盘的交叉点上落子。如果某一方的一枚或一组棋子被对方颜色的棋子完全围住，就将被移除棋盘。双方的目标都是控制比对手更大的棋盘范围。

围棋被认为是世界上最复杂的棋盘游戏。有很多因素造成了围棋的复杂性，比如棋盘范围较大、有多种的战略和战术，以及游戏中各种变化的可能性太多。仅仅是棋子的数量比对手多并不能保证赢棋。如果将对称性也考虑进去，围棋的开局就有 32 940 种棋路，其中 992 种被认为是比较强势且常用的。最终可能的盘面数量大约有 10^{172} 种之多，而算上不同的走法更是达到 10^{768} 种。天才棋手之间的典型对弈大约会走到 150 步，平均每步约有 250 个不同的走法可选择。目前功能强大的国际象棋软件可以击败顶级棋手，而最好的围棋程序往往会输给受过围棋训练的孩子。下围棋的计算机程序很难做到“先多想几步”再做出判断。相比国际象棋，围棋每下一子需考虑的各种可能性更多，因为在格点上不同的空位落子对整体布局会造成不同的影响，所以机器不易判断在何处落子更有利。

2006 年，两名匈牙利研究人员报告说，有一种名为 UCT 的算法（树状结构的上置信界算法），可以把计算机的搜索重点集中在最有希望取胜的下法上，因而可以和专业围棋选手竞争，但目前还只能用于 9×9 的棋盘上。* ■

* 2016 年 3 月，谷歌的人工智能围棋软件 Alpha Go 已战胜了世界顶级围棋高手。——译者注

毕达哥拉斯创建数学兄弟会

毕达哥拉斯
（Pythagoras，约公元前 580—公元前 500）

毕达哥拉斯（左下角，捧着一本书，留大胡子的人）正在为雅典学院的一位青年人讲授音乐。此画的作者为拉斐尔（Raphael，1483—1520），拉斐尔是文艺复兴时期意大利著名画家和建筑师。

普林顿 322 号泥版（约公元前 1800 年），毕达哥拉斯定理和毕氏三角形（约公元前 600 年）

约公元前 530 年

公元前 530 年左右，希腊数学家毕达哥拉斯搬到意大利的克罗托内，教授数学、音乐和命理学。虽然毕达哥拉斯的许多成就实际上是由他的弟子和门徒完成的，但他创立的兄弟会的思想影响了后来许多世纪的数学和命理学。通常认为是毕达哥拉斯最先发现了音乐的和弦与数学的关系。他观察到，当两根弦长度之比是整数时，振动时会产生和谐的声音。他还研究了三角数（排成正三角形的圆点的数目）和完全数（一个整数和它的真因数之和相等）。当然还有著名的毕达哥拉斯定理：直角三角形的直角边为 a 和 b，斜边为 c，则有 $a^2+b^2=c^2$。虽然这个定理以他的名字命名，但古印度人和古巴比伦人也许比他更早知道这个定理，也有的学者认为毕达哥拉斯或他的学生是最早证明这一点的希腊人。

对毕达哥拉斯和他的信徒们来说，数字就像天神一样纯粹，不受物质变化的影响。对数字 1 到 10 的迷信是毕达哥拉斯学派的一种多神崇拜。他们相信数字具有生命，具有心灵感应的魔力。人类可以通过对数字的冥想来超脱现实的三维世界。

对于现代数学家来说，这些看似奇怪的想法并不陌生，他们经常争论数学究竟是人类大脑的产物，还是独立于人类的思想的、宇宙的组成部分。对毕达哥拉斯的信徒来说，数学是一种令人心醉神迷的神谕。在毕达哥拉斯学派的影响下，数学和神学的相互交融、蓬勃发展，这影响了希腊的许多宗教哲学家，对中世纪的宗教产生了重要影响，甚至影响了近代哲学家康德。另一位著名哲学家罗素则认为，如果不是毕达哥拉斯，神学家们也许不会没完没了地寻找上帝和永恒的逻辑证明。■

015

根据著名的芝诺悖论，如果乌龟在赛跑时先出发，则兔子永远无法超越乌龟。这个悖论似乎暗示了一个事实：它们都不能跨越终点线。

芝诺悖论

芝诺（Zeno，约公元前 490—约公元前 430）

亚里士多德的轮子悖论（约公元前 320 年），发散的调和级数（约 1350 年），发现 π 的级数公式（约 1500 年），发明微积分（约 1665 年），圣彼得堡悖论（1738 年），理发师悖论（1901 年），巴拿赫—塔斯基悖论（1924 年），希尔伯特旅馆悖论（1925 年），生日悖论（1939 年），海岸线悖论（1950 年），纽科姆悖论（1960 年），帕隆多悖论（1999 年）

一千多年来，哲学家和数学家一直试图理解芝诺悖论，这是一个谜题，它试图表明运动的不可分性。芝诺来自意大利南部，是苏格拉底之前的希腊哲学家。他最著名的悖论是这样的：古希腊神话中善跑的英雄阿喀琉斯（Achilles）和一只行动缓慢的乌龟赛跑，如果乌龟有先行出发的机会，那么阿喀琉斯就永远无法超越它。这个悖论意味着你永远不能离开你所在的房间。为了到达房间门口，你必须先走过一半的距离，接下来你还需要走过剩余距离的一半，再走一半，一半……以此类推。你不可能在有限的步骤中到达门口！从数学上讲，人们可以用无穷级数之和来表示这个极限（1/2+1/4+1/8+…）。试图解决芝诺的悖论一种现代解释是，主张这个无穷级数 1/2，1/4，1/8，…的总和等于 1。如果每一步骤都只用上一步骤的一半时间内完成，那么实际完成这些无限步骤的时间与离开房间所需的实际时间完全一样。

这种解释方法并不能完全令人满意，因为它没能解释一个人如何一次接一次通过的无限数量的节点。今天，数学家们用“无穷小量”（难以想象的微小量，几乎为零但又不完全是零）对芝诺悖论进行微观分析。再利用数学中“非标准分析”的一个分支，特别是其中的“内集合论”，我们可能已经解决了这一悖论，但争论仍在继续。有些人还是认为，如果空间和时间是离散的，那么从一个点到另一个点的跳跃总次数就是必然是有限的。■

约公元前 445 年

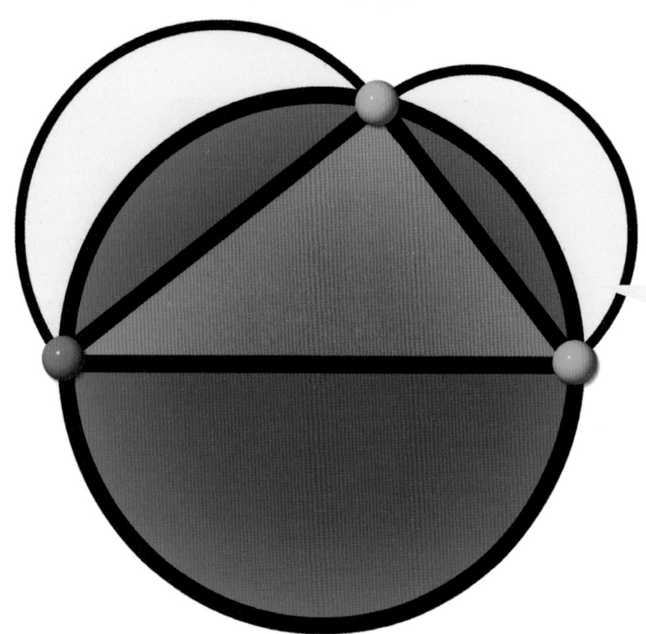

月牙求积

希波克拉底
（Hippocrates，约公元前 470—约公元前 400）

如图，直角三角形两条直角边延伸出的两个月牙（黄色新月形区域），它们的面积之和刚好等于三角形的面积。古希腊数学家被这种“优雅的”几何发现迷住了。

毕达哥拉斯定理与毕氏三角形（约公元前 600 年），欧几里得的《几何原本》（约公元前 300 年），笛卡尔的《几何学》（1637 年），超越数（1844 年）

古希腊数学家常为几何内在的美、对称和秩序倾倒痴迷。来自希俄斯的希腊数学家希波克拉底就向人们展示了，如何构造一个正方形，使其面积等于一个给定的月牙形面积。这个月牙是一个新月形的区域，以两个内凹的圆弧为边界，月牙求积问题是已知最早的数学证明之一。换句话说，希波克拉底证明了这个月牙的面积可以精确地等于一个直线围成的区域的面积，这意味着这个月牙形“可求积”。在这里讲述的例子中，直角三角形的两条边上的黄色月牙区域面积之和就等于这个三角形的面积。

对于古希腊人来说，“可求积”就意味着可以只用直尺和圆规来构造一个面积等于这个形状的正方形。如果能做到这一点，就说这个形状“可二次化”（或“可平方化”）。希腊人已经完成了多边形的“二次化”，但弯曲的形状更困难。直观上，弯曲的形体似乎不太可能是“可二次化”的。

希波克拉底生活在欧几里得之前将近一个世纪，他还因为编纂了第一部著名的几何著作汇编而闻名。欧几里得在自己的著作《几何原本》中可能使用了希波克拉底的一些想法。希波克拉底的著作之所以重要的，是因为它们提供了一个通用的框架，其他数学家可以在此基础上继续扩充。

希波克拉底对月牙问题的探索，后来实际上成了著名的“化圆为方”研究工作的一部分。“化圆为方”指的是能否构造一个正方形，其面积与给定圆的面积相同。在两千多年的时间里，数学家们对此不断尝试都未能解决。直到 1882 年，费迪南德·冯·林德曼（Ferdinand von Lindemann）才证明了只用直尺和圆规“化圆为方”是不可能的。今天，我们知道只有五种类型的月牙形是“可求积”的。希波克拉底发现了其中的三种，另外剩下的两种是在 18 世纪 70 年代中期才发现。■

017

柏拉图多面体

柏拉图（Plato，约公元前 428—公元前 348）

传统的十二面体是一个多面体，有 12 个正五边形的面。本图显示的是保罗·尼兰德（Paul Nylander）绘制的双曲十二面体的近似图形，它的每个面都是球面的一部分。

毕达哥拉斯创建数学兄弟会（约公元前 530 年），阿基米德的半正则多面体（约公元前 240 年），欧拉的多面体公式（1751 年），环游世界游戏（1857 年），皮克定理（1899 年），巨蛋穹顶（1922 年），塞萨多面体（1949 年），西拉夕多面体（1977 年），三角螺旋（1979 年），破解极致多面体（1999 年）

约公元前 350 年

柏拉图多面体 * 是一个三维凸多面体，它每个面都是相同的，边长相等，内角相等的正多边形。柏拉图多面体的每个顶点有相同数量的面交汇。最著名的柏拉图多面体就是立方体，它的面是六个相同的正方形。

古希腊人意识到并证明了只能构造五种柏拉图多面体：正四面体、立方体、正八面体、正十二面体和正二十面体。例如，正二十面体有 20 个等边三角形的面。

公元前 350 年左右，柏拉图在《蒂迈欧篇》描述了这五种柏拉图多面体。他对它们的美感和对称性深感敬畏，而且还认为这些形体对应了组成宇宙的四种基本元素。也许是因为正四面体的边缘锐利，因而它代表了“火”元素；正八面体代表了空气即“气”元素；“水”元素对应正二十面体，它最光滑；“土”元素由立方体所代表，因为它看上去四平八稳，坚固而结实。至于正十二面体，柏拉图则认为上帝用它来决定天空中星座的排列。

来自萨摩斯的毕达哥拉斯是著名的数学家和神秘主义者，他生活在公元前 550 年左右，和释迦牟尼与孔子同时代。他很可能知道五种柏拉图多面体中的三个（立方体、正四面体和正十二面体）。至少在柏拉图之前的一千年，在苏格兰新石器时代晚期先民居住的地区，就发现了略显圆滑的柏拉图多面体石球。德国天文学家开普勒用相互嵌套的柏拉图多面体构建了太阳系的模型，试图以此描述和解释行星围绕太阳的轨道。尽管后来证明他的理论是完全错误的，但他仍是最先对天体现象进行几何解释的科学家之一。■

* 国内的几何课本称为“正多面体”。——译者注

亚里士多德的《工具论》

亚里士多德（Aristotle，公元前 384—公元前 322）

意大利文艺复兴时期的艺术家拉斐尔创作的这幅梵蒂冈壁画《雅典学院》（*The School of Athens*）中，描绘了亚里士多德（右），他抱着自己的著作《伦理学》（*Ethics*），紧挨的是柏拉图。此画创作于 1510—1511 年。

欧几里得的《几何原本》（约公元前 300 年），布尔代数（1854 年），文氏图（1880 年），《数学原理》（1910—1913 年），哥德尔定理（1931 年），模糊逻辑（1965 年）

约公元前 350 年

亚里士多德是希腊哲学家和科学家，是柏拉图的学生，也是亚历山大大帝的老师。《工具论》是亚里士多德的六部逻辑著作的合集，包括了《范畴篇》《前分析篇》《解释篇》《后分析篇》《辩谬篇》和《论辩篇》。以上六篇的顺序是由安德罗尼克斯（Andronicus）在公元前 40 年左右排定的。虽然柏拉图和苏格拉底也研究逻辑主题，但亚里士多德将逻辑分析系统化，这在西方世界引领了科学论证方法长达两千年之久。

《工具论》的目的不是告诉读者什么是真实的，而是给出如何探索真理、如何理解世界的方法。其中最主要的“工具”是“三段论”，一种由三个步骤组成的演绎推理法。如“所有的女人都是凡人；埃及艳后是一个女人；因此，埃及艳后是凡人”。如果这两个前提为“真”，结论必然为“真”。亚里士多德还区分了“特殊性”和“一般性”。“埃及艳后”是一个特殊性术语，而“女人”和“凡人”则是一般性术语。当“一般性”被使用时，在它们的前面会用到限定语“所有”“一些”或“不是”来修饰。亚里士多德分析了“三段论”的各种表达方式，并指出了其中哪些才是正确有效的。

亚里士多德还将他的分析扩展到模态逻辑的“三段论”，即包含“可能”或“必然”等虚拟语态词汇的陈述中。现代数学逻辑在亚里士多德的基础上有所发展，将他的工作扩展到更多类型的句子结构中，包括表达更复杂的关系或涉及多个限定词的句子当中，如“没有女人喜欢所有那些不喜欢某些女人的女人”。无论如何，亚里士多德致力于系统地发展逻辑学，这被认为是人类最伟大的成就之一，他为数学的各个领域建立严密的逻辑提供了原动力，甚至影响了神学家寻求理解现实的过程。■

019 亚里士多德的轮子悖论

亚里士多德（Aristotle，公元前 384—公元前 322）

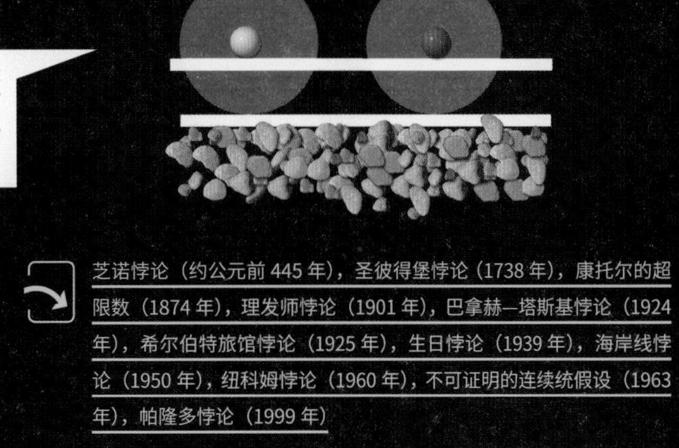

这里有一个小轮子粘在大轮子上。将这个组合车轮从右向左移动，让小车轮接触上面的水平木板，大车轮接触下面的道路。

芝诺悖论（约公元前 445 年），圣彼得堡悖论（1738 年），康托尔的超限数（1874 年），理发师悖论（1901 年），巴拿赫—塔斯基悖论（1924 年），希尔伯特旅馆悖论（1925 年），生日悖论（1939 年），海岸线悖论（1950 年），纽科姆悖论（1960 年），不可证明的连续统假设（1963 年），帕隆多悖论（1999 年）

古希腊教科书《论力学》（*Mechanica*）提到了亚里士多德的轮子悖论。许多世纪以来，这个问题一直困扰着一些伟大的数学家。如右上图所示，将一个小轮子以同心圆的方式固定安装在大轮子上。在较大的圆上的点和较小的圆上的点之间存在一对一的对应关系，也就是说，对于大圆上的每一个点，小圆上都存在一个点与之对应，反之亦然。因此，在车轮组件滚动时，无论是上面的小轮子在水平横板上滚动，还是大轮子接触道路滚动，它们都移动了同样的水平距离。但这怎么可能呢?

毕竟，我们知道这两个圆的周长是不同的。今天数学家们都知道，两条曲线上的点的"一一对应关系"并不意味着它们必须具有相同的长度。格奥尔格·康托尔（Georg Cantor，1845—1918）证明了任何长度的线段上的点的数目（或者说"基数"）都是相同的，他称这种无限多的点数为"连续统"。例如，从 0 到 1 的线段上的点甚至可以与无限长的直线上的所有的点"一一对应"。当然，在康托尔之前，数学家们要理解这个问题是相当困难的。另外，从物理角度来看，如果大轮子确实沿着道路滚动，小轮子就会在其接触的横板表面被拖着走，跳过木板上的许多点。

《论力学》的作者和确切成书日期可能已经永远湮没在神秘的历史之中。虽然通常认为是亚里士多德的著作，但许多学者怀疑《论力学》这本最古老的关于工程力学的教科书不是亚里士多德写的。它有可能是亚里士多德的学生斯特拉顿（Straton）的作品，斯特拉顿在公元前 270 年左右去世。■

约公元前 320 年

欧几里得的《几何原本》

欧几里得（Euclid，约公元前 325—约公元前 270）

图中展示的是大约在公元 1310 年阿德拉（Adelard）翻译的欧几里得的《几何原本》的封面图，这是《几何原本》的现存最古老的从阿拉伯语翻译而来的拉丁文译本。

毕达哥拉斯定理与毕氏三角形（约公元前 600 年），月牙求积（约公元前 440 年），亚里士多德的《工具论》（约公元前 350 年），笛卡尔的《几何学》（1637 年），非欧几里得几何（1829 年），威克斯流形（1985 年）

几何学家欧几里得是生活在埃及的希腊人，他的著作《几何原本》是数学史上最成功的教科书之一。他在介绍平面几何时指出，所有这些几何定理都可以从五个简单公设中推导出来，其中一个公设是，通过任意两点只能画出一条直线。另一个著名的平行公设则指出，给定一个点和一条直线，通过这个点只能作出一条直线平行于已知直线。在 19 世纪，数学家们才终于发现了不再需要平行公设的非欧几里得几何。欧几里得发展了通过逻辑推理证明数学定理的方法，这不仅奠定了几何学的基础，而且为无数其他的与逻辑和数学证明相关的领域提供了规则。

《几何原本》由 13 本书组成，涵盖了平面几何学、立体几何学、比例学和数论等内容。《几何原本》是印刷机出现后出版的首批书籍之一，并作为大学课程的一部分使用了许多世纪。自 1482 年《几何原本》首次印刷以来已一千多种版本。尽管书中的各种结论的证明并不完全是欧几里得本人最先完成的，但他的清晰的组织和风格使这本著作长盛不衰。数学史专家托马斯·希思（Thomas Heath）称《几何原本》是“有史以来最伟大的数学教科书”。后世的伽利略、牛顿等著名科学家都曾受到《几何原本》的深刻影响。哲学与逻辑学家罗素写道：“在 11 岁的时候，我在哥哥的指导下开始学习欧几里得。这是我人生中的大事之一，那种感觉就像初恋一样光彩夺目。”女诗人埃德娜·圣·文森特·米莱（Edna St. Vincent Millay）写道：“只有欧几里得能看见纯粹的美。”

021

阿基米德的谜题：沙子、群牛和胃痛拼图

阿基米德（Archimedes，约公元前 287—约公元前 212）

"阿基米德胃痛拼图"的问题之一是，有多少种方式将这里的 14 片图板拼合成一个正方形。直到 2003 年，才由四位数学家算出可能的拼法共有 17 152 种。

圆周率 π（约公元前 250 年），欧拉的多边形分割问题（1751 年），天文数字"Googol"（约 1920 年），拉姆齐理论（1928 年）

1941 年，数学家 G.H. 哈代（G.H.Hardy）写道，"当埃斯库罗斯 * 被遗忘时，阿基米德却被永远铭记，因为语言会消亡，数学思想却不会。"用"不朽"来形容一个数学家并不算过分。阿基米德这位古希腊的几何学家，常常被认为是古代最伟大的数学家和科学家。称得上是与牛顿、高斯和欧拉相提并论的四位最伟大的数学家之一。有趣的是，在同行们试图剽窃阿基米德的想法时，他有时会故意给出一些错误的定理误导他们。

除了数学思想外，阿基米德还以偏爱巨大数字而闻名。阿基米德在《数沙术》（*Sand Reckoner*）一书中曾经估计用 8×10^{63} 粒沙子就可以填满宇宙。

阿基米德还提出过著名的"群牛问题"，"群牛问题"是关于假想中的四种不同颜色的牛群的中牛的数量的谜题，"群牛问题"流传着各种不同版本，其中一个版本的答案是一个令人吃惊的天文数字：$7.760\ 271\ 406\ 486\ 818\ 269\ 530\ 232\ 833\ 213\cdots\times10^{202\ 544}$。阿基米德写道，任何能解决这个问题的人都将获得"荣耀的桂冠"，并将被认为是我们这个智慧物种中最完美的成员。直到 1880 年，数学家们才有了一个近似的答案。更精确的数字解是在 1965 年由加拿大数学家休·C. 威廉姆斯（Hugh C. Williams）、R. A. 杰尔曼（R. A. German）和 R. 罗伯特·札恩克（C. Robert Zarnke）用 IBM7040 计算机计算出来的。

2003 年，数学史专家们幸运地发现了失传已久的阿基米德胃痛拼图。这是一张近千年前被僧侣们传抄的古代羊皮纸文献，记载了这个涉及"组合数学"的胃痛拼图问题。组合数学是数学的一个分支，它研究对给定问题所有可行的解题方案的数量问题。胃痛拼图提出的问题是：有多少种方法能将图中给出的 14 片图板拼成一个正方形。四位数学家在同年计算出可能的拼法共有 17 152 种。■

约公元前 250 年

* 古希腊著名剧作家的，代表作有《被束缚的普罗米修斯》等。——译者注

圆周率 π

阿基米德

（Archimedes，约公元前 287—约公元前 212）

圆周率 π 近似等于 3.14，它是圆的周长与直径的比值。古代的人们可能注意到了车轮每旋转一周，手推车向前移动的距离大约是车轮直径的 3 倍。

阿基米德的谜题：沙子、群牛和胃痛拼图（约公元前 250 年），发现 π 的级数公式（约 1500 年），环绕地球的丝带（1702 年），欧拉数 e（1727 年），欧拉—马歇罗尼常数（1735 年），布丰投针问题（1777 年），超越数（1844 年），霍迪奇定理（1858 年），正规数（1909 年）

约公元前 250 年

圆周率通常以希腊字母 π 表示，是圆的周长与直径的比值，近似等于 3.141 59。也许远古时代的人们就观察到，车轮每转动一周，小车向前移动的距离大约是车轮直径的三倍，这表明古人认识到圆周长是直径的三倍左右。古巴比伦的一块石碑上写着，圆和它的内接六边形的周长之比为 1∶0.96，这意味着圆周率 π 的值为 3.125。约公元前 250 年，古希腊数学家阿基米德率先给我们提供了一个精确的数字范围：π 值在 223/71 和 22/7 之间。威尔士数学家威廉·琼斯（William Jones，1675—1749）在 1706 年引入了符号 π 代表圆周率，其灵感很可能是源于希腊词汇“边缘”（periphery）以字母 π 打头。

π 是数学中最著名的比率，在地球上如此，可能在宇宙中任何先进文明中都是如此。它的十进制小数无穷无尽，而且排列规则无章可循。一台计算机能以多快的速度计算 π 已经成了衡量计算机运算能力的一种有趣的方法，今天我们已经知道超过万亿位数的 π 值。

我们通常把 π 与圆联系起来，17 世纪以前的人们也是如此。然而，在 17 世纪以后，π 有了脱离圆周的存在方式。随着各种曲线（例如各种拱线、摆线和箕舌线等）的发明和研究，发现与它们相关的面积常常需要用 π 来表示。到后来，π 似乎完全脱离了几何学，难以解释的是，在数论、概率论、复数和简单的分数级数中都可以看到 π 的身影，例如公式：$\pi/4=1-1/3+1/5-1/7+\cdots$。2006 年，日本退休工程师原口明创造了背诵 π 的世界纪录，他能正确背诵出 10 万位数的 π 值。

埃拉托色尼的筛法

埃拉托色尼（Eratosthenes，约公元前 276—约公元前 194）

这是波兰艺术家安德烈亚斯·古斯科斯（Andreas Guskos）将数千个质数连接起来，在不同的表面上排成纹理创作的当代艺术作品。希腊数学家埃拉托色尼最先开发了一种著名的质数测试方法，为了纪念他，这幅作品被命名为“埃拉托色尼”。

质数和蝉的生命周期（约公元前 100 万年），伊尚戈的骸骨（约公元前 1.8 万年），哥德巴赫猜想（1742 年），正十七边形作图（1796 年），高斯的《算术研究》（1801 年），黎曼假设（1859 年），质数定理的证明（1896 年），布朗常数（1919 年），吉尔布雷斯猜想（1958 年），谢尔宾斯基数（1960 年），乌拉姆螺旋（1963 年），群策群力的艾狄胥（1971 年），公钥密码学（1977 年），安德里卡猜想（1985 年）

质数是一个大于 1 的正整数，它只能被它本身或 1 整除，如 5 或 13。数字 14 不是质数，因为 14=7×2。两千年来，质数一直让数学家们为之痴迷。在公元前 300 年左右，欧几里得证明，不存在“最大质数”，并且质数的数量无限的。但我们如何判断一个数是否是质数呢？大约在公元前 240 年。希腊数学家埃拉托色尼开发了第一个著名的质数测试方法，我们今天称之为埃拉托色尼的筛法。其筛法可以用来找到指定的整数以内的所有质数。（埃拉托色尼是一个充满探索进取精神的人。他曾担任过著名的亚历山大图书馆馆长，他还在历史上首次对地球直径作出了科学的估计。）

法国神学家兼数学家马林·梅森（Marin Mersenne，1588—1648）也对质数痴迷不已，他一直试图找到一个公式来表示所有的质数。虽然他最终没有找到这样的公式，但他提出了形为 2^p-1（其中 p 是正整数）的梅森数公式，这到今天仍然是有趣的研究课题。当 p 本身为质数时的梅森数是最容易被证明是质数的一类数，而且它们通常是人类已知的最大质数。已知的第四十五个梅森质数（$2^{43\,112\,609}-1$）是在 2008 年发现的，它包含了 12 978 189 位数！

今天，质数在公钥密码算法中起着重要的作用。可以帮助人们安全传送信息。对于纯粹的数学家来说更重要的是，质数一直是历史上许多有趣而未解的猜想的核心问题。包括“黎曼假设”，它涉及质数的分布规律；还有“哥德巴赫猜想”，它猜测每个大于 2 的偶数都可以写成两个质数之和。■

阿基米德的半正则多面体

阿基米德（Archimedes，约公元前 287—约公元前 212）

斯洛文尼亚艺术家特雅·克拉塞克（Teja Kršek）在她的作品《世界和谐 II》（*Harmonices Mundi II*）中展现了 13 个阿基米德半正则多面体，以纪念开普勒在其 1619 年的著作《世界和谐》中推介的这些形体的贡献。

柏拉图多面体（约公元前 350 年），阿基米德的谜题：沙子、群牛和胃痛拼图（约公元前 250 年），欧拉的多面体公式（1751 年），环游世界游戏（1857 年），皮克定理（1899 年），巨蛋穹顶（1922 年），塞萨多面体（1949 年），西拉夕多面体（1977 年），三角螺旋（1979 年），破解极致多面体（1999 年）

约公元前 240 年

就像柏拉图多面体一样，阿基米德半正则多面体（以下简称为 ASRP）也是凸的、多面的三维形体，它的每个面都是边长和内角都相等的正多边形。但不同的是 ASRP 可以由几种不同正多边形混合组成。例如，阿基米德描述过的一种 ASRP 就是由 12 个正五边形和 20 个正六边形组成的多面体，这就是现代足球的造型。他也提到过其他 12 个半正则多面体。在这些种类的多面体的每个顶点周围，不同的正多边形出现的顺序都是一致的，比如顺序为："正六边形—正六边形—正三角形"。

阿基米德描述全部 13 种 ASRP 的原始资料已经佚失而无从考查，只能从其他来源追寻。文艺复兴时期，艺术家们试图追溯另外 12 种 ASRP 的。1619 年，开普勒在他的著作《世界和谐》(*Harmonices Mundi*) 中，提到不同的 ASRP 可以用围绕顶点周围的正多面体形状的序列来表示。例如序列（3，5，3，5）表示每个顶点周围按"正三角形—正五边形—正三角形—正五边形"顺序出现。使用这种表示法，下面我们可以列出所有的 ASRP：

3，4，3，4（截半八面体）；3，5，3，5（截半十二面体）；3，6，6（截角四面体）；

4，6，6（截角八面体）；3，8，8（截角立方体）；5，6，6（截角二十面体，即足球造型）；

3，10，10（截角十二面体）；3，4，4，4（小斜方截半立方体）；4，6，8（大斜方截半立方体）；

3，4，5，4（小斜方截半二十面体）；4，6，10（大斜方截半二十面体）；

3，3，3，3，4（扭棱立方体）；3，3，3，3，5（扭棱十二面体）。

正好十三种！

有 32 个面的"截角二十面体"特别引人注目。现代足球就参考了这种 ASRP 的形状，为了观察第二次世界大战在日本长崎上空引爆的"胖子"原子弹的起爆冲击波，所用的观测装置也是按这种形状来布置镜头的。在 20 世纪 80 年代，化学家们成功地制造了世界上最小的"足球"——一种有 60 个碳原子的碳分子，每个碳原子位于"截角二十面体"的 60 个顶点上。这就是所谓的"巴基球"，它具有迷人的化学和物理性质，现在许多科学家都在探索它的各种应用，包括新型润滑剂和艾滋病治疗药物的开发等。

阿基米德螺线

阿基米德
（Archimedes，约公元前 287—约公元前 212）

蕨类植物展现出阿基米德螺线的形状，这是阿基米德在公元前 225 年在他的《论螺线》一书中讨论的一种曲线形状。

黄金比例（1509 年），等角航线（1537 年），费马螺线（1636 年），对数螺线（1638 年），万德伯格镶嵌（1936 年），乌拉姆螺旋（1963 年），三角螺旋（1979 年）

“螺线”一词通常用来描述一条光滑的几何曲线，它绕着一个中心点或轴旋转，同时逐渐远离中心。提到螺线，最容易联想到的就是温柔的卷发，还有蕨苔的卷须、章鱼的触手、蜈蚣装死的样子、长颈鹿盘结的小肠、蝴蝶的吸吮口器，以及卷轴的横截面。螺线有一种简洁的美感，自然界在创造生命结构时展现出这种美感，人类常常将这种美感复制在他们的艺术和用具上。

公元前 225 年阿基米德在他的《论螺线》(*On Spirals*) 一书中首次讨论了最简单螺旋形状的数学曲线。这个螺线可以用方程 $r = a + b\theta$ 来表示。其中参数 a 变化时整个螺线旋转，b 控制连续两圈之间的距离。紧密缠绕的弹簧、卷成圆筒的地毯边缘、珠宝上的螺旋形装饰等都是阿基米德螺线常见的例子。阿基米德螺线的实际应用是在缝纫机中将旋转运动转变为直线运动。特别有趣的是，阿基米德螺旋装置能实现旋转运动和直线运动的转换。

阿基米德螺线在古代的应用还包括史前螺旋形迷宫、公元前 6 世纪的陶罐上的螺旋形图案、古代阿尔泰人的装饰品、青铜时代爱尔兰的大厅门框上的石雕和古爱尔兰的手稿卷轴等。可见，螺线是古代世界中无处不在的文化符号。它还经常出现在墓地，这表明它可能象征着生命、死亡和重生的循环，就像太阳不断地东升西落一样永不休止。■

狄奥克利斯的蔓叶线

狄奥克利斯（Diocles，约公元前 240—约公元前 180）

图中显示的是抛物型电信天线。希腊数学家狄奥克利斯对这种曲线十分着迷，在他的作品《燃烧的镜子》中，他讨论了抛物线的焦点。狄奥克利斯试图寻找一种镜面，光照反射时能最大限度地集中热量。

心脏线（1637 年），尼尔的半立方抛物线的长度（1657 年），星形线（1674 年）

约公元前 180 年

公元前 180 年左右，希腊数学家狄奥克利斯发现了蔓叶线。他还试图利用蔓叶线的奇妙特性解决著名的“倍立方体”问题。这个古老的挑战性问题是：构造一个体积为给定的立方体的两倍的立方体，这意味着大立方体的棱长为小立方体棱长的$\sqrt[3]{2}$倍。狄奥克利斯用蔓叶线与直线的交点解决了“倍立方体”问题。这在理论上是正确的，但没有严格遵循欧几里得只允许使用圆规和直尺的作图规则，不能算挑战成功。

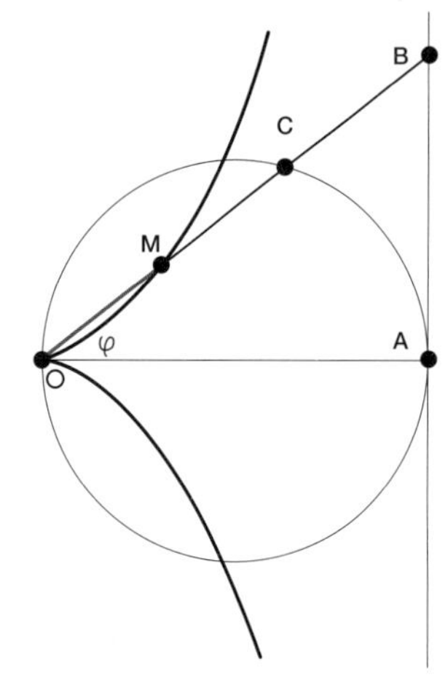

蔓叶线的英文单词“cissoid”来自希腊语，意思是“常春藤形状”。曲线的图形沿着 y 轴的两个方向延伸到无穷远，并且有一个单尖。曲线上下分支不断延伸，远离尖点且逼近同一条垂直渐近线。如果我们画一个圆，它在点 O 处通过尖点，并且与渐近线相切，那么连接尖点和蔓叶线上的点 M 的直线并延长，使其与渐近线相交于 B 点。那么 BC 的长度和 OM 长度总是相等的。蔓叶线可以表示为极坐标方程：$r=2a(\sec\theta-\cos\theta)$，或直角坐标方程：$y^2=x^3/(2a-x)$。有趣的是，蔓叶线可以用抛物线在另一条同样大小的抛物线上滚动（注意不能滑动），同时记录它顶点的轨迹来获得。

狄奥克利斯还对于被称为“圆锥曲线”的图形特别着迷，在他的作品《燃烧的镜子》（*On Burning Mirrors*）中，他讨论了抛物线的焦点。他的目标之一就是找到一个曲面，当它被放在阳光下时，能够聚焦最大的热量。■

托勒密的《天文学大成》

克劳迪乌斯·托勒密（Claudius Ptolemaeus，约 90—168）

托勒密的《天文学大成》描述了地心学说的宇宙模型，它认为地球是宇宙的中心，太阳和各个行星围绕地球运行。这种学说在欧洲和阿拉伯世界被广泛接受，并流行了一千多年。

欧几里得的《几何原本》（约公元前 300 年），余弦定理（约 1427 年）

亚历山大的数学家、天文学家托勒密写了一部 13 册的巨著《天文学大成》（*Almagest*），这是关于当时天文学几乎所有知识的集大成者。在《天文学大成》中，托勒密研究了行星和恒星的运动后，提出了他的地心模型（Geocentric Model），即地球处于宇宙中心，太阳和行星围绕地球运行。在当时被作为正确的理论所接受，并统治了欧洲和阿拉伯世界一千多年。

《天文学大成》的拉丁书名源自阿拉伯文“伟大的书”（al-kitabu-l-mijisti）一词，数学家们对其中的三角学内容特别感兴趣，这其中包括一个从 0°到 90°角的，间隔角度为 15′ 的正弦值表，还有球面三角学的介绍。《天文学大成》包含了与我们的现代的“正弦定理”、和角公式和半角公式相对应的定理。扬·古尔伯格（Jan Gullberg）写道：“许多早期的希腊天文学研究成果失传，可能要归咎于托勒密这部完整而优雅的《天文学大成》，它的出现使这些早期的成果显得多余。”格德·格拉斯霍夫（Gerd Grasshoff）也说：“托勒密的《天文学大成》与欧几里得的《几何原本》共享最长寿科学文本的荣誉。从公元 2 世纪它的问世到文艺复兴时代末期，这部作品真正地把天文学确立为一门科学。”

《天文学大成》大约在公元 827 年被翻译成阿拉伯文，然后又在 12 世纪从阿拉伯文翻译成拉丁文。波斯数学家和天文学家阿布·瓦法（Abu al-Wafa，940—998）在《天文学大成》的基础上完成了对三角学定理及其证明的系统化。有趣的是，托勒密试图根据他的行星运动模型来计算宇宙的大小，他认为行星沿着一个称作“本轮”的较小的圆环转动，而“本轮”又沿着一个更大的圆转动。他估计，一个包含遥远的“恒星”的球体半径是地球半径的两万倍。■

约 150 年

丢番图的《算术》

丢番图（Diophantus，约 200—约 284）

DIOPHANTI
ALEXANDRINI
ARITHMETICORVM
LIBRI SEX.
ET DE NVMERIS MVLTANGVLIS
LIBER VNVS.
Nunc primùm Græcè & Latinè editi, atque absolutissimis
Commentariis illustrati.
AVCTORE CLAVDIO GASPARE BACHETO
MEZIRIACO SEBVSIANO, V.C.

LVTETIAE PARISIORVM,
Sumptibus SEBASTIANI CRAMOISY, via
Iacobæa, sub Ciconiis.
M. DC. XXI.
CVM PRIVILEGIO REGIS.

图为 1621 年版的丢番图的《算术》的封面页，由法国数学家克劳德·加斯帕德·巴切特·德·梅齐里亚克（Claude Gaspard Bachet de Méziriac）翻译成拉丁文。这本《算术》的失而复得，激发了文艺复兴时代西欧数学蓬勃的发展。

希帕蒂亚之死（415 年），花拉子密的《代数》（830 年），《综合摘要》（1556 年），费马最后定理（1637 年）

250 年

亚历山大的希腊数学家丢番图被称为“代数之父”，他是《算术》（*Arithmetica*，约 250 年）一书的作者，这是一部影响了若干世纪的数学文集汇编，也是希腊数学中最著名的代数著作，它包含了各种问题以及方程的数值解。

丢番图在数学符号方面也有重要的贡献，他率先将分数作为一个数字（而不是作为一个算式）来处理。丢番图在给将《算术》赠送给狄奥克利斯（Diocles，很可能是当时亚历山大城的主教）的题词中说，虽然书中的材料可能很困难，“但有你的热情和我的指导，还是很容易掌握的”。

丢番图的许多作品被阿拉伯人保存下来，并在 16 世纪翻译成拉丁文。丢番图方程及其整数解就是以他命名的。费马提出著名的“费马最后定理”，设法求到一个不定方程 $a^n+b^n=c^n$ 的整数解。费马还曾经潦草地写下了一小段笔记，声称巧妙地解决了这个难题。但其实其解题思路源自 1681 年所出版发行的法文版《算术》。

在《算术》一书中，丢番图经常表现出对诸如 $ax^2+bx=c$ 之类方程的整数解的兴趣。尽管巴比伦人早就知道一些丢番图感兴趣的线性方程和二次方程的解法，但根据 J.D. 斯威夫特（J.D.Swift）的说法，丢番图的独特之处在于，他是“引入广泛而一致的代数符号的第一人，这不是单纯地与前人（甚至后来者）风格不同，而是代表了一个巨大的进步。通过拜占庭的资源重新发现《算术》，极大地促进了西欧数学的复兴，并激励了包括伟大的费马在内的许多数学家”。

应当说明的是，波斯数学家阿尔-花拉子密（al-Khwarizmi，780—850）也有自己的著作《代数》（*Algebra*），其中包含了线性方程和一元二次方程的系统解法。他也享有“代数之父”的美名。花拉子密将印度-阿拉伯数字和代数概念引入欧洲数学，“算法”（algorithm）和“代数”（algebra）这两个英文单词分别源自阿尔·花拉子密的名字和“al-jabr”。“Al-jabr”这个阿拉伯的单词，意思是解一元二次方程的数学运算。■

029

帕普斯六角形定理

帕普斯（Pappus，约 290—约 350）

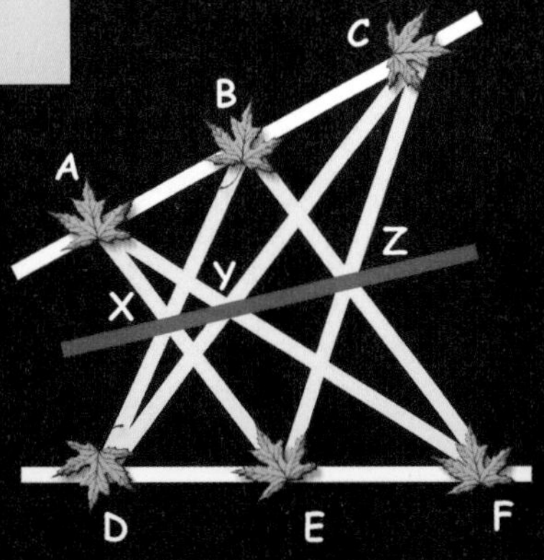

如图：如果一条直线上有 A、B、C 三点，而另一条直线上有 D、E、F 三点，则帕普斯定理指出它们连线的交点 X、Y、Z 也必定在一条直线上。

笛卡尔的《几何学》（1637 年），射影几何（1639 年），西尔维斯特直线问题（1893 年）

一位农夫要种九棵枫树，并且让这九棵枫树排成十排，每排三棵，该如何种？实现这一目标的一种奇怪的方法就是利用帕普斯定理。如果 A、B、C 三点位于一条直线上，D、E、F 三点位于另一条直线上，依次连接 A、F、B、D、C、E、A 就组成一个六角形状。帕普斯定理保证了这些连线的交点 X、Y、Z 也在一条直线上（这时九棵树已经排成了九排）。这位农夫还可以通过移动树 B，使 B、Y 和 E 对齐成一条直线，形成第十排，这样就解决了这个问题。

帕普斯是当时最重要的希腊数学家之一，他在大约 340 年发表了著名著作《数学汇编》（*Synagoge*）。这本书的主要内容有多边形、多面体、圆、螺线和蜜蜂窝结构的几何学。《数学汇编》很有价值，因为它许多内容都是基于后来遗失了的古代数学成果之上的。托马斯·希思（Thomas Heath）评价《数学汇编》一书时写道："显然，它复活了古代希腊几何学的许多内容，几乎涵盖了整个几何领域。"

马克斯·德恩（Max Dehn）评价著名的帕普斯定理时写道，它"标志着几何学史上的一个事件。从一开始，几何学就与测量密不可分：线的长度、平面图形的面积和物体的体积。这个定理第一次建立了正规的测量理论，但它本身并没有测量任何所涉及的元素。换句话说，它只是通过线和点的连接就证明了图形的一个性质"。德恩还说，这个图形是"射影几何的第一个架构"。

1588 年，在费德里科·卡曼迪诺（Federico Commandino）翻译出版了此书的拉丁文译本后，《数学汇编》在欧洲广为人知。帕普斯的图形还引起过牛顿和笛卡尔的兴趣。大约在帕普斯的《数学汇编》1300 年以后，法国数学家帕斯卡对帕普斯定理提出了一个有趣的推广，称为帕斯卡定理。■

约 340 年

巴赫沙利手稿

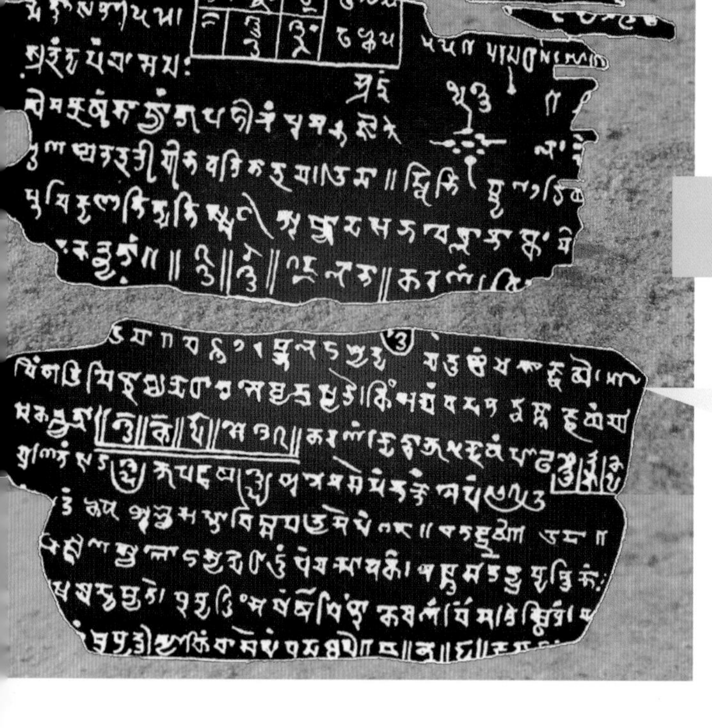

这是 1881 年在印度西北部发现的巴赫沙利手稿的一个片段。

丢番图的《算术》(250 年)，零的出现（约 650 年)，摩诃吠罗的算术书（850 年)

约 350 年

1881 年，著名的数学文物巴赫沙利手稿（Bakhshali Manuscript）在印度西北部的一个石头围栏中被发现，它的历史甚至可以追溯到 3 世纪。手稿在被发现时很大一部分已经朽坏，只剩下大约 70 片桦树皮书写的残本保留下来。巴赫沙利手稿记载了解决算术、代数和几何问题的技巧和规则，它还包含了一个计算平方根的公式。

手稿中记载了一个问题：“在你面前有 20 个人，包括男人、女人和孩子。他们共赚了 20 枚钱币。已知每个男人赚 3 枚钱币，每个女人赚 1.5 枚钱币，每个孩子赚半枚钱币。问有多少男人、女人和孩子？”你能解决这个问题吗？答案是 2 名男子、5 名妇女和 13 名儿童。我们可以设男人、女人和孩子的数量分别为 m，w 和 c，于是可以列出两个方程：$m+w+c=20$ 和 $3m+(3/2)w+(1/2)c=20$。上面给出的答案是这两个方程的唯一有效的整数解。

手稿是在白沙瓦（Peshawar，现属巴基斯坦）宇苏夫札地区的巴赫沙利村附近发现的。关于这份手稿的所属年代，学界有一些争论；多数学者认为，这是一部关于可能存在于 200—400 年的一部更古老的数学著作的评论集。巴赫沙利手稿使用的数字符号有一些不寻常的特点，比如用一个“+”号放在数字后面表示负值，在方程中用一个大圆点表示正在寻找的未知数。类似的大圆点也有时被用来表示 0 值。迪克·特雷西（Dick Teresi）评论道：“最重要的是，巴赫沙利手稿是第一份与宗教没有关联的印度数学格式的文献。”■

希帕蒂亚之死

希帕蒂亚（Hypatia，约 370—约 415）

1885 年，英国画家查尔斯・威廉・米切尔（Charles William Mitchell）描绘了希帕蒂亚临死前的最后一刻。在教堂里一群信奉基督教的暴徒剥光了她的衣服后杀害了她。据某些报道，她被锐器剥皮后被活活烧死。

毕达哥拉斯创建数学兄弟会（约公元前 530 年），丢番图的《算术》（250 年），阿涅西的《分析讲义》（1748 年），柯瓦列夫斯卡娅的博士学位（1874 年）

希帕蒂亚被一群基督暴徒撕成碎片而殉难，部分原因是因为她不遵守严格的基督教教规。她认为自己是个新柏拉图主义者、异教徒、毕达哥拉斯教义的追随者。她是人类历史上第一位女性数学家，她为我们留下了许多数学知识。据说希帕蒂亚外貌出众，很有吸引力，但一直保持独身。当被问到为什么她痴迷于数学而不愿结婚时，她回答说她已经嫁给了真理。

希帕蒂亚的作品包括了对丢番图的《算术》一书的评论。她给学生提出过一个数学问题，要求他们求一组联立方程：$x-y=a$ 和 $x^2-y^2=(x-y)+b$ 的整数解，其中 a 和 b 已知。你能找到 x，y，a 和 b 的整数值，使这两个方程都成立吗？

基督徒和希帕蒂亚在哲学上是完全敌对的，面对她信奉的柏拉图主义关于上帝的本质和来世主张，信奉基督的狂热主义者完全疯狂和绝望了。在 414 年温暖的三月的一天，一群狂热的暴徒抓住了她，剥了她的衣服，还用锋利的蚌壳把她的肉从骨头上剥下来，最后将她的尸体肢解烧掉。就像今天一些宗教恐怖主义的牺牲者的遭遇一样。希帕蒂亚被迫害的原因，仅仅是因为她是宗教分歧中的知名人士而已。直到文艺复兴之后，才由另一位著名的女数学家玛丽亚・阿涅西（Maria Agnesi）为希帕蒂亚恢复了著名数学家的身份。

希帕蒂亚的死引发了众多学者逃离亚历山大城的浪潮，这个事件标志着持续了几个世纪以来希腊数学发展进程的衰落。自此欧洲进入黑暗时代，阿拉伯人和印度人开始在数学进展方面扮演主要角色了。■

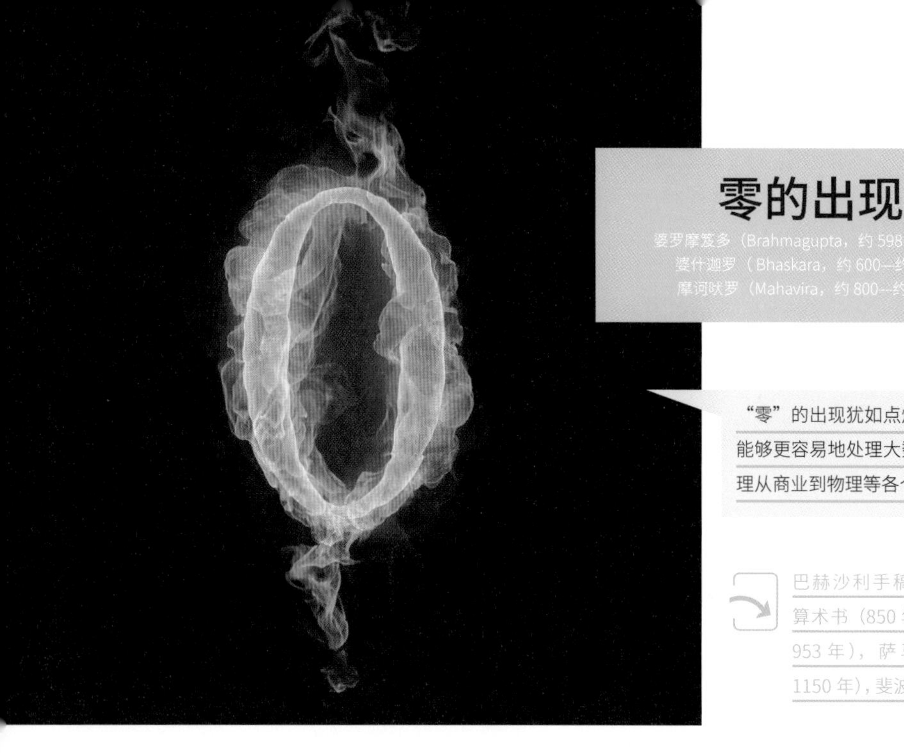

零的出现

婆罗摩笈多（Brahmagupta，约 598—约 668）
婆什迦罗（Bhaskara，约 600—约 680）
摩诃吠罗（Mahavira，约 800—约 870）

“零”的出现犹如点燃了一把火，它让人类能够更容易地处理大数字、并能更高效地处理从商业到物理等各个领域中的计算了。

巴赫沙利手稿（约 350 年），摩诃吠罗的算术书（850 年），《印度数学的篇章》（约 953 年），萨马瓦尔的《算术珍本》（约 1150 年），斐波那契的《计算书》（1202 年）

约 650 年

古巴比伦人最初没有零的符号，这给他们的计数法带来了不确定性，像 12，102 和 1002 这样的数字中如果没有 0 的话，今天的我们也会感到困惑。巴比伦文献的抄写员们在应该有 0 的地方只留下一个空格，这样很难识别数字中间或末尾的空格数。后来巴比伦人发明一种符号来标记他们数字之间的空格数，但他们还是没有产生把零看成一个实际数字的概念。

在 650 年左右，在印度数学中数字零的使用已经很普遍了。在印度德里南部的瓜廖尔发现了一块石碑，其制作年代为 876 年，上面刻有数字 270 和 50。这两个数字看起来与现代数字非常相似，只不过 0 写得小一些而且有点偏高。印度数学家，如婆罗摩笈多、摩诃吠罗和婆什迦罗，都在数学运算中使用了零。婆罗摩笈多解释过，一个数字减去自己等于零，而且他还注意到，任何数字乘以零都是零。虽然巴赫沙利手稿的确切年代尚不清晰，但它仍然可能是记录了零用于数学目的的第一个证据。

在 665 年前后，中美洲的玛雅文明也发展出了数字零的符号，但他们似乎没有影响到其他民族。而印度的“零”则广泛地传播给阿拉伯人、欧洲人和中国人，改变了世界。

数学家侯赛因·阿沙姆（Hossein Arsham）写道：“13 世纪时把零引入十进制系统是数字系统发展中最重要的成就。它使大数字的计算变得可行了。如果没有零的概念，在商业、天文学、物理、化学和工业中的建模过程都是不可想象的。而缺少这个符号是罗马数字系统最严重的致命伤。■

阿尔昆的《砥砺青年人的命题》

约克的阿尔昆（Alcuin of York，约 735—804）
奥里亚克的格伯特（Gerbert of Aurillac，约 946—1003）

阿尔昆的数学著作很可能影响了最后一位教皇数学家格伯特。格伯特痴迷于数学，并于公元 999 年当选为教皇西尔维斯特二世。图中是这位教皇数学家的雕像，位于法国奥弗涅的奥里拉克。

莱因德纸草书（约公元前 1650 年），花拉子密的《代数》（830 年），算盘（约 1200 年）

弗拉库斯·阿尔比努斯·阿尔金纽斯（Flaccus Albinus Alcuinus），又称约克的阿尔昆，是英国约克的学者。在查理曼国王的邀请下，他成了卡洛林王朝的首席宫廷教师，他写过一些神学著作和诗歌。后来他在 796 年担任了图尔的圣马丁修道院院长，是著名的卡洛林文化复兴时期的最重要的学者。

学者们推测，阿尔昆的数学著作《砥砺青年人的命题》（*Propositions ad acuendos juvenes*）对最后一位格伯特教皇数学家奥里亚克的格伯特影响很大。格伯特对数学十分痴迷，999 年他当选为教皇西尔维斯特二世。这位教皇先进的数学知识甚至令他的敌人为之折服，称他是一个邪恶的魔术师。

在法国兰斯，这位数字教皇将大教堂的地板改造成一个巨大的数字算板。他还英明地决定采用阿拉伯数字（1，2，3，4，5，6，7，8 和 9）代替罗马数字。他为摆钟的发明做出过贡献，还发明了跟踪行星轨道的装置，并撰写过几何论文。当他意识到自己缺乏形式逻辑的知识时，就在日耳曼逻辑学家的指导下补习。这位数字教皇还说过："正义的人靠信仰生活，但如果把科学和他的信仰结合起来，那就更好了。"

阿尔昆的《砥砺青年人的命题》包含了大约 50 个文字题，其中最著名的有关于渡河的问题；在梯子上数鸽子的问题；一位父亲临死时把酒桶留给儿子们的问题；三个嫉妒的丈夫，每个人都不能让别的男人和他的妻子独处的问题，等等。主要的几类问题都是在这本书中首次出现的。数学作家伊瓦尔斯·彼得森（Ivars Peterson）指出，"本书中的问题（和解答）是中世纪多彩生活中的最迷人的一面。它证明了数学教育中的谜题所特有的持久魅力。"

花拉子密的《代数》

阿布·贾法尔·穆罕默德·伊本·穆萨·赫瓦兹米，又被称作阿尔·花拉子密
(Abu Ja' far Muhammad ibn Musa al-Khwarizmi，约 780—约 850)

苏联在 1983 年发行了一张邮票，以纪念波斯数学家和天文学家花拉子密，他的著作《代数》为各种的方程提供系统的解法。

丢番图的《算术》(250 年)，萨马瓦尔的《算术珍本》(约 1150 年)

830 年

花拉子密是一位波斯数学家和天文学家，他一生的大部分时间都在巴格达度过。他关于代数的著作《移项和集项的科学》(*Kitab al-mukhtasar fi hisab al-jabr wa' l-muqabala*)，是关于线性方程和一元二次方程的系统解法的第一本书，通常被简译为《代数》。花拉子密和丢番图被人们并称为“代数之父”。其著作的拉丁文译本向欧洲介绍了十进制计数系统。有趣的是，英文单词“algebra”来自“al-jabr”，指的就是在他书中用于解一元二次方程的两种运算之一。

花拉子密将 al-jabr 定义为一种运算法则，即通过在方程两边添加相同的项来抵消方程中的负项。例如，我们可以将方程 $x^2=50x-5x^2$ 两边都加上 $5x^2$，化简为 $6x^2=50x$。另一种运算法则叫“*Al-muqabala*”，意思是将相同类型的项移到方程的同一边集中并合并成一项。例如，将 $x^2+15=x+5$ 改写成 $x^2+10=x$。

这本书能帮助读者求解诸如 $x^2+10x=39$、$x^2+21=10x$ 和 $3x+4=x^2$ 之类的方程式，花拉子密还认为，对更困难的数学问题，如果能分解成一系列较小的步骤就可解决。花拉子密还致力于将他的书付诸实用，帮助人们解决有关金钱、财产继承、诉讼计算、贸易和开凿运河等实践问题。书中还包含了许多例题和解题方法。

阿尔·花拉子密一生的大部分时间都供职于位于巴格达的智慧宫（也被称为集贤馆），这是一个集图书馆、翻译馆和学院为一体的机构，是伊斯兰黄金时代的重要智慧中心。可惜，智慧宫在 1258 年被蒙古人摧毁了，传说当时被扔进水中的书渗出来油墨把底格里斯河都染成了黑色。

035

博罗梅安环

皮特·格思里·泰特（Peter Guthrie Tait，1831—1901）

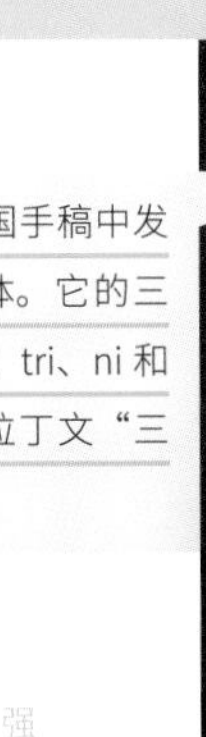

这个博罗梅安环是在13世纪的法国手稿中发现的，它象征着基督教的三位一体。它的三个环上分别写着三个拉丁文字节：tri、ni和tas，合起来就是“trinitas”，即拉丁文“三位一体”之意。

绳结（约公元前10万年），强森定理（1916年），墨菲定律和绳结（1988年）

834年

博罗梅安环（Borromean Rings）是三个彼此交错的圆环，一个简单而有趣的图案。它因15世纪文艺复兴时期的意大利博罗梅安家族将其形状绘在盔甲上而得名，数学家和化学家们都对博罗梅安环十分感兴趣。

请注意，博罗梅安环没有两个环是直接相连的，所以如果我们切开任何一个环，三个环都会分开。一些历史学家推测，这个古老的三环标志曾经象征了维斯孔蒂（Visconti），斯福尔扎（Sforza）和博罗梅安（Borromeo）这三大家族通过通婚形成的脆弱联盟。这样的三环图案也曾出现在1467年佛罗伦萨的圣潘克拉齐奥教堂里。在更早的年代，维京人就使用过三角形版本博罗梅安环，人们曾在一位834年去世的贵妇的床柱上发现过它。

1876年苏格兰数学和物理学家泰特在一篇关于纽结的数学论文中提到了博罗梅安环。因为每两个环的交叉处可以有两个选择（上面压过或下面穿过），因此共有$2^6=64$种交错模式存在。如果排除对称性，则只有10种几何上不同的博罗梅安环。

现在数学家们知道，我们不可能用三个平面圆环构造出一组真正的博罗梅安环，你可以自己用铜丝弯成圆环来试试看，只有将铜丝变形或弯折才能组成博罗梅安环。在1987年，迈克尔·弗里德曼（Michael Freedman）和理查德·斯科拉（Richard Skora）证明了博罗梅安环是不可能用三个平面圆环构造的。

2004年，加州大学洛杉矶分校的化学家们构造了一种由六个金属离子组成博罗梅安环形状的分子，直径只有2.5纳米。目前研究人员正在寻求博罗梅安环分子的应用。比如将其应用在自旋电子学（一种利用电子自旋和电荷的技术）和医学成像等领域。■

摩诃吠罗的算术书

摩诃吠罗（Mahavira，约 800—约 870）

摩诃吠罗讨论过一个数学问题，一个女人与她的丈夫争吵时弄断了她的珍珠项链。珍珠按照一套特定的规则散落在地上，现在我们需要确定项链原来串有多少颗珍珠。

巴赫沙利的手稿（约 350 年），零的出现（约 650 年），《特雷维索算术》（1478 年）

850 年

公元 850 年写成的《摩诃吠罗的算术书》（*Ganita Sara Samgraha*，意为“基础数学概要”）之所以引人注目有几个特别的原因。首先，它是唯一的一本由耆那教学者编写的算术著作。其次，它几乎包含了 9 世纪中叶印度所有的数学知识。另外它还是现存最早的只讨论数学内容的印度文献。

《摩诃吠罗的算术书》是由印度南部的摩诃吠罗编写的。这本书中有一个数学问题让许多个世纪以来的学者们都特别感兴趣。一位年轻女士与丈夫争吵时弄断了她的项链，项链上的珍珠有 1/3 散落在女士身上，有 1/6 落在床上，剩下的珍珠散落了一半，再次剩下的珍珠又散落了一半，…… 总共有六次“剩下的珍珠又散落了一半”。最后发现还有 1161 颗珍珠留在项链上。问项链上原来总共有多少颗珍珠？

问题的答案令人惊讶，这个女孩原来的项链上竟然有 148 608 颗珍珠！让我们回顾一下这个问题：1/6 掉在了床上，1/3 落在她身上，这意味着既不在床上也不在她身上的珍珠是所有珍珠的一半。而剩下的一半珍珠再经过 6 次减半，所以可以列出方程：$(1/2)^7 x = 1161$，其中 x 是珍珠的总数。因此，解这个方程就得到 $x = 148\ 608$。看来这位印度女人为这个巨大项链是很值得大吵一架的！

值得注意的是，《摩诃吠罗的算术书》明确指出负数的平方根不存在。在书中，摩诃吠罗还讨论了数字零的性质，并对从 10 到 10^{24} 的巨大数字给予了命名，他还给出了自然数的平方和的计算公式、计算椭圆的面积和周长的公式，以及求解线性方程和一元二次方程的方法。■

塔比的亲和数公式

塔比·伊本·古拉（Thabit ibn Qurra，826—901）

《创世纪》中讲到，雅各布将 220 只山羊送给他的兄弟以扫。根据神秘主义者的说法，这是一种“暗藏寓意的安排”，因为 220 是一对亲和数的数字之一，暗示这是为了确保友谊对以扫示好。

毕达哥拉斯创建数学兄弟会（约公元前 530 年）

约 850 年

古希腊的毕达哥拉斯信徒们对“亲和数”着迷，“亲和数”是一对数字，其中每个数字都是另一个数字的“真因数”之和。（一个数的“真因数”是它不包括它本身在内的所有的因数）。最小的一对“亲和数”是 220 和 284。220 能被 1，2，4，5，10，11，20，22，44，55 和 110 整除，其总和刚好为 284，而 284 能被 1，2，4，71 和 142 整除，其总和刚好为 220。

850 年，阿拉伯天文学家和数学家塔比提出了一个公式，它可以求出某数的亲和数：对于整数 $n>1$，计算 $p=3\times2^{n-1}-1$，$q=3\times2^{n-1}$ 和 $r=9\times2^{2n-1}-1$。如果 p，q，r 都是质数，那么 2^npq 和 2^nr 就是一对“亲和数”。当 $n=2$ 时，计算得到的就是 220 和 284 这对亲和数。但塔比公式并不能求出所有存在的亲和数。在每一对已知的亲和数中，一对数字要么都是偶数，要么都是奇数，我们会不会发现一奇一偶的亲和数呢？寻找亲和数是一项很困难的工作，到 1747 年，瑞士数学家和物理学家欧拉也只发现了 30 对亲和数。如今，我们知道有超过 1100 万对亲和数，但这其中只有 5001 对的两个数字都小于 3.06×10^{11}。

《创世纪》（*Genesis*）的 32 章 14 节中，雅各布将 220 只山羊送给他孪生兄弟以扫。根据神秘主义者的说法，这是一个“暗藏寓意的安排”，因为 220 是一对亲和数的数字之一，这是雅各布在寻求与以扫重归于好，试图恢复友谊。著名的数学家和科普作家马丁·加德纳（Martin Gardner）曾写道：“有一个 11 世纪的阿拉伯人说，他曾经尝试过吃下标有 284 的食物，同时让对方吃下标有 220 的食物，以提高性欲刺激效果。可惜他没有把实验的结果记录下来。”■

《印度数学的篇章》

阿尔-乌格利迪西（al-Uqlidisi，约 920—约 980）

在阿尔-乌格利迪西时代的印度和伊斯兰世界，数学计算往往是在沙盘或灰盘上进行的，用完后就随手擦除。乌格利迪西采用了纸和笔的方法，让算术计算保留了计算过程，并允许计算中具有更大的灵活性。

零的出现（约 650 年）

约 953 年

阿尔-乌格利迪西其名字的原意是“欧几里得的门徒”）是一位阿拉伯数学家，他所著的《印度数学的篇章》（*Kitab al-fusul fi al-hisab al-Hindi*）是讨论印度-阿拉伯数字体系的使用价值的最早的阿拉伯文著作。该体系使用 0 到 9 的数字符号，书写多位数时从右到左的每个位置依次对应于 10 的 1，10，100 和 1000……次方幂。乌格利迪西的作品也是现存最早的阿拉伯文算术著作。虽然乌格利迪西诞生和去世都在大马士革，但他的一生游历丰富，可能曾到过印度并研习数学。他的手稿今天保留下来的只有一份复制品了。

阿尔—乌格利迪西还用新的数字系统讨论了以往数学家的问题。科普作家迪克·特雷西（Dick Teresi）评价他说：“他的名字表明了他对希腊人的尊敬。他抄录了欧几里得的作品，因此得名‘欧几里得的门徒’。他的遗产之一是‘纸和笔的数学’。”在乌格利迪西时代的印度和伊斯兰世界里，在沙盘中进行数学计算是很常见的，计算过程往往被随手抹掉。乌格利迪西建议改用纸和笔书写。这种书面算术保留了运算过程，尽管他的墨水数字不便于擦除或修改，但这确实使计算更方便了。从某种意义上说，纸面书写推动了现代乘法和长除法算式的革命。

《阿拉伯科学史百科全书》的编辑雷吉斯·莫伦（Régis Morelon）写道：“阿尔-乌格利迪西的算术思想中最引人注目的内容之一就是十进制小数符号的使用。例如，乌格利迪西将数字 19 连续分半，得出了以下结果：19，9.5，4.75，2.375，1.187 5，0.593 75。最终，十进制数字系统所实现的先进计算方式就从区域性的应用推广到整个世界。”

奥马尔·海亚姆的《代数论文集》

奥马尔·海亚姆（Omar Khayyam，1048—1131）

位于伊朗内沙布尔的奥马尔·海亚姆墓园，其特点是开放式结构和其上镌刻的名人诗句。

欧几里得的《几何原本》(约公元前 300 年)，卡尔达诺的《大术》(1545 年)，帕斯卡三角形（1654 年)，正态分布曲线（1733 年)，非欧几里得几何（1829 年)

奥马尔·海亚姆是波斯数学家、天文学家和哲学家，他最著名的是他的诗集《鲁拜集》(*Rubaiyat of Omar Khayyam*)。然而，他也因其影响深远的《代数论文集》(*Treatise on Demonstration of Problems of Algebra*，1070）而声名大噪。在这本书里，他推导出了求解三次方程和一些高次方程的方法。他解的一个三次方程的例子是 $x^3+200x=20x^2+2\,000$。虽然海亚姆的方法并不是完全新的，但他概括了可以用来求解所有的三次方程的通用方法值得称道。他的《代数论文集》中还用圆锥曲线相交求几何解的方法对三次方程进行了综合分类。

书中海亚姆还展示了当 n 是任意整数时，如何得到 $a+b$ 的 n 次幂展开式。以下表达式 $(a+b)^n=(a+b)\times(a+b)\times(a+b)$ 连乘 n 次。例如根据二项展开式：$(a+b)^5=a^5+5a^4b+10a^3b^2+10a^2b^3+5ab^4+b^5$，它的数值系数是（1，5，10，10，5，1)，这一串数字称为二项式系数，也就是帕斯卡三角形某行中的数值。海亚姆在这个问题上的一些工作在他提到的另一本书中，但那本书现在已经失传了。

1077 年海亚姆发表了几何学著作《欧几里得几何公理中的难点辨析》(*Sharh ma ashkala min musadarat kitab Uqlidis*)，提出了一个关于欧几里得著名的平行公设的有趣观点。在书中，海亚姆讨论了非欧几里得几何的特性，因此，他似乎跌跌撞撞地闯进了一个新的直到 19 世纪才会兴起的数学领域。

海亚姆的名字的直译是“帐篷制造者”，这可能是他父亲的职业。海亚姆曾自称是“缝制科学帐篷的人”。■

1070 年

萨马瓦尔的《算术珍本》

阿尔-萨马瓦尔（al-Samawal，约 1130—约 1180）
阿尔-卡拉吉（al-Karaji，约 953—约 1029）

阿尔·萨马瓦尔的《算术珍本》很可能是第一篇断言 $x^0=1$（已转为现代符号表示）的著作。也就是说，萨马瓦尔最先意识到并发表了这样一个观点：任何一个数字的 0 次方都是 1。

丢番图的《算术》（250 年），零的出现（约 650 年），花拉子密的《代数》（830 年），代数基本定理（1797 年）

约 1150 年

阿尔-萨马瓦尔出生在巴格达的一个犹太家庭。他 13 岁开始学习印度数学的计算方法时就着了迷。到 18 岁的时候，他几乎将那个年代存在的所有数学文献都通读了一遍。当他只有 19 岁时，萨马瓦尔就写下了他的成名之作《算术珍本》（*al-Bahir fi' l-jabr*）。而《算术珍本》之所以著名，是因为其中除了萨马瓦尔原创性的思想之外，还记载了公元 10 世纪波斯数学家阿尔-卡拉吉已佚失的著作中的宝贵资料。

《算术珍本》强调代数的符号化原理，指出了应该像对待普通数字一样，对未知变量进行运算。萨马瓦尔接着定义了数字的幂，多项式和求多项式的根的方法。许多学者认为《算术珍本》是第一本断言 $x^0=1$（已转为现代符号表示）的著作。换句话说，萨马瓦尔充分理解到并发表了这样的想法：任何数的 0 次幂都是 1。他还很清楚地知道：$0-a=-a$（已转为现代符号表示），因此他在著作中能轻松流畅地使用负数和零的概念。他还了解如何处理涉及负数的乘法运算，他的另一重要成果是发明了自然数的平方和公式：$1^2+2^2+3^2+\cdots+n^2= n(n+1)(2n+1)/6$，为此萨马瓦尔感到特别自豪。这个公式在更早的著作中似乎确实没有出现过。

在 1163 年，萨马瓦尔经过仔细研究和深思熟虑，从犹太教转而皈依伊斯兰教。如果不是因为担心伤害他父亲的感情，他可能早就这样做了。他还写过一本流传至今的作品《针对基督徒和犹太人的深刻批判》（*Decisive Refutation of the Christians and Jews*）。■

041

算 盘

算盘是有史以来对人类文明有最重要影响的工具之一。许多世纪以来，算盘都是一种让人类能进行快速商业和工程计算的工具。

印加人的奇普（约公元前 3000 年），阿尔昆的《砥砺青年人的命题》（约 800 年），计算尺（1621 年），巴贝奇的机械计算机（1822 年），科塔计算器（1948 年）

约 1200 年

2005 年，福布斯网站的读者、编辑和专家小组共同评议排名，将算盘列为人类历史上第二重要的工具（排名第一和第三的分别是刀和指南针）。

现代用珠子和挡杆的组成的、用来计算的算盘，源自古代萨拉米斯算板之类的设备。这是在公元前 300 年左右巴比伦人使用过的一种最古老的算板，通常由木材、金属或石头制成，在板上有凹槽，石头珠子沿着这些凹槽移动。1000 年左右，美洲的阿兹特克人发明了“nepohualtzitzin”（阿兹特克迷们称之为“阿兹特克的电脑”），这是一种类似算盘的设备，通过在木框里串好的玉米籽粒来完成计算。

我们今天所见的算盘上有穿在细杆移动的珠子，在 1200 年的中国被广泛使用。日本人称算盘为“soroban”。在某种意义上算盘可以被视为是计算机的祖先。就像计算机一样，算盘是一种计算工具，可以让人类在商业和工程中进行快速计算。直到现在算盘还在中国、日本、俄罗斯和非洲的部分地区使用，如果设计时略加变化，盲人也可以使用。虽然算盘一般用于快速加减运算中，但经验丰富的使用者也能用它快速计算乘法、除法，甚至计算平方根。1946 年在东京，日本算盘高手和使用当时的电动计算器的人进行比赛，算盘高手的计算速度常常占据上风。■

斐波那契的《计算书》

斐波那契（Fibonacci，约 1175—约 1250）

向日葵花盘中的种子常呈两簇螺线排列——一簇螺线顺时针旋转，另一簇逆时针旋转。花盘上的螺线数目以及花瓣数目通常是斐波那契数。

零的出现（约 650 年），《特雷维索算术》（1478 年），费马螺线（1636 年），本福特定律（1881 年）

1202 年

卡尔·波耶（Carl Boyer）提到斐波那契时说："毫无疑问，他是中世纪基督教世界最有独创性、最有能力的数学家。"斐波那契是一个富有的意大利商人，游历过埃及、叙利亚和巴巴里（即现在的阿尔及利亚），并于 1202 年出版了《计算书》（*Liber Abaci*），本书将印度—阿拉伯数字和十进制数字系统引入了西欧，这套系统摒弃了斐波那契时代常见而烦琐的罗马数字，直到现在仍风行世界。斐波那契在《计算书》中写道："1—9 是 9 个来自印度的符号。有了这 9 个符号，再加上在阿拉伯语中称为 zephirum 的符号 0，任何数字都可以表示出来，这将被历史所证实。"

尽管《计算书》并不是第一本描述印度－阿拉伯数字的欧洲书籍，而且即使在这本书出版后，十进制数字也并没有在欧洲得到广泛使用，但《计算书》仍然被认为对欧洲的思想产生了强烈的影响，因为它是针对学者和商人们写的。

《计算书》还向西欧介绍了著名的数字序列 1，1，2，3，5，8，13，…这在今天被称为"斐波那契数列"。注意，除了最初两个数字 1，数列中每个数字都等于它前面两个数字之和。这些数字大量出现在数学学科和自然界中。

上帝是数学家吗？当然，用数学来理解宇宙似乎是可靠的，或许自然界就是数学。向日葵中种子的排列可以用斐波那契数列来解释。和其他许多花卉一样，向日葵花盘中的种子呈两簇螺线排列 —— 一簇螺线顺时针旋转，另一簇逆时针旋转。花盘上的螺线数目以及花瓣的数目通常都是斐波那契数列中的数字。■

043

棋盘上的麦粒

赫里康（Khallikan，1211—1282）
但丁·阿利吉耶里（Dante Alighieri，1265—1321）

著名西萨棋盘问题展现了几何级数的特性。在这个小版本棋盘中，如果按照进程 发展下去，饥饿的甲虫会得到多少块糖果?

发散的调和级数（约 1350 年），环绕地球的丝带（1702 年），魔方（1974 年）

1256 年

西萨棋盘问题在数学史上很有名气，因为几百年来它经常被用来证明几何级增长或几何级数的特质，而且它也是最早提到的国际象棋的谜题。1256 年的阿拉伯学者赫里康可能是第一个讲述“伟大的西萨”（Grand Vizier Sissa ben Dahir）故事的人。故事说：印度国王舍罕（Shirham）问宰相西萨，他想要什么来奖励他发明国际象棋的功绩。

西萨对国王说：“伟大的陛下啊，如果您能给我在棋盘的第一个方格放一粒小麦，在第二个方格上放两粒小麦，在第三个方格上放四粒小麦，在第四个方格上放八粒小麦…… 以此类推，一直放满六十四个方格，我就很满意了。”

“西萨，你这个傻瓜，这就要这点东西吗?”惊讶的国王喊道。国王并没有意识到西萨会得到多少小麦！要想知道答案的话，得先计算下列几何级数的前 64 项：$1+2+2^2+\cdots+2^{63}=2^{64}-1$，显然国王没想到这是一个极其巨大的天文数字：18 446 744 073 709 551 615 粒小麦。

但丁可能知道这个故事的某种版本，因为他在《神曲》的《天堂篇》中提到了一个类似的比喻来描述天堂的充裕的光线：“它们太多了，以至于它们增长起来得比棋盘上加倍还要快。”简·古尔伯格（Jan Gullberg）曾经估计过这个数目：“如果 1 立方厘米的小麦大约是 100 粒，西萨得到的小麦的总体积将接近 200 立方千米，将装满 20 亿节火车车厢。如果连成一列火车，能绕地球 1000 周。”■

发散的调和级数

尼科尔·奥里斯姆（Nicole Oresme，1323—1382）
彼得罗·曼戈里（Pietro Mengoli，1626—1686）
约翰·伯努利（Johann Bernoulli，1667—1748）
雅各布·伯努利（Jacob Bernoulli，1654—1705）

奥里斯姆的自画像，取自他大约在 1360 年发表的《论货币的最初发明》一书

芝诺悖论（约公元前 445 年），棋盘上的麦粒（1256 年），发现 π 的级数公式（约 1500 年），布朗常数（1919 年），圆和多边形的嵌套（约 1940 年）

约 1350 年

如果将上帝比作无穷大，那么发散级数就是他的天使，天使们为了接近上帝越飞越高。为了永恒，所有天使都竭尽全力接近他们的造物主。例如，考虑以下无穷级数：1+2+3+4+…，如果我们每年增加一项，四年后的总和将是 10。在无限多年后，它的和达到无穷大。数学家们称这样的级数是发散的，因为它们无限多的项相加后会达到无穷大。而在本条目中我们感兴趣的级数，它的发散要慢得多。这个有趣而神奇的级数告诉我们，有的天使的翅膀也可能很软弱。

考查调和级数：1+1/2+1/3+1/4+…，这是发散级数的一个著名例子，它的项越来越小，趋近于零，但它的和仍然会增长到无穷大。当然，这个级数的发散速度比我们以前看到的要慢得多。事实上它增长极慢，以至于如果我们每年增加一个项，在 10^{43} 年后，它的和还不到 100。威廉·邓纳姆（William Dunham）写道：“阅历丰富的数学家们往往忘记了这种现象对初次接触这种现象的学生会带来多大的冲击 —— 逐次增加越来越多的但似乎是可以忽略的项，我们依然会得到一个比任何已知数量更大的总和！”

法国中世纪著名哲学家奥里斯姆是第一个证明调和级数发散的人（约在 1350 年）。但他的研究结果居然被遗忘了好几个世纪，直到 1647 年才由意大利数学家曼戈里完成证明，另外，瑞士数学家约翰·伯努利也在 1687 年完成了同一证明。1689 年约翰的哥哥雅各布·伯努利在《无穷级数的论著》（*Tractatus de Seriebus Infinitis*）中也发表了一个证明，并在结尾处写道：“无限的灵魂往往隐藏在微末之处，最狭窄的限制之下其实没有限制。人生之乐事莫过于能在无限之中辨识细节，在纤毫之间感知广袤，感谢上帝！”

余弦定理

阿尔-卡西（al-Kashi，约 1380—1429）
弗朗索瓦·韦达（François Viète，1540—1603）

这是 1979 年伊朗发行的一枚纪念阿尔-卡西的邮票。在法语中，余弦定理被称为阿尔-卡西定理，以纪念阿尔-卡西对前人成果的统一和规范化。

毕达哥拉斯定理和毕氏三角形（约公元前 600 年），欧几里得的《几何原本》（约公元前 300 年），托勒密的《天文学大成》（约 150 年），《转译六书》（1518 年）

约 1427 年

GHYATH-AL-DIN JAMSHID KASHANI
(14—15) A.C.

已知三角形两条边的长度和它们的夹角，余弦定理可以用来计算的另一条边的长度。定理可以表示为：$c^2=a^2+b^2-2ab\cos(C)$，其中 a，b，c 是三角形的边长，C 是 a，b 两边之间的夹角。该定理的适用范围涵盖了从土地测量到飞机航线的计算等各个领域。

注意当 $C=90°$ 其余弦值变为零，余弦定理就是直角三角形的毕达哥拉斯定理：$c^2=a^2+b^2$。还要注意的是，如果三角形的三个边长都是已知，我们就可以用余弦定理来计算三角形的每个角。

欧几里得的《几何原本》中就包含了可导致余弦定理的概念的种子。15 世纪，波斯天文学家和数学家阿尔-卡西提供了精确的三角函数表，并给出了余弦定理的现代表示法。法国数学家韦达也独立完成了余弦定理的证明。

在法语中，余弦定理被命名为阿尔-卡西定理，是表彰阿尔-卡西对前人成果的统一和规范化。阿尔-卡西最重要的作品是于 1427 年完成的《算术之钥》(*The Key of Arithmetic*)，其中讨论了天文学、测量、建筑和会计中使用的数学。阿尔-卡西还在计算某些伊斯兰和波斯风格的装饰性建筑“穆喀纳斯”的总表面积时使用过十进制小数。

韦达的一生也颇具传奇色彩。有一次，他成功为法国亨利四世破译了西班牙国王腓力二世的密码。而腓力坚信他的密码非常复杂，是不可能被破译的。当发现法国人知道其军事计划时，腓力二世向教皇抱怨说，有人对他的国家施用了黑魔法。

《特雷维索算术》

图中描绘了大约 1400 年商人们在市场上称量货物的情形，原图来自法国沙特尔大教堂的 15 世纪彩色玻璃窗。《特雷维索算术》是已知的最早在欧洲印刷发行数学书籍，其中包括商业、投资和贸易的问题。

莱因德纸草书（约公元前 1650 年），摩诃吠罗的算术书（850 年），斐波那契的《计算书》（1202 年），《综合摘要》（1556 年）

1478 年

15 世纪和 16 世纪的欧洲算术课本经常提出与商业有关的数学文字题来讲授数学概念。为学生编写文字题的通行做法可以追溯到许多世纪之前，有些历史悠久的著名文字题可以在古埃及、中国和印度等地找到相关史料。

《特雷维索算术》(*Treviso Arithmetic*）里有许多文字算术题，涉及商人投资和避免被欺诈的问题。这本书是用威尼斯方言写的，于 1478 年在意大利特雷维索城出版。这本书的无名作者写道："经常有一些年轻人向我求教数学问题，我对他们很有好感，他们渴望经商业致富，会把我讲的算术的基本原理记下来。因此，出于我对他们的感情，并基于这门学科本身的价值，我觉得应当尽我的微薄之力尽可能满足他们的需要。"然后，作者以塞巴斯蒂安和雅科莫两位商人合伙投资为故事背景，出了许多文字题。这本书还展示了乘法运算的几种方法，还包括来自斐波那契《计算书》的内容。

《特雷维索算术》之所以特别重要，是因为它是欧洲最早印刷的数学书籍。它还促进了印度-阿拉伯数字系统和算术运算的使用。因为当时的商业已经开始具有国际贸易的性质，雄心勃勃的商人们迫切需要更简单实用的数学知识。今天，学者们关注《特雷维索算术》，因为它提供了研究 15 世纪欧洲数学教学法的窗口。同时，因为书中的问题涉及货物交换的付款方式、织物裁剪、番红花贸易、金属货币的成色、货币兑换和合伙经营的利润分配等，读者们可以体会到商业欺诈、高利贷、债务问题和利息确定等知识。■

047

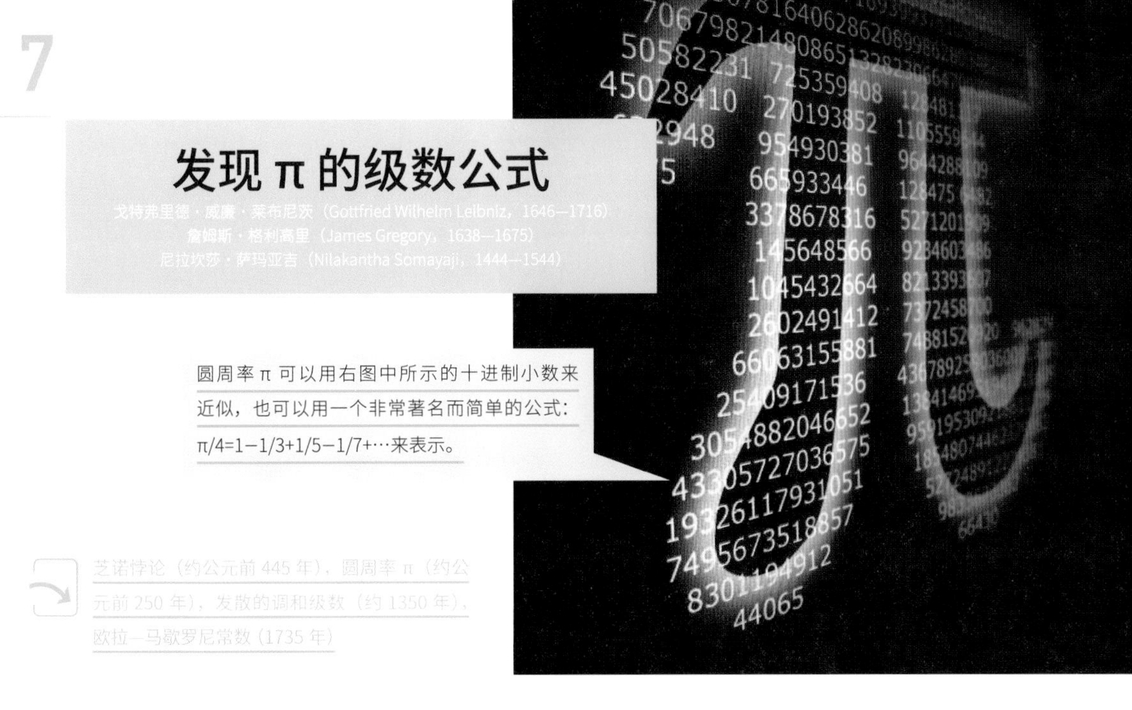

发现 π 的级数公式

戈特弗里德·威廉·莱布尼茨（Gottfried Wilhelm Leibniz，1646—1716）
詹姆斯·格利高里（James Gregory，1638—1675）
尼拉坎莎·萨玛亚吉（Nilakantha Somayaji，1444—1544）

圆周率 π 可以用右图中所示的十进制小数来近似，也可以用一个非常著名而简单的公式：π/4=1−1/3+1/5−1/7+…来表示。

芝诺悖论（约公元前 445 年），圆周率 π（约公元前 250 年），发散的调和级数（约 1350 年），欧拉−马歇罗尼常数（1735 年）

约 1500 年

无穷级数是无穷多个数的总和，在数学中起着重要的作用。像 1+2+3+…这样的无穷级数，其和是无穷大，也就是说这个级数是发散的。交替级数是指每隔一项出现负项的级数。几个世纪以来，一个特殊的交替级数引起了数学家们的特别关注。

以希腊字母 π 表示圆的周长与直径的比值，即圆周率，可以用一个非常著名而简单的公式来表示：π/4=1−1/3+1/5−1/7+…。另外值得注意的是，三角函数中的反正切函数可以用 $\arctan(x)=x-x/3+x/5-x/7+\cdots$ 表达，只要设 $x=1$，就能得到上面关于 π 的无穷级数。

兰詹·罗伊（Ranjan Roy）指出，三个不同的人，生活在不同的环境和文化中，他们各自独立发现的关于 π 的无穷级数，使我们充分洞察到数学作为一门通用学科的特点。莱布尼茨是德国数学家，格利高里是苏格兰数学家暨天文学家，还有一位是 14 世纪或 15 世纪的印度数学家（他的身份尚不确定，通常认为他叫萨玛亚吉），都和发现这个无穷级数公式有关。莱布尼茨在 1673 年发现了这个公式，而格利高里在 1671 年就发现了它。罗伊评论说："莱布尼茨发现 π 的无穷级数是他的第一个最伟大的成就。"荷兰数学家惠更斯告诉莱布尼茨，圆的这一非凡特性值得在数学家中永远颂扬。就连牛顿也说这个公式展示了莱布尼茨的天才。

虽然格利高里发现反正切公式在莱布尼茨之前，但是格利高里竟然没有注意到反正切公式的特殊情况就可以求出 π/4 。而早在 1500 年萨玛亚吉在他的著作《坦特罗概要》中也给出了反正切的无穷级数。萨玛亚吉还指出，有理数的有限和式永远不足以表示 π 。■

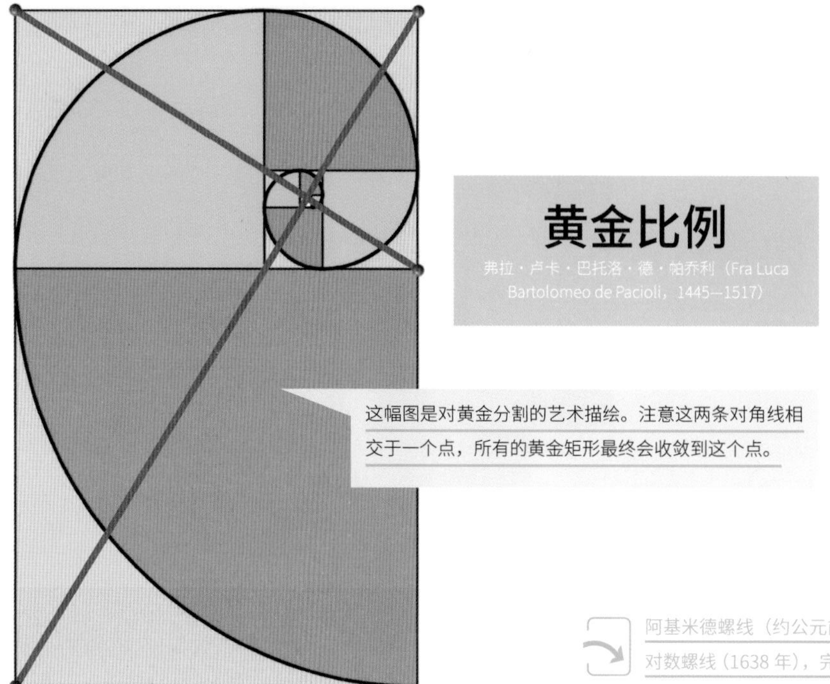

黄金比例

弗拉·卢卡·巴托洛·德·帕乔利（Fra Luca Bartolomeo de Pacioli，1445—1517）

这幅图是对黄金分割的艺术描绘。注意这两条对角线相交于一个点，所有的黄金矩形最终会收敛到这个点。

阿基米德螺线（约公元前 225 年），费马螺线（1636 年），对数螺线（1638 年），完美矩形和完美正方形（1925 年）

1509 年

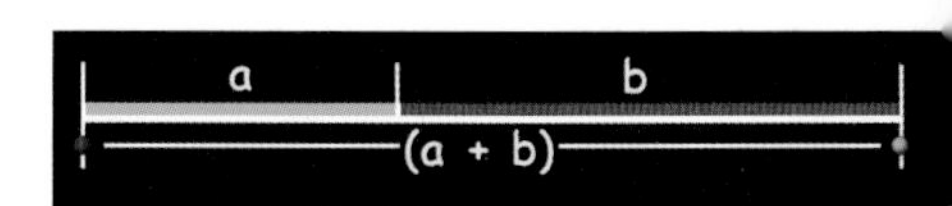

1509 年，达·芬奇的密友，意大利数学家帕乔利发表的论文《神圣比例》（*Divina Proportione*）中讨论了一个现在被广泛称为“黄金比例”的特别的数字。这个数字以希腊字母 ϕ 表示，并以惊人频率出现在数学和自然界之中。如图我们可以把一条线段分成两段，使整段长度与较长段之比和较长段与较短段之比相等。写成数学式就是：$(a+b)/b=b/a=1.618\ 03\cdots$。如果一个矩形的边长成黄金比例，那么这个矩形就称为一个“黄金矩形”。如上图，我们可以把一个黄金矩形分割为一个正方形和一个小的黄金矩形，然后再把这个小的黄金矩形再次分割成一个正方形和更小的黄金矩形……无限地分割下去就会产生更多更小的黄金矩形。

如果我们从原来矩形的右上角到左下角画一条对角线，然后从它的“孩子”（即下一个较小的黄金矩形）的右下角到左上角画一条对角线，则两条对角线的交点就是所有黄金矩形收缩聚焦的点。我们有时称这个聚焦点为“上帝之眼”。此外，两条对角线的长度也呈黄金比例。

从黄金矩形中切掉一个正方形，剩下的矩形将始终与原来的矩形相似。黄金矩形是唯一具有上述特性的矩形。如果我们连接图中所有黄金矩形的顶点，可以得到一个近似的对数螺线包围着“上帝之眼”。自然界中对数螺线随处可见——贝壳、动物的弯角、耳朵里的耳蜗——任何需要规律地、充分利用空间进行填充的地方都有对数螺线的身影。这是一种能用最少的材料建造最坚固结构的螺线。而且在对数螺线放大时，它只改变大小不改变形状。■

《转译六书》

约翰尼斯·特里特米乌斯（Johannes Trithemius，1462—1516）
阿尔-肯迪（Al-Kindi 约 801—约 873）

这是一幅由安德烈·德·塞韦特（André de Thevet，1502—1590）制作的德国修士特里特米乌斯的版画像。特里特米乌斯的《转译六书》是第一本关于密码学的印刷书籍，里面有各种可以用来对秘密信息进行编码的拉丁语单词。即使它被截获，看起来也只是普通祈祷语而已。

余弦定理（约 1427 年），公钥密码学（1977 年）

如今，数学理论已成为密码学的核心。然而在古代，通常只是对信息中的字母用其他字母替换，采用简单的替换密码而已。例如，为了加密，把 CAT 中的每个字母替换为字母表中后一个字母，CAT 就编码成为 DBU。但是由阿拉伯学者阿尔 - 肯迪在 9 世纪发明的频率分析方法出现之后，这样简单的密码很容易被破译。频率分析方法分析在某种语言中哪个字母中出现的频率最高，例如英语中最常见的字母就是：ETAOINSHRDLU，频率分析可以用来逆推用于加密方案。当然还可以使用更复杂的统计方法，比如考虑对“字母对”的出现频率。例如在英语中，Q 几乎总是和 U 连在一起。

第一本关于密码学的印刷书本《转译六书》（*Polygraphy*）由德国修道士特里特米乌斯撰写，于 1518 年他去世后出版。《转译六书》包含了数百列拉丁语单词，每页排列两列。每个单词表示字母表的一个字母。例如，第一页是这样开头的：

a: Deus	a: clemens
b: Creator	b: clementissimus
c: Conditor	c: pius

某人想要给一条消息编码，就用一个单词来代表一个字母。值得注意的是，特里特米乌斯建造了这些对照表，使得他人看来编码后的密文像真正有意义的祈祷文。例如，如果一封信中的头两个字母是 CA，编码后就成了“Conditor clemens”（意为：仁慈的造物主）就是常见的拉丁祈祷文的开始辞。《转译六书》中还有更多有创意的隐藏信息的加密方法和更复杂的密码表。

特里特米乌斯的另一部著名作品《隐写术》（*Steganographia*，写于 1499 年，1606 年出版）被列入天主教会的“禁书清单”，因为它似乎是一本关于黑魔法的书，但实际上只是另一本密码书！■

等角航线

佩德罗·努内斯（Pedro Nunes，1502—1578）

计算机图形艺术家保罗·尼兰德（Paul Nylander）用立体投影将一条等角航线投影到平面地图上。创作了这个迷人的双螺线。

阿基米德螺线（约公元前 225 年），墨卡托投影（1569 年），费马螺线（1636 年），对数螺线（1638 年），万德伯格镶嵌（1936 年）

1537 年

要在地球表面上航行，就一定要用到等角航线——又名球形螺线、斜航线或罗盘线——它以一个恒定的角度穿过地球的南北经线。它就像一条巨大的蟒蛇缠绕着地球，螺旋状地绕向两极，但永远不能到达两极。

在地球表面上航行的一种方法是在两点之间走最短路径，这是沿地球球面上的一个大圆上的弧线。然而，虽然这是最短的路径，但是领航员必须不断地根据罗盘读数对航向进行调整，这对早期的航海家来说是一项几乎不可能完成的任务。

另一种选择是使用一条等角航线，虽然到达目的地的路径会稍远一点，但它允许领航员将船头一直朝着罗盘指示的同一方向。例如，使用这种航线从纽约到伦敦，领航者只要向北偏东 73 度的恒定方位上前进就行了。在使用墨卡托投影的地图上，等角航线更是简单地显示为一条直线。

等角航线是由葡萄牙数学家和地理学家努内斯发明的。努内斯生活在一个宗教裁判所在欧洲横行并引发恐惧的时代。西班牙的许多犹太人被迫皈依罗马天主教，还是孩子的努内斯也不能例外。后来西班牙宗教裁判所又将目标对准这些教徒的后代，比如 17 世纪初努内斯的孙子辈也面临这种处境。又如立体投影的发明者、佛兰德制图师杰拉德斯·墨卡托（Gerardus Mercator，1512—1594），由于他的新教信仰和经常出航而被宗教裁判监禁，险些被处决。

北美的一些穆斯林团体使用通往麦加（东南方向）的等角航线作为他们的祈祷方向，取代了传统的最短路径方向。2006 年，马来西亚国家航天局赞助了一次会议，确定等角航线是在太空轨道上的穆斯林信徒最合适的祈祷方向。■

051

卡尔达诺的《大术》

吉罗拉莫·卡尔达诺（Gerolamo Cardano，1501—1576）
尼科塔·塔尔塔利亚（Niccolo Tartaglia，1500—1557）
洛多维科·费拉里（Lodovico Ferrari，1522—1565）

意大利数学家卡尔达诺，以在代数方面的工作而闻名，著有《大术》一书。

HIERONYMI CAR
DANI, PRÆSTANTISSIMI MATHE
MATICI, PHILOSOPHI, AC MEDICI,
ARTIS MAGNÆ,
SIVE DE REGVLIS ALGEBRAICIS,
Lib. unus. Qui & totius operis de Arithmetica, quod
OPVS PERFECTVM
inscripsit, est in ordine Decimus.

HAbes in hoc libro, studiose Lector, Regulas Algebraicas (Itali, de la Cossa uocant) nouis adinuentionibus, ac demonstrationibus ab Authore ita locupletatas, ut pro pauculis antea uulgò tritis, iam septuaginta euaserint. Neq; solum, ubi unus numerus alteri, aut duo uni, uerum etiam, ubi duo duobus, aut tres uni æquales fuerint, nodum explicant. Hunc aūt librum ideo seorsim edere placuit, ut hoc abstrusissimo, & planè inexhausto totius Arithmeticæ thesauro in lucem eruto, & quasi in theatro quodam omnibus ad spectandum exposito, Lectores incitarentur, ut reliquos Operis Perfecti libros, qui per Tomos edentur, tanto auidius amplectantur, ac minore fastidio perdiscant.

奥马尔·海亚姆的《代数论文集》（1070年），虚数（1572年），群论（1832年）

1545年

意大利文艺复兴时期的数学家、医生、占星术士兼赌徒的卡尔达诺最著名的是其名为《大术》（*Ars Magna*）的代数著作。尽管这本书很畅销，但简·古尔伯格却给出了这样的评价："没有一本出版物能像卡尔达诺的《大术》那样促进人们对代数的兴趣，但它对今天的读者而言实在是太枯燥了。这本长篇大论的书用冗长的修辞来讲述解题方案。里面常常用多达十几个几乎相同的问题来讲述同样的解题方案，这其实用一个例题就能做到。"

然而，卡尔达诺最令人印象深刻的工作是发明了不同类型的三次方程和四次方程（也就是说，未知变量的幂指数最高可到三次方和四次方的方程）的解法。意大利数学家塔尔塔利亚早些时候在信中告诉了卡尔达诺关于形如 $x^3+ax=b$ 的三次方程的解法，他要卡尔达诺对上帝发誓来保证不会公布这种解题方案。但卡尔达诺发现塔尔塔利亚似乎并不是第一个使用这种原理求解三次方程的人，于是将这个解题方案公之于世，从而惹出数学史上的一段公案。而一般四次方程的解法则是由卡尔达诺的学生费拉里解决的。

在《大术》中，卡尔达诺还讨论了现在被称为虚数（即 −1 的平方根）的存在，尽管他没有完全理解它的性质，但他是实际上第一个完成了复数运算的人。当时他写道："冒着精神上的折磨，将$5+\sqrt{-15}$乘以$5-\sqrt{-15}$，结果得到了 $25-(-15)$，因此答案是 40。"

1570 年，卡尔达诺因推算耶稣的星座而被指控为异端罪，并被投入监狱数月。据传说，卡尔达诺还正确地预测了他自己的死期，为了确保这一预言的正确，他选择了在这个日期自杀。■

《综合摘要》

胡安·迪亚兹（Juan Diez，1480—1549）

《综合摘要》是第一部在美洲印刷的数学著作。

丢番图的《算术》（250 年），花拉子密的《代数》（830 年），《特雷维索算术》（1478 年）

1556 年在墨西哥城出版的《综合摘要》（*Sumario Compendioso*）是第一部在美洲印刷的数学著作。《综合摘要》在新大陆的出版时间，比清教徒移民到北美并定居到弗吉尼亚州詹姆斯城还要早几十年。作者胡安·迪亚兹兄弟是征服阿兹特克帝国的西班牙人赫尔南多·科尔蒂斯（Hernando Cortes）的同伴。

这本书的主要面向的是购买从秘鲁和墨西哥的矿场中出产的金银的商人。书中还提供了计算表格，使商人们无须太多的计算就能很容易获得答案。书中还有部分内容是与一元二次方程有关的代数知识，即求方程：$ax^2+bx+c=0$ ($a \neq 0$) 的根。例如，其中一个问题翻译为："求一个数，它的平方减去 15¾ 等于它自己。"这相当于解方程 $x^2-15\frac{3}{4}=x$。

《综合摘要》这本书的全名是"*Sumario compendioso de las quentas de plata y oro que en los reynos del Piru son necessarias a los mercaderes y todo genero de tratantes*"，直译为"对于商人和贸易者来说非常必要的、在秘鲁王国计算金银的综合摘要"。印刷机和纸张都从西班牙运来，然后运到墨西哥城。目前已知的只有四本《综合摘要》尚存于世。

根据雪莉·格雷（Shirley Gray）和 C. 爱德华·桑迪弗（ C. Edward Sandifer）的说法，"新大陆的第一本英文写的数学书直到 1703 年才出版，在殖民地所有的数学书中，西班牙文写的是最有趣的，因为它们大多是在美洲写成、供生活在美洲的人使用的。"■

053

墨卡托投影

杰拉德斯·墨卡托（Gerardus Mercator，1512—1594）
爱德华·莱特（Edward Wright，约 1558—1615）

墨卡托地图已被广泛用于海洋航行。然而地图也造成了失真变形。例如，格陵兰岛看起来似乎与非洲一样大，实际上，非洲的面积足足有格陵兰岛面积的 14 倍！

等角航线（1537 年），射影几何（1639 年），三臂量角器（1801 年）

1569 年

古希腊人在平面地图上表示地球球面的许多方法在中世纪就失传了。约翰·肖特（John Short）认为，这是因为在 15 世纪，海盗船长手中的海图价值可以与他掠夺主要目标的黄金相媲美。后来地图成为富有商人们的象征，他们依靠可靠的海图导航开辟了繁荣的贸易路线，创造了巨额的财富。

历史上最著名的投影地图之一是墨卡托地图（1569 年），它是当时航海航行中最常用的地图，以佛兰德制图家墨卡托命名。诺曼·索威尔（Norman Thrower）评价说："和其他几种投影一样，墨卡托投影也是保角投影（因此在一个点周围的形状是正确的），它有一个独特而优秀的性质：直线在这种地图上就是罗经线或等角航线（罗盘上的倾角保持常数的航线）。"这对选择使用罗盘等设备来指示地理方向、引导船舶航线的海上导航员来说是非常宝贵的。在 18 世纪精确的航海天文钟发明之后，通过精确计时和天体导航可以精确测量船只所在的经度，墨卡托地图的使用更加普及。

虽然墨卡托首创了这种投影方法制作地图，使罗盘方向与子午线成一个恒定的角度，但他可能更多地使用的是制图方法而很少使用数学。英国数学家莱特在他的《导航的迷思》（*Certaine Errors in Navigation*，1599 年）中对墨卡托地图的神奇特性进行了分析。对于爱好数学的读者来说，墨卡托地图上的直角坐标 x，y 可以用公式从纬度 ϕ 和经度 λ 值计算出来，公式为：$x=\lambda-\lambda_0$ 和 $y=\sinh^{-1}\tan(\Phi)$，其中 λ_0 是地图中心的经度。不过，墨卡托投影也有其不完美之处，例如它夸大了远离赤道的地区的面积。■

虚 数

拉斐尔·邦贝利（Rafael Bombelli，1526—1572）

虚数在乔斯·莱斯（Jos Leys）制作炫丽的分形艺术品时发挥了重要作用，随着放大倍数的增加，这些艺术品显示出丰富的细节。早期的数学家们对虚数的实用价值持质疑态度，他们甚至对提出虚数存在的人嗤之以鼻。

卡尔达诺的《大术》（1545 年），欧拉数 e（1727 年），四元数（1843 年），黎曼假设（1859 年），布尔夫人的《代数的哲学和乐趣》（1909 年），分形（1975 年）

1572 年

虚数是平方为负值的数。伟大的数学家莱布尼茨称虚数“犹如神之精灵在飞翔，它们介于存在与不存在之间”。因为任何实数的平方都是正数，许多世纪以来，数学家都宣称负数不可能有平方根。虽然不少数学家也萌生过虚数的概念，但在历史上虚数直到 16 世纪才在欧洲开花结果。意大利工程师拉斐尔·邦贝利本职工作是开垦沼泽，他却在 1572 年因发表了著名的《代数学》（*Algebra*）一书而闻名于世，书中引入了一个符号$\sqrt{-1}$作为方程 $x^2+1=0$ 的一个有效解。他写道：“许多人都认为这是一个疯狂的想法。”许多数学家对“承认”虚数犹豫不决，其中包括了笛卡尔，他将其命名为“虚数”（假想的数字）实际上有轻蔑之意。

欧拉在 18 世纪引入了符号 i 来代替 $\sqrt{-1}$，i 是拉丁文“假想”（imaginarius）的第一个字母，我们今天仍在使用欧拉的符号。现代物理学的关键进展没有虚数是不可能的，物理学家在很多领域都会用到虚数，包括交流电、相对论、信号处理、流体力学和量子力学等领域都需要虚数才能完成计算工作。虚数甚至在制作华丽的分形艺术作品中发挥了关键作用，随着放大倍数的增加，这些艺术品显示出无限丰富的细节。

从弦理论到量子理论，越深入研究物理就越接近纯数学。有人甚至说，数学“运行”现实世界的方式，与微软操作系统运行计算机的方式是一样。薛定谔的波动方程——用波函数和概率来描述的基本现实和事件——可以视为我们赖以生存的转瞬即逝的基底，它也依赖于虚数。■

开普勒猜想

约翰尼斯·开普勒（Johannes Kepler，1571—1630）
托马斯·卡利斯特·黑尔斯（Thomas Callister Hales，1956—）

被开普勒的著名猜想所吸引，普林斯顿大学科学家保罗·柴金（Paul Chaikin）、塞尔瓦托·托卡托（Salvatore Torquato）及其同事对 M&M 品牌的巧克力糖果包装进行了研究。他们发现了这种包装密度约为 68%，比随机包装球体时多了 4%。

算额几何（约 1789 年），四色定理（1852 年），希尔伯特的 23 个问题（1900 年）

假如你的目标是在一个大方盒子里填进尽可能多的高尔夫球，并在完成后将盖子盖紧。填球的密度决定于球的体积和盒子体积的比例。为了把最多的球塞进盒子里，你需要寻找一种尽可能高密度的填充方法。如果你只是把随意地球扔进盒子里，填充密度大约为 65%。如果你很小心，按照六边形的排列在底部创建一个层，然后把第二层球放在底层上面的凹坑中，继续下去，填充密度将能达到的 $\pi/\sqrt{18}$，即大约 74%。

1611 年，德国数学家和天文学家开普勒推测，没有其他填法具有更高的填充密度了。特别是，他在科普读物《六角雪花》（*The Six-Cornered Snowflake*）提出了“开普勒猜想”：在立体空间装入相同的球体时，没有其他方法比“面心立方法”或“六角形法”能得到更高的填充密度。在 19 世纪，高斯证明了在规则填充的情况下，传统的六角形法是三维空间中最有效的堆积法。尽管如此，开普勒的猜想依然存在，在不规则填充的情况下，没有人能确定是否能实现密度更大的填充。

最终在 1998 年，美国数学家黑尔斯提出了开普勒猜想是正确的证据。他的方法让世人耳目一新，黑尔斯的方程用了 150 个变量表达了超过 5000 种可能出现的所有排列方案。然后用计算机一一验证，发现没有任何变量组合可以使填充效率高于 74%。

经由 12 名评审专家组成的小组通过后，《数学年刊》（*Annals of Mathematics*）同意公布这一证据。在 2003 年，评审组报告说，他们“99% 肯定”黑尔斯报告的正确性。黑尔斯估计，要拿出一份完整的正式证据，大约还需要 20 年的时间 *。

1611 年

* 2017 年黑尔斯已发表了完整的证明，证明开普勒猜想是正确的。——译注

对　数

约翰·纳皮尔（John Napier，1550—1617）

对数的发明者纳皮尔创造了一种被称为纳皮尔棒的计算装置。可旋转的纳皮尔棒将乘法简化为一系列简单的加法。

计算尺（1621 年），对数螺线（1638 年），斯特林公式（1730 年）

1614 年

苏格兰数学家纳皮尔是对数的发明者和推广者，他在 1614 年发表了著作《对数奇妙法则的描述》（*A Description of the Marvelous Rule of Logarithms*）而闻名世界。从那时起，这种方法使得困难的计算成为可能，在科学和工程方面取得了很多进展。在电子计算器被广泛使用之前，对数和对数表常用于测量和导航。纳皮尔还发明了纳皮尔棒，用刻有乘法表的小圆柱排列起来以帮助计算。

一个数 x 以 b 为底的对数表示为 $\log_b(x)$，它等于满足等式：$x=b^y$ 中的指数 y。例如，因为 $3^5=3\times3\times3\times3\times3=243$，我们就说 243 以 3 为底的对数是 5，或写为：$\log_3(243)=5$。另一个例子是 $\log_{10}(100)=2$。实际上，考虑到像 $8\times16=128$ 这样的乘法可以改写成 $2^3\times2^4=2^7$，因而乘法可以转换为指数的简单加法 3+4=7 来运算，在计算两个数的乘法之前，工程师通常会在对数表中查出这两个数的对数，将其相加，然后把得到的和数在反对数表中查出结果。这往往比手算乘法要快，这也是计算尺所依据的原理。

今天，科学中的许多数量和尺度都用对数来表示。例如化学中的 pH 值、声学中的分贝单位和测量地震的里氏震级都是用以 10 为底的对数来表示。可以说刚好在牛顿时代之前发明的对数在科学界的影响，可以与 20 世纪计算机的发明相提并论。■

计算尺

威廉·奥特雷德（William Oughtred，1574—1660）

从工业革命到现代社会，计算尺都发挥了重要的作用。在 20 世纪就有 4000 万支计算尺被制作出来供工程师们用于各种行业中。

算盘（约 1200 年），对数（1614 年），科塔计算器（1948 年），HP-35：第一台袖珍科学计算器（1972 年），通用数学软件包 Mathematica（1988 年）

1621 年

在 20 世纪 70 年代以前上高中的人可能会想起，计算尺曾经几乎和打字机一样流行。在短短的几秒钟内，工程师们就可以用它计算乘法、除法、平方根和其他的复杂运算。最早版本的计算尺是英国数学家、圣公会牧师奥特雷德在 1621 年根据苏格兰数学家纳皮尔发明的对数原理制作的。奥特雷德最初可能没有认识到其发明的重要性，因为他并没有很快公布他的发现。有记载说，一个学生剽窃了他的想法并发表了一本关于计算尺的小册子，其中强调了它的便携性，声称该设备“无论步行还是骑马时都能使用”。奥特雷德对他的学生的背信弃义感到非常愤怒。

1850 年，一名 19 岁的法国炮兵中尉改进了计算尺的最初设计，法军在与普鲁士人作战时用它进行弹道计算。在第二次世界大战期间，美国轰炸机也都配备了专门设计的计算尺。

计算尺大师克利夫·斯托尔（Cliff Stoll）写道：“想想那些由计算尺产生的工程成就吧：帝国大厦、胡佛水坝、金门大桥、汽车液压传动装置、晶体管收音机和波音 707 客机。”韦恩·冯·布劳恩（Wernher Von Braun，德国 V-2 火箭的设计者）和爱因斯坦都喜欢德国聂斯特公司的计算尺。在阿波罗太空任务中，为预防电脑故障，便携式计算尺甚至登上了太空！

仅在 20 世纪中，世界各地就生产了 4000 万支计算尺。考虑到它在工业革命时期直到现代所起的关键作用，计算尺在这本书里应该占有一席之地。来自奥特雷德学会的文献指出，“在三个半世纪长的时间里，几乎所有在地球上建造的主要建筑都是用计算尺来完成计算的”。■

费马螺线

皮埃尔·德·费马（Pierre de Fermat，1601—1665）
勒内·笛卡尔（René Descartes，1596—1650）

费马螺线也被称为抛物线螺线，可以使用极坐标方程 $r^2= a^2\theta$ 来表示。对任何给定的正值 θ，r 有两个值存在，因而螺线关于原点对称，而原点就位于这一艺术作品的正中央。

阿基米德螺线（约公元前 225 年），斐波那契的《计算书》（1202 年），黄金比例（1509 年），等角航线（1537 年），费马最后定理（1637 年），对数螺线（1638 年），万德伯格镶嵌（1936 年），乌拉姆螺旋（1963 年），三角螺旋（1979 年）

1636 年

在 17 世纪初，法国律师暨数学家费马在数论和其他数学领域取得了辉煌的成就。他在 1636 年的手稿《平面和立体轨迹引论》（*Ad locos planos et solidos lisagoge*）中的研究，超越了笛卡尔在解析几何方面的工作，使费马能够定义和研究许多重要的曲线，其中就包括摆线（cycloid）和费马螺线（Fermat’s spiral）。

费马螺线也被称为抛物线螺线，可以使用极坐标方程 $r^2= a^2\theta$ 创建。这里 r 是曲线与原点的距离，a 是一个常数，它决定了螺线的卷紧程度，θ 是极角。对于 θ 的任何给定的正值，r 存在正负两个值，这导致了一条关于原点对称的曲线。费马还研究了螺线的一条臂和 x 轴包围区域的面积在螺线旋转时的变化。

今天，计算机图形专家有时用这条曲线来模拟花卉种子排列方式的模型。例如，我可以给定中心点，用极坐标参数方程：$r(i)=ki^{1/2}$，$\theta(i)=2i\pi/\tau$ 来画出一连串的圆点序列，其中 τ 是黄金比例 $(1+\sqrt{5})/2$ 的值，参数 i =1，2，3，4，…是点列中点的序号。这种绘图方法会产生许多不同的旋臂，它们正向或反向旋转。因此可以追踪到有不同条数，例如 8，13 或 21 条旋臂对称的螺线从图案的中心辐射出来，这些旋臂数量都是斐波那契数（见条目：斐波那契的《计算书》）。

根据迈克尔·马霍尼（Michael Mahoney）的说法：“费马从伽利略的《对话录》中知道螺线以前，就一直在研究螺线。1636 年 6 月 3 日，他给梅森（Mersenne）的一封信中描述了 $r^2=a^2\theta$ 这种螺线……”

费马最后定理

皮埃尔·德·费马（Pierre de Fermat，1601—1665）
安德鲁·约翰·怀尔斯（Andrew John Wiles，1953—）
约翰·狄利克雷（Johann Dirichlet，1805—1859）
加布里埃尔·拉梅（Gabriel Lamé，1795—1870）

法国画家罗伯特·莱夫尔（Robert Lefèvre，1756—1831）笔下的费马画像。

毕达哥拉斯定理和毕氏三角形（约公元前600年），丢番图的《算术》（250年），费马螺线（1636年），笛卡尔的《几何学》（1637年），帕斯卡三角形（1654年），卡塔兰猜想（1844年）

在17世纪初，法国律师费马在数论方面取得了辉煌的成果。虽然他只是一个“业余”数学家，但他创造的数学挑战，如“费马最后定理”引发的证明尝试可能比历史上任何其他定理都要多。直到1994年，费马最后定理才被英美数学家怀尔斯彻底解决，怀尔斯花了七年的时间来证明这个著名的定理。

费马最后定理声称：当 $n>2$ 时，方程 $x^n+y^n=z^n$ 中的 x，y，z 没有非零整数解。费马在1637年提到了这一定理，当时他在一本丢番图的《算术》的页边上写道：“我发现了一个真正奇妙的证明方法，但这个纸边太窄了写不下。”但今天我们认为费马应该还不知道这样的证明方法。

费马确实不是一个普通的律师。他和布莱斯·帕斯卡（Blaise Pascal，1623—1662）一起被誉为概率论的创始人，与笛卡尔共同分享了解析几何的发明者的荣誉，他是当之无愧的顶尖数学家。他还曾经猜想过：是否存在一个（整数边的）直角三角形，它的斜边以及直角边的和都是完全平方数。今天我们知道，满足这个条件的最小三个数字都相当大，它们是：1 061 652 293 520，4 565 486 027 761和4 687 298 610 289。

自费马时代以来，费马最后定理催生了许多重要的数学研究和全新的方法。在1832年，狄利克雷发表了当 $n=14$ 时费马最后定理的证明。在1839年，拉梅证明了 $n=7$ 的情况。阿米尔·阿克塞尔（Amir Aczel）评论说，“费马最后定理是世界上最令人困惑的数学谜题。它看起来简单、优雅，证明起来似乎完全无从下手，俘获了长达三个世纪中的业余和专业数学家的想象力。对一些人来说，这是一种美妙的激情；对另一些人来说，这却只是一种痴迷，甚至导致了欺诈、阴谋或疯狂。”■

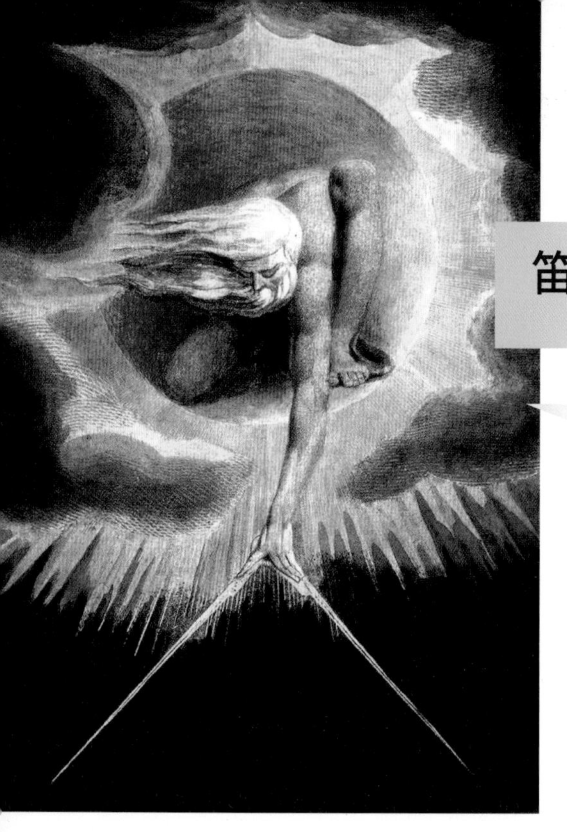

笛卡尔的《几何学》

勒内·笛卡尔（René Descartes，1596—1650）

威廉·布莱克（William Blake）的水彩蚀刻画《古代的日子》（*The Ancient of Days*，1794）。欧洲中世纪学者经常把几何和自然规律与神性联系起来。几个世纪以来，聚焦于圆规和直尺造型上的几何学变得更加抽象并具有解析性。

毕达哥拉斯定理和毕氏三角形（约公元前 600 年），月牙求积（约公元前 440 年），欧几里得的《几何原本》（约公元前 300 年），帕普斯六角形定理（约 340 年），射影几何（1639 年），分形（1975 年）

1637 年

在 1637 年，法国哲学家和数学家笛卡尔发表了著作《几何学》，它展示了如何使用代数来分析几何形状和图形。笛卡尔的工作催生出了一个新的数学领域——解析几何，它用数值在坐标系中表示位置，让数学家们用代数方法来分析这些位置。《几何学》也讨论了利用实数表示平面点的方法，以及用方程式表示曲线和对曲线进行分类的方法，并介绍了如何解决这些数学问题。

有趣的是，《几何学》实际上并没有使用笛卡尔坐标系或任何其他坐标系。这本书既注重几何对象的代数表示，也注重代数对象的几何表示。笛卡尔认为，证明过程中的代数步骤通常应该与几何表示相对应。

简·古尔伯格写道："《几何学》是现代数学学生可以读懂的最早的数学文本，不会被大量过时的符号难倒……和牛顿《自然哲学的基本原理》一样，它是 17 世纪最有影响的科学著作之一。"而根据卡尔·波耶的说法，笛卡尔希望通过代数过程来"解放几何"，并通过几何解释给出代数运算的意义。

总之，笛卡尔提出将代数和几何统一成一门学科的努力是开创性的。朱迪思·格拉比纳（Judith Grabiner）评价说："正如西方哲学史被视为一直在注释柏拉图的思想一样，过去 350 年的数学可以看作是一直在为笛卡尔的《几何学》添加注释，并诠释着笛卡尔解题方法的胜利。"

波耶最后说："就数学能力而言，笛卡尔可能是他那个年代最有能力的思想家，但他本质上并不是数学家。他的《几何学》只是他围绕着科学、哲学和宗教的丰富生活的一个方面。"

心脏线

阿尔布雷特·丢勒（Albrecht Dürer，1471—1528），
艾提安·帕斯卡（Étienne Pascal，1588—1640）
奥勒·罗默（Ole Rømer，1644—1710），
菲利普·德·拉·依尔（Philippe de La Hire，1640—1718）
约翰·卡斯蒂伦（Johann Castillon，1704—1791）

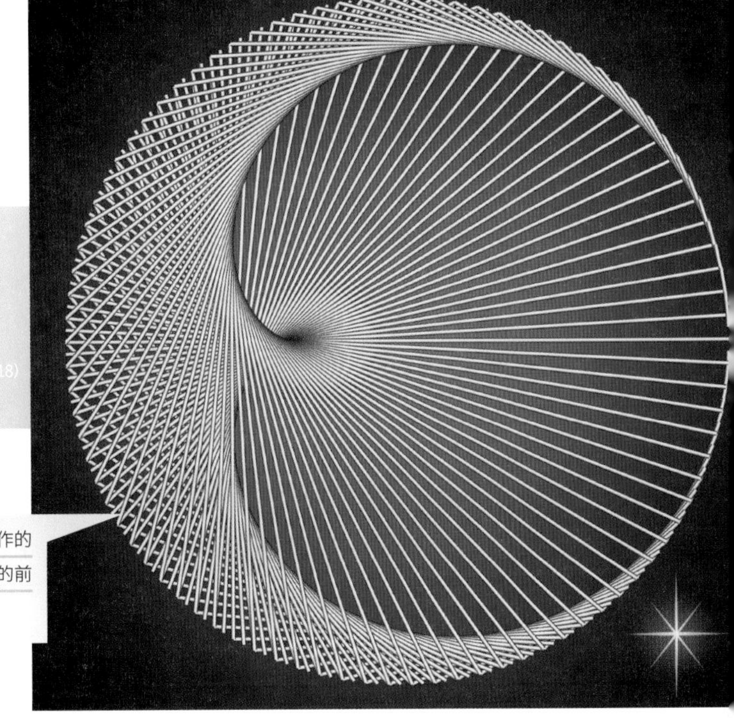

心脏线的轮廓可以由直线段包围形成，在莱斯制作的这幅图画中，每条线段连接着圆上两点，但线段的前端点绕圆的速度是后端点的两倍。

狄奥克利斯的蔓叶线（约公元前 180 年），尼尔的半立方抛物线的长度（1657 年），星形线（1674 年），分形（1975 年），曼德布洛特集合（1980 年）

外形像心脏的心脏线因其数学特性、美观的形状和实用价值，几个世纪以来一直吸引着数学家。用一个圆在相同半径的另一个固定的圆周上滚动，这个圆上的某一固定点的轨迹就是心脏线。这个名字是从希腊语单词“心”派生出来的，它的极坐标方程可以写成 $r=a(1-\cos\theta)$，其面积为 $(3/2)\pi a^2$，周长是 $8a$ 。

心脏线还有另一种画法：给定一个圆周 C 和上面的一个固定点 P。然后用 C 上的所有不同的点为圆心画出许多经过 P 点的圆。这些圆的外轮廓（数学上称之为“包络线”）就勾勒出心脏线的形状。心脏线出现在许多看似不同的数学领域，从光学领域的散焦现象到分形几何中曼德布洛特集合中间部位的形状都有心脏线的身影。

许多人研究过心脏线。大约在 1637 年，法国律师及业余数学家，也是数学家帕斯卡之父的艾提安·帕斯卡曾认真研究过心脏线更一般化的情况，并把研究成果称为“帕斯卡耳蜗”。而更早一些，德国画家暨数学家丢勒在 1525 年所出版的《测量准则》（*Underweysung der Messung*）一书中，就提到了绘制这类耳蜗的方法。在 1674 年，丹麦天文学家罗默认真思考了用心脏线设计齿轮的齿形的方案。在 1708 年法国数学家拉·依尔确定了心脏线的长度。令人不解的是，直到 1741 年卡斯蒂伦在《皇家学会会志》的论文中才将其命名为“心脏线”，这个如此形象化的名字才被广泛采用。

格伦·维丘恩（Glen Vecchione）提到了心脏线在声学上的应用实例：“心脏线展示了从点源辐射的波的干扰和聚集模式。我们可以依此找出麦克风或天线上最敏感的区域……心形指向麦克风时，对前面的声音最敏感，而后方的干扰也最小。”

对数螺线

勒内·笛卡尔（René Descartes，1596—1650），
雅各布·伯努利（Jacob Bernoulli，1654—1705）

鹦鹉螺贝壳呈对数螺线形状，贝壳内部被分成若干个腔室，在成年个体中其数量可以达到 30 个以上。

阿基米德螺线（约公元前 225 年），黄金比例（1509 年），等角航线（1537 年），对数（1614 年），费马螺线（1636 年），尼尔的半立方抛物线的长度（1657 年），万德伯格镶嵌（1936 年），乌拉姆螺旋（1963 年），三角螺旋（1979 年）

1638 年

在大自然中，随处可见对数螺线的影子，最常见的例子是鹦鹉螺和其他海生贝壳呈现的对数螺线形状、各种哺乳动物的角、许多植物（如向日葵和雏菊）的种子和松果鳞片的排列方式。

对数螺线（又称等角螺线或伯努利螺线）可以用极坐标方程表示：$r = ke^{a\theta}$，其中 r 是到原点的距离。曲线上一点（r，θ）的切线和径向线之间的夹角是常数。1638 年，法国数学家兼哲学家笛卡尔在给法国神学家暨数学家马林·梅森（Marin Mersenne）的信中首次讨论了对数螺线。后来，瑞士数学家雅各布·伯努利更深入地研究了这种螺线。

令人印象最深刻的是，对数螺线的壮丽造型出现在许多星系的巨大旋臂上，一般认为必须要有长距离的引力互相牵引，才能创造出如此庞大的宇宙秩序。在螺旋星系中，螺旋臂是活跃恒星形成的地点。

螺旋图案经常自发地出现在对称组织形态的物质世界中：大小变化（生长过程）的同时伴随着旋转。螺旋形式使形状与功能互相适应，可以允许出现相对较长的实体。在软体动物和耳蜗中出现的长而结实的螺旋管状结构很有用，很明显，这种结构能同时具有较大的机械强度和表面积。物种个体在生长成熟的过程中，其身体各个部分相互之间保持着大致相同的比例，这也许就是自然界往往表现出自相似螺旋增长的原因。■

射影几何

莱昂·巴蒂斯塔·阿尔贝蒂（Leon Battista Alberti，1404—1472）
杰拉德·笛沙格（Gérard Desargues，1591—1661）
让-维克多·彭赛列（Jean-Victor Poncelet，1788—1867）

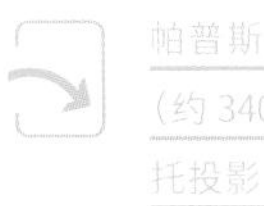

帕普斯六角形定理（约 340 年），墨卡托投影（1569 年），笛卡尔的《几何学》（1637 年）

荷兰文艺复兴时期的建筑师和工程师扬·弗雷德曼·德·弗里斯（Jan Vredeman de Vries，1527—约 1607）的绘画。在他的艺术作品中尝试了透视原理。射影几何原理起源于欧洲文艺复兴时期建立的透视艺术。

射影几何通常研究形体与其“投影”（或称“映像”）之间的关系，一般是将形体投影到平面而产生的。投影通常可以认为是物体投射出的影子。

意大利建筑师阿尔贝蒂是首先从艺术角度来尝试射影几何的人之一。许多文艺复兴时期的艺术家、建筑师们都很关注在二维图纸中表示三维物体的方法。阿尔贝蒂有时在自己和风景之间放置一块玻璃，闭上一只眼睛并在玻璃上标记出在风景中那些点对应的位置，以此方式在二维绘画中生成对三维场景的忠实图像。

法国数学家笛沙格是第一位用扩展欧几里得几何的方法将射影几何形式化的专业数学家。1636 年笛沙格出版了《笛沙格先生关于透视实践通用方法的案例》一书，其中他提出了一种构造物体透视图像的几何方法。笛沙格还验证了形体在透视变换下保持不变的特性。这对画家和雕塑家们而言非常实用。

笛沙格最重要的著作《试论圆锥曲线和平面的相交所得结果的初稿》发表于 1639 年，他使用射影几何来探讨与圆锥截面相关的理论。直到 1882 年法国数学家兼工程师彭赛列发表了一篇论文，才又重新唤起了人们对射影几何的兴趣。

在射影几何中，点、直线和平面等元素在投影时仍然保持其平面形态。然而投影后它们的长度、长度的比例和角度可能会发生变化，欧几里得几何中的平行线在投影中会在无穷远处相交。■

托里拆利的号角

伊万格里斯塔·托里拆利（Evangelista Torricelli，1608—1647）

托里拆利的号角包围着有限的体积，但却有无穷大的表面积。这种形状有时也被称为加伯利（Gabriel）的号角，它使人联想到大天使加伯利吹响号角宣告“审判日”的到来。本图出自莱斯之手，旋转了 180°。

发明微积分（约 1665 年），极小曲面（1774 年），贝尔特拉米的伪球面（1868 年），康托尔的超限数（1874 年）

如果你的朋友给你一加仑的红色油漆，要求你用这些油漆涂完一个无穷大的表面。你会选择什么表面？这个问题有许多可选择的答案，但一个类似犄角的物体，著名的托里拆利的号角值得考虑，它由函数图像 $f(x)=1/x$ 绕 x 轴旋转一周生成，其中 $1 \leqslant x < +\infty$。用标准的微积分方法可以计算出托里拆利的号角具有有限的体积，但却具有无限的表面积！

约翰·德·菲利斯（John de Pillis）解释说，从理论上讲，向托里拆利的号角里倒入红色油漆就可以填满这个漏斗形，这样一来，哪怕你只有有限数量的油漆分子，你都可以涂完整个内部无限的表面。托里拆利的号角实际上是一个数学结构，我们用有限数量的油漆分子去“灌满”喇叭口有限体积似乎可以解决这个看似矛盾的问题。

扩展一下这个问题：对于哪些 a 值，曲线 $f(x)=1/x^a$ 旋转时会产生有限体积和无限面积的喇叭？这值得你和你的数学朋友们茶余饭后讨论一番。

托里拆利的号角以 1641 年发现它的意大利物理学家和数学家托里拆利的名字命名，当时他被这个似乎是无限长的、号角一样的、有无限的表面积却又只有有限体积的怪物弄得目瞪口呆。它有时也被称为“加伯利的号角”。托里拆利和他的同事认为这是一个悖论，可惜当时他们没有微积分之类的工具充分探讨和理解这一悖论。今天，托里拆利主要因他和伽利略一起做的天文望远镜以及独自发明的水银气压计而被人们铭记。而“加伯利的号角”则使人联想到大天使加伯里吹响号角宣布“审判日”到来，从而将无穷大与上帝的力量联系起来。

帕斯卡三角形

布莱斯·帕斯卡（Blaise Pascal，1623—1662）
奥马尔·海亚姆（Omar Khayyam，1048—1131）

上图：乔治·W. 哈特（George W. Hart）用一种称为激光烧蚀的工艺制作了帕斯卡金字塔的尼龙模型。
下图：文中讨论的分形帕斯卡三角形。中轴线上的红色三角形中的单元格的数目都是偶数（6，28，120，496，2016，…），并包括了所有完全数（一个正整数等于它们的真因数之和）。

奥马尔·海亚姆的《代数论文集》（1070 年），正态分布曲线（1733 年），分形（1975 年）

数学史上最著名的整数模式之一是帕斯卡三角形。1654 年，帕斯卡第一次发表了关于这一主题的论文，但早在 1100 年，波斯诗人数学家海亚姆就知道这种图案了，甚至更早就有印度和古代中国的数学家提出过。本页插图就是前七排帕斯卡三角形。

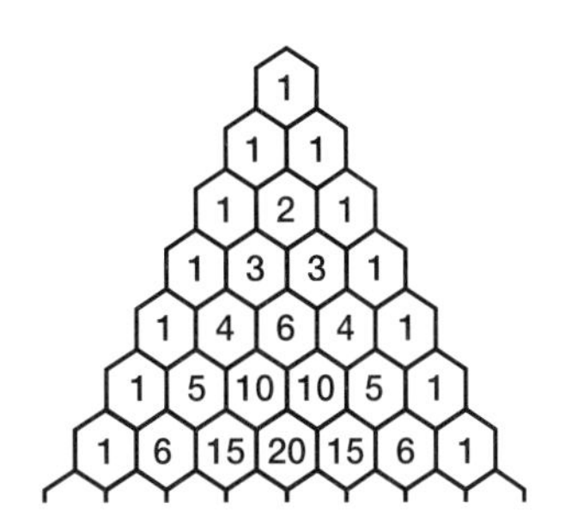

帕斯卡三角形中的每个数都是上面两个数之和。多年来数学家们讨论并发现了帕斯卡三角形在概率论、在二项式 $(x+y)^n$ 的展开及各种数论中扮演的重要角色。数学家唐纳德·克努斯（Donald Knuth，1938—）曾指出，帕斯卡三角充满太多衍生关系及组合模式，以至于当有人发现它的某个新特性时，除了发现者本人之外并没有多少人会因此而兴奋。然而，迷人的研究也揭示了无数奇迹，包括对角线上的特殊图案，具有各种六边形性质的完美方形图案，以及将帕斯卡三角形推广到负整数和高维时的新发现。

当帕斯卡三角形中的偶数被点取代、奇数被间隙取代时，会产生分形，在不同大小的尺度上呈现出复杂的重复图案。这些分形图像有一个重要的实际用途——为材料科学家提供模型，帮助生产具有新性质的新结构。例如，1986 年，研究人员发明了在微米尺度上的金属丝三角形垫片，它几乎与帕斯卡三角形在奇数位置穿孔的形状完全相同。他们得到的最小三角形的面积约为 1.38 平方微米，科学家们还观察到在磁场中这些垫片的许多奇特的超导性质。■

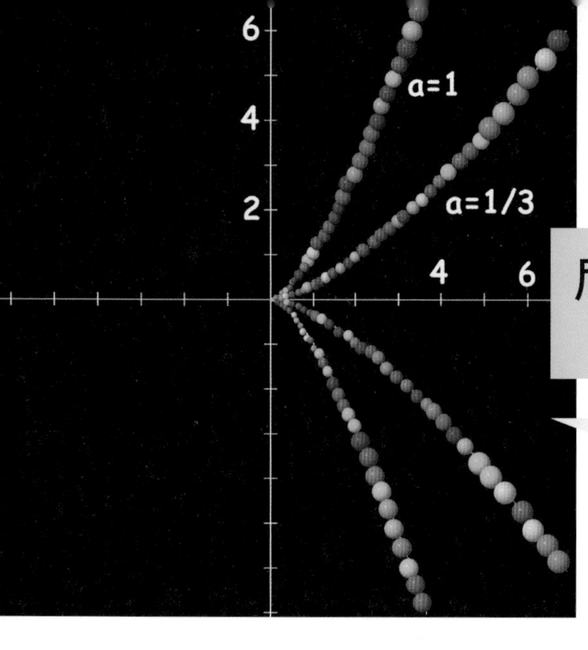

尼尔的半立方抛物线的长度

威廉·尼尔（William Neile，1637—1670）
约翰·沃利斯（John Wallis，1616—1703）

上图：有些曲线是不可“拉直”的，它们具有无限的长度。本图显示了由 $f(x)=x\cdot\sin(1/x)$，$0<x<1$ 定义的函数的图像。对于任何包含 $x=0$ 的区间［补充定义 $f(x)=0$］，这条曲线都具有无限长度。

下图：由 $x^3=ay^2$ 定义的两个不同 a 值的半立方抛物线。

狄奥克利斯的蔓叶线（约公元前 180 年），笛卡尔的《几何学》（1637 年），对数螺线（1638 年），托里拆利的号角（1641 年），等时曲线问题（1673 年），超越数（1844 年）

1657 年

在 1657 年，英国数学家威廉·尼尔首先将一条代数曲线“拉直”，或者说算出了它的长度。这条特殊的代数曲线被称为半立方抛物线，由函数 $x^3=a\cdot y^2$ 定义。当写成 $y=\pm a\cdot x^{3/2}$ 时，更容易看出它名字中“半立方”的含义。尼尔的工作记载于英国数学家约翰·沃利斯在 1659 年发表的《论摆线》(*De Cycloide*) 一书中。有趣的是在 1659 年之前，人们只算出过几条超越函数的曲线，如对数螺线和摆线的弧长（即代数函数的曲线弧长还没有人算出来过）。

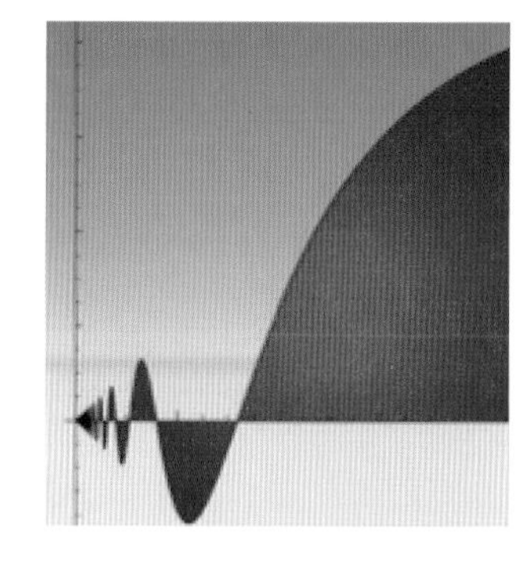

当时由于计算椭圆和双曲线的弧长的尝试不成功，一些数学家，如法国哲学家和数学家笛卡尔推测，很少有曲线的弧长能够计算。然而，意大利物理学家和数学家托里拆利“抻直”了对数螺线，这是（圆以外的）第一条被算出长度的曲线。下一个被攻克的是摆线，1658 年英国地质学家和建筑师克里斯托弗·伦爵士（Christopher Wren，1632—1723）算出了摆线的长度。

大约在 1687 年，荷兰数学家暨物理学家惠更斯指出，当一个质点在重力作用下沿着半立方抛物线下降时，它在相等的时间内会移动相等的垂直距离。半立方抛物线也可以用一对参数方程 $x=t^2$，$y=at^3$ 来表示，这时曲线的长度是 t 的函数：$(1/27)\times(4+9t^2)^{3/2}-8/27$。换句话说，曲线在从 0 到 t 的区间上有这么长。在文献中，我们有时会看到尼尔的半立方抛物线被写作 $y^3=a\cdot x^2$ 的形式，这样曲线的尖头就向下，沿着 y 轴指向原点，而不是 x 轴的左边。■

维维亚尼定理

文森佐·维维亚尼（Vincenzo Viviani，1622—1703）

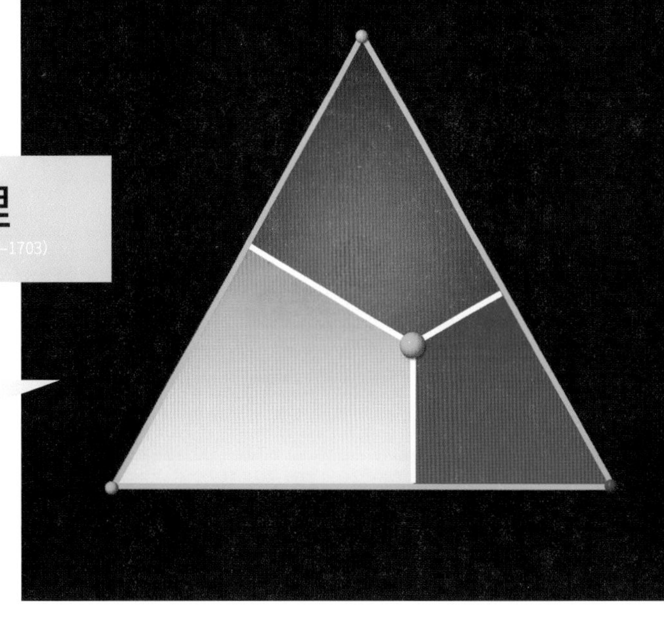

如图，在一个等边三角形内的任何地方放置一个点，到三角形的各边画垂线，三条垂线长度之和总是等于三角形的高。

毕达哥拉斯定理和毕氏三角形（约公元前 600 年），欧几里得的《几何原本》（约公元前 300 年），余弦定理（约 1427 年），莫利角三分线定理（1899 年），球内三角形（1982 年）

根据维维亚尼定理，在等边三角形里面任意放一个点，从这一点向每边画一条垂线，无论你把点放在哪里，三条垂线长度之和总是等于三角形的高。这个定理是以意大利数学家和科学家维维亚尼命名的。著名科学家伽利略对维维亚尼的才华印象深刻，还把他作为合作者带到了意大利阿塞蒂里的家里。

后来人们将维维亚尼定理扩展，探索将点放置在三角形之外会发生什么情况，并且还探索了该定理在任何正 n 边多形上的情形。在后一种情况，从一个内点到 n 边的垂直距离之和是正多边形的边心距（边心距是从正多边形中心到某一边的距离）的 n 倍。这一定理也可以运用到更高维度的研究领域。

伽利略去世后，维维亚尼写了伽利略的传记，并希望出版伽利略著作的完整版。可惜教会制止了他，这损害了维维亚尼的声誉，对整个科学也是一个打击。维维亚尼于 1690 年出版了欧几里得《几何原本》的意大利文版。

维维亚尼定理有许多不同的证明，因此它不仅令数学家感兴趣，还常常被用来教孩子们几何学。一些老师在现实世界中描述了这个问题：一个冲浪爱好者住在一个等边三角形的岛上，她想要建造一个小屋，选址时希望这座小屋到每边的距离之和最小，好让她到三个海滩上冲浪的时间都一样。通过维维亚尼定理就能让学生们知道，其实小屋建在哪里根本无关紧要。

发明微积分

艾萨克·牛顿（Isaac Newton，1643—1727）
戈特弗里德·威廉·莱布尼茨（Gottfried Wilhelm Leibniz，1646—1716）

威廉·布莱克（William Blake）笔下的牛顿（1795 年）。布莱克是一位诗人兼艺术家，他把牛顿描绘成一个神圣的几何学家，凝视着地上的几何图形，思考着数学和宇宙。

芝诺悖论（约公元前 445 年），托里拆利的号角（1641 年），洛必达的《无穷小分析》（1696 年），阿涅西的《分析讲义》（1748 年），拉普拉斯的《概率的分析理论》（1812 年），柯西的《无穷小分析教程概论》（1823 年）

约 1665 年

英国数学家牛顿和德国数学家莱布尼茨通常被认为是微积分的发明者，但有许多更早的数学家就探索过速率和极限的概念，这甚至可以上溯到古埃及人发明的计算金字塔体积和近似圆面积的方法。

在 17 世纪，牛顿和莱布尼茨都在苦苦思索切线、变化率、极小值、极大值和无穷小值（几乎等于零但不是零的难以想象的微小量）的问题。两个人都很清楚，微分（在一个求曲线上某点的切线——在那个点上“刚好触及”曲线的直线）和积分（求曲线下面范围的面积）互为逆过程。大约在 1665—1666 年，牛顿基于他在求无限和式的兴趣发明了微积分，然而他发表成果慢了一步。在 1684 年莱布尼茨首先发表了他在微分学上的成果，接着又在 1686 年发表了他对积分学的研究。他说：“像奴隶一样在辛苦的计算工作中耗费时间，对优秀的人来说不值得的。我的新微积分，通过一种分析来阐明真理，而不是依赖空想。”这使牛顿十分愤怒。关于如何划分发明微积分功劳的争论持续多年，结果是微积分的发展被推迟了。牛顿是第一个将微积分应用于物理学问题的人，而莱布尼茨则创建了现代微积分书籍中的大部分符号。

今天，微积分已经深入了科学发展的每一个领域，并在生物学、物理、化学、经济学、社会学和工程学范畴被广泛应用。总之，任何有数量（如速度或温度）发生变化的领域中，微积分都发挥着不可替代的作用。微积分可以用来帮助解释彩虹的结构、教我们如何在股票市场上赚更多的钱、引导宇宙航行、做天气预报、预测人口增长、设计建筑以及分析疾病的传播等等。微积分引发了一场革命，它也改变了我们看待世界的方式。■

069

牛顿法

艾萨克·牛顿（Isaac Newton，1643—1727）

当牛顿法应用于求方程的复数根时，计算机图形学可以用来揭示它的复杂行为。保罗·尼兰德（Paul Nylander）利用牛顿法求 $z^5-1=0$ 的根时生成了这幅复杂的图像。

发明微积分（约 1665 年），混沌与蝴蝶效应（1963 年），分形（1975 年）

1669 年

使用计算技术中的迭代法时，迭代序列中的每个项都由前一项的函数来定义。迭代法可以追溯到数学的萌芽时代，古巴比伦人曾用这样的技术计算正数的平方根，希腊人也曾用它来求 π 的近似值。今天，数学物理的许多重要的特殊函数都可以通过牛顿法公式来计算。

数值分析往往涉及求困难问题的近似解。牛顿法是求解形如 $f(x)=0$ 的方程时最著名的数值方法之一。许多方程可能很难用简单的代数方法求解。于是用牛顿法求函数的零点（或方程根）的问题在科学和工程中经常出现。

应用牛顿法时，首先要对方程的根给出估计值 x_0，然后用函数图像在估计值处的切线（即图像上“刚好有一个点接触”曲线的直线）去逼近函数 $f(x)$，计算切线和的 x 轴的交点 x_1，而 x_1 的值通常比最初的估计值 x_0 更近似于方程在附近的根，这种方法可以重复使用（称为“迭代”），从而产生越来越精确的近似值。牛顿法的公式是 $x_{n+1}=x_n-f(x_n)/f'(x_n)$，其中符号 f' 表示函数 $f(x)$ 的一阶导数。

如果将牛顿法应用于具有复数值的函数时，有时可以用计算机图形来展示牛顿法收敛的区域和发散的区域。由此产生的复杂奇特的图形往往揭示了混沌行为和美丽的分形图案。

牛顿法最初的数学思想出现在牛顿 1669 年写作的《关于无限项的方程分析》一书中，此书由威廉·琼斯（William Jones）于 1711 年出版。1740 年英国数学家托马斯·辛普森（Thomas Simpson）改进了这种方法，并将牛顿法描述为用微积分方法求解一般非线性方程的迭代法。

等时曲线问题

克里斯蒂安·惠更斯（Christiaan Huygens，1629—1695）

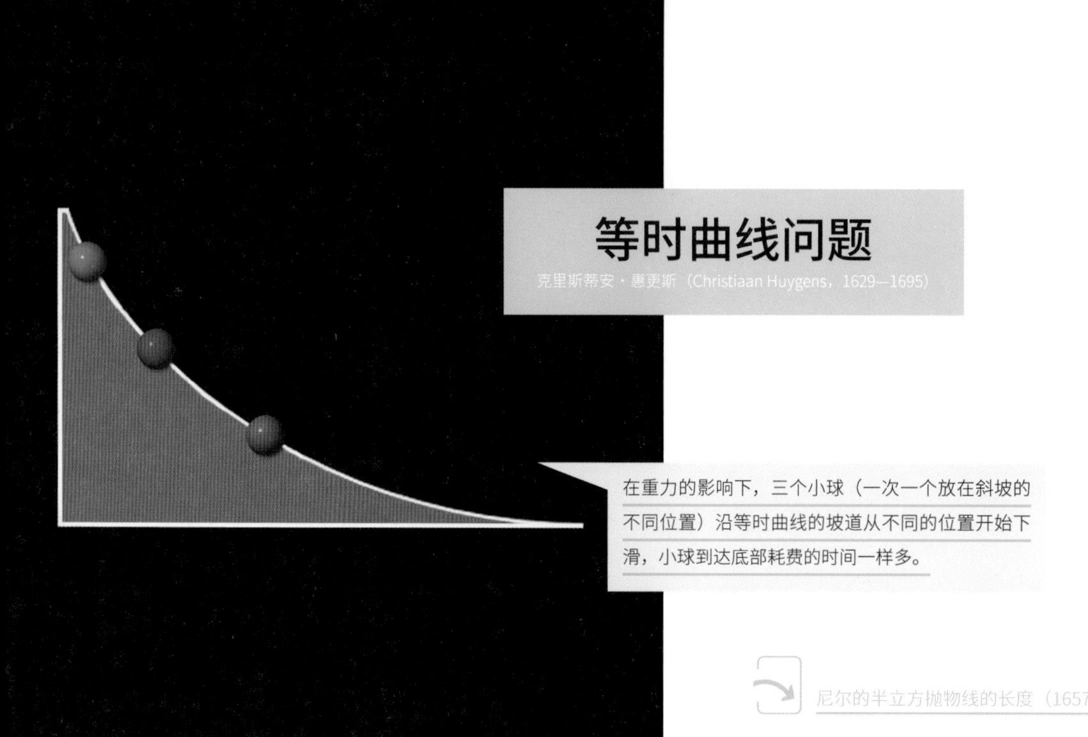

在重力的影响下，三个小球（一次一个放在斜坡的不同位置）沿等时曲线的坡道从不同的位置开始下滑，小球到达底部耗费的时间一样多。

尼尔的半立方抛物线的长度（1657 年）

1673 年

17 世纪，数学家和物理学家寻找一条曲线来构造一种特殊形状的斜坡。将物体（一次一个）放在斜坡上受重力加速下滑，无论物体从斜坡上的哪个位置开始，它们总是用相同的时间滑到底部，当然，假定坡道没有摩擦。

荷兰数学家、天文学家和物理学家惠更斯于 1673 年解答了这个问题，并发表在他的著作《关于钟摆的运动》中。从技术上来说，等时曲线是一种摆线——当圆周沿着直线滚动时，圆周上的点的轨迹所定义的曲线。等时曲线也被称为“最速降线”，即物体沿着这种曲线从一点无摩擦地下降到另一点时耗时最少，下降速度最快。

惠更斯试图利用他的发现来设计一个更精确的摆钟。他利用一段等时曲线形成的表面作为钟摆摆动的轨道，以确保钟摆无论从哪里开始摆动都处于最佳曲线上（不过表面的摩擦会导致严重的误差）。

在小说《白鲸》中讲到鲸油锅（一种用来熬制鲸油的大锅）时，也提到了等时曲线的这种特性。小说里写道：鲸油锅“也是一个可以思考高深的数学问题的地方。我在裴廊德号左舷的炼锅里，手里拿着滑石不住地在四周擦来擦去的时候，我第一次间接地被这个明显的事实所震撼，所有的物体（比如我的滑石）沿着摆线下滑时，它们从任何一点滑到底部用的时间完全一样”。■

071

星形线

奥勒·克里斯滕森·罗默（Ole Christensen Rømer，1644—1710）

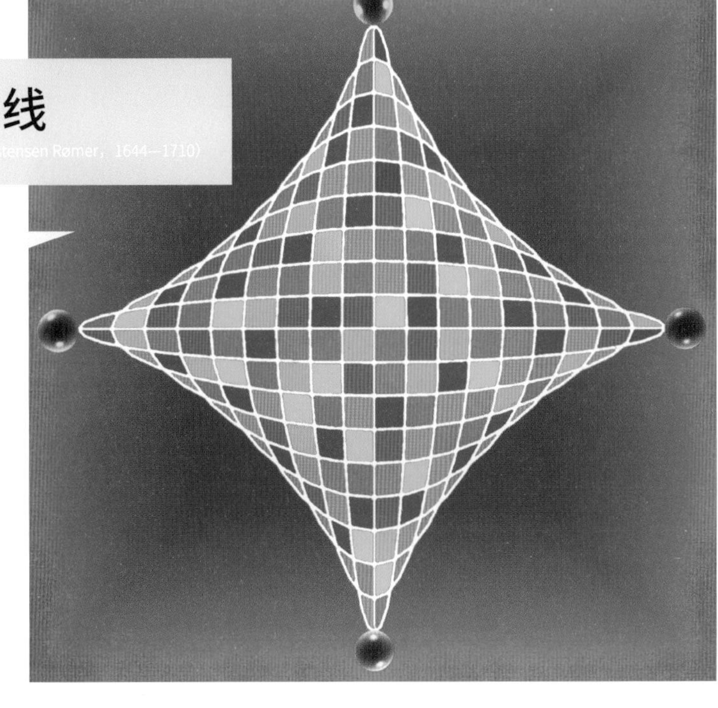

这是星形线作为一个椭圆曲线族的“包络线”的艺术展现。（在几何学中一个曲线族的包络是一条曲线，它与曲线族的每个成员都在某个点相切。）

狄奥克利斯的蔓叶线（约公元前 180 年），心脏线（1637 年），尼尔的半立方抛物线的长度（1657 年），勒洛三角形（1875 年），巨蛋穹顶（1922 年）

1674 年

星形线是一条有四个尖的封闭曲线。设大圆的直径是小圆的四倍，当小圆像齿轮一样沿着大圆内部滚动时，跟踪小圆周上的一点的轨迹就是星形线。许多著名的数学家都关注过星形线的有趣的特性。1674 年，丹麦天文学家罗默为了寻找更有效用的齿轮齿形状，首次研究了这条曲线。瑞士数学家约翰·伯努利（Johann Bernoulli，在 1691 年）、德国数学家莱布尼茨（在 1715 年）和法国数学家让·阿伦贝特（Jean d’ Alembert，在 1748 年）都曾为星形线着迷过。

星形线方程可写成：$x^{2/3}+y^{2/3}=R^{2/3}$，其中 R 是静止的外圆半径，$R/4$ 就是滚动的内圆半径。星形线的长度为 $6R$，面积为是 $3\pi R^2/8$。有趣的是尽管产生星形线时有圆的参与，它的周长 $6R$ 却跟 π 毫无关系。

在 1725 年，数学家丹尼尔·伯努利（Daniel Bernoulli）发现，星形线也可以由一个直径为固定大圆直径 3/4 的小圆旋转而得。换句话说，这时画出的星形线与大圆直径 1/4 的内圆画出曲线一样。

在物理学中，斯托纳–沃尔法特星形线（Stoner-Wohlfarth astroid）被用来表征能量和磁性的各种性质。美国专利编号 4987984 号描述了星形线在机械滚动离合器上的应用：“星形线与等效的圆弧曲线具有同样良好的应力分散作用，但可以减少凸轮材料的使用，保持更稳定的结构。”

有趣的是，把星形线的切线向两边延长后，夹在 x 轴和 y 轴之间的线段具有相同的长度。你可以想象用一个梯子靠在墙上滑动成不同的角度，就围成了星形线的一部分。

ANALYSE
DES
INFINIMENT PETITS,
POUR
L'INTELLIGENCE DES LIGNES COURBES.
Par Mr le Marquis DE L'HOSPITAL.
SECONDE EDITION.

A PARIS,
Chez FRANÇOIS MONTALANT à l'entrée du Quay des Auguſtins du côté du Pont S. Michel.
MDCCXVI.
AVEC APPROBATION ET PRIVILEGE DU ROY.

洛必达的《无穷小分析》

纪尧姆·弗朗索瓦·安托万，即洛必达侯爵（Guillaume François Antoine，Marquis de l' Hôpital，1661—1704）

如图：欧洲第一本微积分教科书《无穷小分析》的封面

发明微积分（约 1665 年），阿涅西的《分析讲义》（1748 年），柯西的《无穷小分析教程概论》（1823 年）

1696 年

1696 年，法国数学家洛必达侯爵出版了欧洲第一部微积分教科书《无穷小分析》（*Analyse Des Infiniment Petits*）。他打算把这本书作为一种工具书，以促进对微分学技术的理解。微积分是由牛顿和莱布尼茨在几年前发明的，由数学家伯努利兄弟（雅各布和约翰）二人整理提炼而成。基思·德夫林写道："事实上，直到洛必达的著作问世，只有牛顿、莱布尼茨和伯努利兄弟才算是地球上对微积分有深刻理解的人。"

在 17 世纪 90 年代初，洛必达聘请了约翰·伯努利来教他微积分。洛必达对微积分非常感兴趣并且学得很快，很快他就把他学到的知识统合整理到综合教科书中。劳斯·鲍尔（Rouse Ball）曾经评价说："洛必达的功劳在于用他的第一本著作解释了这种方法的原理和应用。这部作品流传很广泛，它使微分符号在法国被普遍使用，并使它在欧洲广为人知。"

除了这本教科书之外，洛必达还以用微积分规则解决分式的极限运算闻名，当一个分式其分子和分母都趋近于零，或两者都趋近无穷大时，计算分式的极限值的规则就称为"洛必达法则"。他最初曾规划过军旅生涯，但因为视力太差不得不改学数学。

洛必达每年付给伯努利 300 法郎，条件是将他的新发现告诉自己，这是洛必达 1694 年写在他自己的书中的。1704 年洛必达去世后，伯努利开始抱怨这笔交易，并声称在《无穷小分析》中的许多观点都是出自他之手。■

073

环绕地球的丝带

威廉·威斯顿（William Whiston，1667—1752）

一条丝带或金属带紧紧地包裹在地球大小的球体的赤道（或其他大圆）上。如果现在将丝带圈扩大到离地面 1 英尺高，那么丝带要加长多少才行？

欧几里得的《几何原本》（约公元前 300 年），圆周率 π（约公元前 250 年），棋盘上的麦粒（1256 年）

1702 年

虽然这个题目与本书中的大多数条目相比，算不上一个数学里程碑，但这个 1702 年的小谜题在超过两个世纪时间里，引起了莘莘学子与社会大众的兴趣。这是一个很好的例子，告诉人们简单的数学可以帮助人们分析超越自己直觉的极限。

假如给你一条丝带，紧紧地包围着一个篮球的赤道。你要将它加长多少才能使绳子离篮球表面 1 英尺高？你先猜猜答案是多少？

接下来想象一下，这条丝带紧绕着地球大小的球体的赤道，大约长 25 000 英里！你现在要加长丝带让它离地面 1 英尺环绕赤道，需要加长多少？

对于大多数人来说，真实的答案出乎意料，对篮球和地球来说都只要将丝带加长 2π，即大约 6.28 英尺 —— 仅仅是一个成年人的高度就可以了。假设 R 是地球的半径，那么 $1+R$ 是扩大后的圆的半径（以英尺为单位），我们可以比较之前的周长 $2\pi R$ 和之后的周长 $2\pi(1+R)$，它们的差都是 2π 英尺，与地球或篮球的半径毫无关系。

威斯顿是英国神学家、历史学家和数学家，他于 1702 年在一本为学生编写的《欧几里得的几何原本》之中提到了与此非常相似的谜题。他最有名的著作是《地球新理论：从它的起源到万物繁盛》（1696），其中他认为诺亚时代的洪水是由彗星引起的。■

大数定律

雅各布·伯努利（Jacob Bernoulli，1654—1705）

1994 年瑞士发行的数学家雅各布·伯努利的纪念邮票。邮票上表现了与他的大数定律有关的图表和公式。

骰子（约公元前 3000 年），正态分布曲线（1733 年），圣彼得堡悖论（1738 年），贝叶斯定理（1761 年），布丰投针问题（1777 年），拉普拉斯的《概率的分析理论》（1812 年），本福特定律（1881 年），卡方（1900 年）

1713 年

瑞士数学家雅各布·伯努利证明了他的大数定律，这记载在 1713 年他去世后出版的《猜度术》一书中。大数定律是概率论中的一个定理，描述了随机变量具有长期稳定性的趋势。例如，当一个随机实验的观察次数（如掷硬币）足够大时，则某种结果（比如掷出头像，即正面）发生的频率将接近理论上的概率，例如 0.5。更准确的说法是，一个具有有限的总体均值和方差的，独立且同分布的随机变量序列，它们的平均值将接近理论上的总体均值。

设想一下你掷一个标准的六面体骰子。我们期望多次结果的平均值是预期的总体均值，比如 3.5。假如你的前三次投掷恰好是 1，2 和 6，平均值为 3。但随着你掷出更多的次数，平均值最终将稳定在 3.5 的预期值上。赌场经营者喜欢大数定律，因为他们可以指望长期稳定的结果并且制定相应稳定的赌博规则。保险公司则依靠大数定律来应对并计划赔付损失。

在《猜度术》中，伯努利估计一个装有未知数量的黑、白两种球的箱子中白球的比例。每次从箱子中随机取出一个小球，记下颜色后将球放回箱子，他用取出过的小球中白球的比例来估计全部小球中白球的比例。只要你有足够的时间，你的估计可以达到你任何希望达到的准确性。伯努利写道：“如果对所有事件的观察一直持续到永远（因此，最终的概率往往是完全确定的），世界上的一切都将以固定的概率发生。即使发生了最偶然的事件，我们也只能认为，这是…… 某种宿命。”

欧拉数 e

莱昂哈德·保罗·欧拉（Leonhard Paul Euler，1707—1783）

美国圣路易门拱门的形状是一个倒挂的悬链线。悬链线可以用方程 $y=(a/2)\cdot(e^{x/a}+e^{-x/a})$ 来表示。这个拱门是世界上最高的纪念碑，高达 192 米。

圆周率 π（约公元前 250 年），虚数（1572 年），欧拉—马歇罗尼常数（1735 年），超越数（1844 年），正规数（1909 年）

1727 年

英国科学作家大卫·达林（David Darling）写道：欧拉数 e 可能是数学中最重要的数字。虽然 π 对外行人来说更熟悉，但在数学学科的较高层次上 e 远比 π 更重要。”

欧拉数 e 的近似值为 2.718 28，可以用多种方法求得。例如，$(1+1/n)^n$ 当 n 趋近于无穷大的极限值就等于 e。尽管像雅各布·伯努利和莱布尼茨这些数学家都意识到这一常数的重要，但瑞士数学家欧拉才是首先深入研究这个数字的人之一，1727 年欧拉在论文中第一个中使用了符号 e。在 1737 年，他证明了 e 是无理数，也就是说，e 不能表示为两个整数的比值。在 1748 年欧拉计算出了 e 的前面 18 位数字，今天已知的 e 位数超过 1000 亿位。

e 出现在各个不同数学领域，例如在两端悬挂着的绳索形状的悬链线方程中，在复利计算公式中，以及在概率论与数理统计等领域都能看见 e 的身影。在有史以来发现的最令人惊奇的数学公式之一 $e^{i\pi}+1=0$ 中，数学的五个最重要的符号 1，0，π，e 和 i（−1 的平方根）都出现了。哈佛大学数学家本杰明·皮尔斯（Benjamin Pierce）说：“我们不能理解这个公式，我们不知道它的意思，但我们已经证明了它，因此我们知道它代表了真理。”数学家们的多次“民意测验”中，这个公式都被列为最美丽的数学公式的榜首。卡斯纳（Kasner）和纽曼（Newman）说：“我们只能不断复写这个公式并不停地探寻它的含义。它同时在召唤着神秘主义者、科学家和数学家。”

斯特林公式

詹姆斯·斯特林（James Stirling，1692—1770）

图中的公式就是斯特林的公式，它被 4！只，也就是 24 只甲虫所包围。

对数（1614 年），鸽笼原理（1834 年），超越数（1844 年），拉姆齐理论（1928 年）

1730 年

如今，阶乘在数学中无处不在。对于非负整数 n，n 的阶乘写为 $n!$，它是所有小于等于 n 的正整数的乘积。例如：4!=1×2×3×4=24。阶乘符号 $n!$ 是由法国数学家克里斯蒂安·克兰普（Christian Kramp）于 1808 年创造的。在排列组合中，即研究有多少种不同方式把若干对象排成一排时，阶乘 $n!$ 就很重要。它也经常出现在数论、概率论和微积分中。

由于阶乘的值增长太快（例如，70！大于 10100，25206！大于 $10^{100\,000}$），找到一种方便的方法逼近大数的阶乘是非常必要的。斯特林公式 $n! \approx \sqrt{2\pi} \cdot e^{-n}n^{n+1/2}$ 为 $n!$ 提供了准确的估计方法。这里，符号“≈”表示“近似等于”，e 和 π 是数学常数，其中 e ≈ 2.718 28，π ≈ 3.141 59。对于较大的 n 值，可以写成更简单的近似公式 $\ln(n!) \approx n\ln(n)-n$，也可以写成 $n! \approx n^n e^{-n}$。

1730 年，苏格兰数学家斯特林在他最重要的著作《微分方法》（*Methodus Differentialis*）中提出了 $n!$ 值的近似公式。斯特林在政治和宗教冲突中开始了他的数学生涯。他和牛顿是朋友，但在 1735 年后，他的大部分生命都奉献给了工业管理。

鲍尔写道：“在我看来，这是 18 世纪数学上最经典的发现之一。这样的公式让我们认识到 17—18 世纪的数学发生的惊人变化。大约 17 世纪初才发明了对数。大约在 90 年后，牛顿的《原理》（*Principia*）问世，标志着微积分的发明。在又一个 90 年内，数学家们提出了一大批像斯特林公式那样的精妙公式，如果没有微积分的系统训练，这是不可想象的。从此数学不再是业余爱好者们的游戏，它变成了专家才能从事的工作。”■

奥马尔·海亚姆的《代数论文集》(1070 年)，帕斯卡三角形（1654 年），大数定律（1713 年），布丰投针问题（1777 年），拉普拉斯的《概率的分析理论》(1812 年)，卡方（1900 年）

正态分布曲线

亚伯拉罕·棣莫弗（Abraham de Moivre，1667—1754）
约翰·卡尔·弗里德里希·高斯（Johann Carl Friedrich Gauss，1777—1855）
皮埃尔-西蒙·拉普拉斯（Pierre-Simon Laplace，1749—1827）

这是一张德国马克钞票，上面有高斯的头像和正态分布函数的图像和公式。

1733 年，法国数学家棣莫弗发表了论文《二项式 $(a+b)^n$ 的级数展开项之和的近似》，第一次描述了正态分布曲线，或称为“误差定律”。棣莫弗一生都很贫困，曾在咖啡馆里兼职下棋挣钱。

正态分布——也被称为高斯分布，以纪念多年后系统研究这条曲线的高斯——代表了一类重要的连续概率分布，它被广泛应用于无数个需要观察测量的学科领域。这些领域包括人口统计、健康统计、天文测量、遗传学、情报学以及保险统计等方面的研究。在实验和观察数据误差或波动变化的任何领域都要用到正态分布。事实上，在 18 世纪初数学家们就开始意识到，各种不同项目中的大量测量数据，似乎都表现出相似的散布或分布模式。

正态分布由两个关键参数（均值和标准差）确定。均值即平均值，标准差则是数据的分散性或变异性的量化指标。正态分布曲线的图形通常被称为钟形曲线，因为它呈古代铜钟一样的对称的形状，也就是说数据点倾向于集中在图像中部，在曲线左右两侧尾部的数据点则越往外越少。

正态分布最早由棣莫弗在求二项分布的渐近公式中得到。1783 年，拉普拉斯用正态分布来研究测量误差。在 1809 年高斯用正态分布来研究天文数据。

人类学家弗朗西斯·高尔顿爵士（Francis Galton）评价正态分布时说：“‘误差频率定理’展现了神奇的宇宙秩序，我不知道还有什么东西比它更令人印象深刻。如果希腊人知道这个定理，他们一定会将它奉若神明，顶礼膜拜。这个定理在最疯狂的混乱中平静而轻松地统治着世界。”

1733 年

欧拉—马歇罗尼常数

莱昂哈德·保罗·欧拉（Leonhard Paul Euler，1707—1783）
洛伦佐·马歇罗尼（Lorenzo Mascheroni，1750—1800）

画家约翰·乔治·布鲁克（Johann Georg Brucker）1737 年绘制的欧拉肖像。

圆周率 π（约公元前 250 年），发现 π 的无穷级数公式（约 1500 年），欧拉数 e（1727 年）

1735 年

欧拉—马歇罗尼常数由希腊字母“γ”表示，它的近似数值为 0.577 215 7…。这个数字将指数和对数与数论联系起来，它的定义是：当 n 趋近无穷大时，(1+1/2+1/3+…+1/n−lg n) 的极限值。由于 γ 在无穷级数、乘积、概率和定积分等不同领域都起着重要作用，因此它的影响范围很广。例如，从 1 到 n 的所有数的因数的平均值就非常接近 ln(n)+2γ−1。

虽然计算 γ 不如计算 π 那样能引起公众的强烈兴趣，但 γ 仍然激发了许多热心的追捧者。虽然目前知道的 π 值可以达到 1 241 100 000 000 位小数，但直到 2008 年，我们只知道 γ 的大约 10 000 000 000 位小数值，对 γ 的估算比 π 要困难得多。以下列出 γ 的前面若干位小数：0.577 215 664 901 532 860 601 520 900 824 024 310 421 593 359 399 2… 供读者参考。

就像其他著名的常数如 π 和 e 一样，这个数学常数有着悠久而迷人的发现史。瑞士数学家欧拉发表于 1735 年的一篇名为《调和级数的观察》的论文中讨论了 γ，但他当时只能计算到小数点后六位。1790 年，意大利数学家兼牧师马歇罗尼计算了更多的小数位数。但时至今日，我们连这个数是否可以表示为分数（就像 0.142 857 142 857 1… 这样的数字可以表示为 1/7 那样）还不清楚。朱利安·哈维尔（Julian Havil）曾写过一本专门讨论 γ 的书，书中他讲述了一个小故事：英国著名数学家哈代愿意把他在牛津大学的萨维尔讲座的教席让给任何证明 γ 不能表示为分数的人。■

079

哥尼斯堡七桥问题

莱昂哈德・保罗・欧拉（Leonhard Paul Euler，1707—1783）

上图：谷歌提供的部分互联网地图。线路的长度表示两个节点之间的延迟。色彩表示节点类型，例如，商业、政府、军事或教育等。下图：通过哥尼斯堡七座桥中的四座的一条可能的路线。

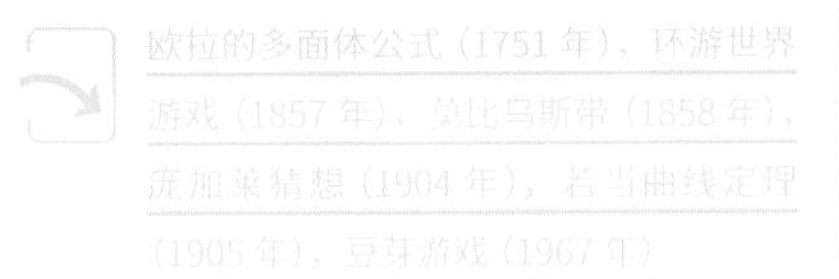

欧拉的多面体公式（1751 年），环游世界游戏（1857 年），莫比乌斯带（1858 年），庞加莱猜想（1904 年），若当曲线定理（1905 年），豆芽游戏（1967 年）

1736 年

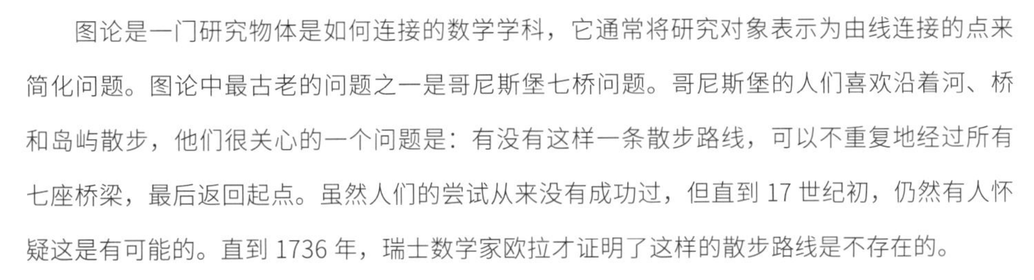

图论是一门研究物体是如何连接的数学学科，它通常将研究对象表示为由线连接的点来简化问题。图论中最古老的问题之一是哥尼斯堡七桥问题。哥尼斯堡的人们喜欢沿着河、桥和岛屿散步，他们很关心的一个问题是：有没有这样一条散步路线，可以不重复地经过所有七座桥梁，最后返回起点。虽然人们的尝试从来没有成功过，但直到 17 世纪初，仍然有人怀疑这是有可能的。直到 1736 年，瑞士数学家欧拉才证明了这样的散步路线是不存在的。

欧拉将七桥问题简化成了抽象的点和线构成的图，他用点表示陆地，用线表示连接两块陆地的桥梁，与点连接的线条总数称为“秩”。欧拉证明如果要以一趟不重复旅程走完图形中所有点的话，必须满足图形中不能有三个以上的点具有奇数秩的先决条件。七桥问题中有四个奇数秩，所以不可能在不重复的情况下走过全部七座桥梁。

哥尼斯堡七桥问题在数学史上是非常重要的，因为欧拉的解答是图论中的第一个定理。今天，图论被广泛应用于众多的领域，比如化学路径问题、汽车交通流问题以及互联网用户的社交网络问题。图论甚至可以解释疾病的性传播途径。此外，欧拉只用非常简单的连通性来表示桥梁的连接状况，而不去考虑桥梁长度等细节，是拓扑学思想的先驱者。拓扑学研究的是形体及其相互关系的数学领域。■

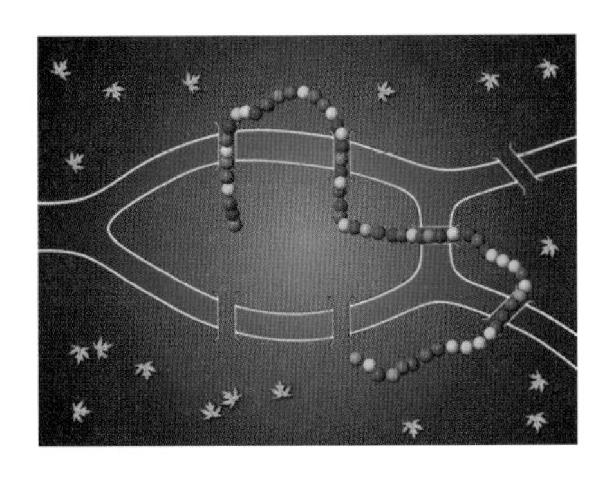

圣彼得堡悖论

丹尼尔·伯努利（Daniel Bernoulli，1700—1782）

自 18 世纪 30 年代以来，哲学家和数学家们一直在思考圣彼得堡悖论。根据一些人的分析，一个赌徒可能会因此赢得无限多的钱，但你愿意为参加赌博付出多少钱呢？

芝诺悖论（约公元前 445 年），亚里士多德的轮子悖论（约公元前 320 年），大数定律（1713 年），理发师悖论（1901 年），巴拿赫—塔斯基悖论（1924 年），希尔伯特旅馆悖论（1925 年），生日悖论（1939 年），海岸线悖论（1950 年），纽科姆悖论（1960 年），帕隆多悖论（1999 年）

1738 年

荷兰出生的瑞士数学家、物理学家兼医学博士丹尼尔·伯努利写了一篇非常有趣的概率论论文，于 1738 年发表在圣彼得堡的《帝国科学院评论》（*Imperial Academy of Science Saint Petersbury*）上。这篇论文描述了一个悖论，现在通常称为“圣彼得堡悖论”，用投掷硬币来赌博，赌徒的收益由投掷的结果决定。长期以来，哲学家和数学家们一直在讨论参与赌博的门票的合理收费应该是多少。你愿意付多少钱来参加这种赌博呢？

让我们来看看圣彼得堡的赌局规则：投掷一枚硬币直到出现“背面”为止，假设投了 n 次才出现“背面”，那么赢得赌金 2^n 美元。因此，如果硬币第一次就是“背面”，赢得 $2^1=2$ 美元，游戏结束。如果硬币第一次“正面”，那就会再投。如果第二次出现“背面”，赢得 $2^2=4$ 美元，游戏结束，依此类推。对这个赌博悖论的详细讨论超出了本书的范围，但根据博弈论，当且仅当投入的资金比预期的收益要少的时候，一个“理智的赌徒”一定会继续玩下去。在对圣彼得堡悖论的一些分析中，赌徒参赌交纳的费用最终总会小于收益的期望值。因此这个理智的赌徒总是渴望一直玩下去！

皮特·伯恩斯坦（Peter Bernstein）指出了伯努利悖论的深刻意义：“他的论文是有史以来最深奥的文章之一，同时关系到风险博弈策略的人类行为的矛盾。伯努利强调了理性评估和放手一搏之间的复杂关系，几乎涉及我们生活的每一个方面。”■

081

哥德巴赫猜想

克里斯蒂安·哥德巴赫（Christian Goldbach，1690—1764）
莱昂哈德·保罗·欧拉（Leonhard Paul Euler，1707—1783）

哥德巴赫彗星描绘了一个偶数（*y* 轴）和写成两个质数之和的方程式总数（*x* 轴）的图像关系。左下角的星星位置为原点（0，0），$4 \leqslant n \leqslant 100000$，*x* 轴从 0 到大约 15 000。

质数和蝉的生命周期（约公元前 100 万年），埃拉托色尼的筛法（约公元前 240 年），正十七边形作图（1796 年），高斯的《算术研究》（1801 年），黎曼假设（1859 年），质数定理的证明（1896 年），布朗常数（1919 年），吉尔布雷斯猜想（1958 年），乌拉姆螺旋（1963 年），群策群力的艾狄胥（1971 年），公钥密码学（1977 年）安德里卡猜想（1985 年）

1742 年

有时，数学中最具挑战性的问题往往是最简单、最容易表述的问题。1742 年，普鲁士历史学家、数学家哥德巴赫猜测，每一个大于 5 的整数都可以写成三个质数（所谓质数是一个大于 1 的整数，如 5 或 13，它只能被它本身和 1 整除）的总和，比如 21=11+7+3。瑞士数学家欧拉将哥德巴赫的这个猜想重新表达为一个等价猜想（也被称为“加强版”哥德巴赫猜想），它断言，所有大于 2 的偶数都可以表示为两个质数的和。在 2002 年 3 月，为了宣传小说《彼得罗斯叔叔和哥德巴赫猜想》（*Uncle Petros and Goldbach's Conjecture*），出版业巨头费伯-费伯（Faber and Faber）悬赏 100 万美元，用于奖励证明哥德巴赫猜想的人，但奖金无人认领，猜想依然未解。2008 年，葡萄牙阿韦罗大学的研究员托马斯·奥利维拉·席尔瓦（Tomas Oliveira Silva）通过分布式计算机搜寻架构确认哥德巴赫猜想至少在 12×10^{17} 以下是正确的。

当然，任何计算能力都无法证实这个猜想对每个数字都成立；因此，数学家们希望得到一个真正的证据，证明哥德巴赫的直觉是正确的。1966 年，中国数学家陈景润取得了一些进展，他证明了每个足够大的偶数都是一个质数加上一个最多两个质数的乘积之和，例如 18=3+(3×5)。1995 年，法国数学家奥利维尔·拉马雷（Olivier Ramare）证明了每个大于或等于 4 的偶数是不超过 6 个质数的总和。■

阿涅西的《分析讲义》

玛丽亚·盖塔娜·阿涅西（Maria Gaetana Agnesi，1718—1799）

《分析讲义》是第一本涵盖微分学和积分学的综合教科书，也是第一本流传下来的女数学家编写的数学著作。

希帕蒂亚之死（415 年），发明微积分（约 1665 年），洛必达的《无穷小分析》（1696 年），柯瓦列夫斯卡娅的博士学位（1874 年）

1748 年

意大利女数学家阿涅西是《分析讲义》（*Analysis Institution*）的作者，该书是第一本涵盖微分学和积分学的综合教科书，也是第一本流传下来的女数学家编写的数学著作。荷兰数学家德克·扬·斯特里克（Dirk Jan Struik）称阿涅西为“自希帕蒂亚（生活于 5 世纪）以来第一位重要的女数学家”。

阿涅西是个天才少女，13 岁时就至少会讲七种语言。在一生的大部分时间里她回避社会交往，完全致力于数学和宗教的研究。克利福德·特鲁斯德尔（Clifford Truesdell）写道，“她要求过她的父亲同意她去当修女。但她的父亲害怕他最亲爱的孩子离开，求她改变主意。”她答应在她能找到适合隐居的地方之前，继续和她父亲住在一起。

阿涅西的《分析讲义》发表后，在学术界引起了轰动。巴黎科学院的委员会的评语写道：“本书使用的资料分散在当代数学家的不同作品中，并往往以不同的方式呈现。需要大量的技巧和智慧才能将所有内容都清晰、有序、精确地，几乎是用统一的方式表达出来。我们认为这是最完整和最优秀的教科书。”这本书还讨论了一种立方曲线，现在被戏称为“阿涅西的女巫”*，曲线方程为：$y=8a^3/(x^2+4a^2)$。

博洛尼亚学院院长邀请阿涅西担任博洛尼亚大学数学系主任。但据一些说法，她从来没有去过博洛尼亚，因为她把时间完全奉献给宗教和慈善工作。尽管如此，这使她成为第二位被任命为大学教授的女性，第一位是劳拉·巴斯（Laura Bassi，1711—1778）。阿涅西把她所有的钱财都用来帮助穷人，最后她在一所救济院里去世。

* 正规名称叫“箕舌线”，在意大利语中发音与“女巫”近似。——译者注

083

欧拉的多面体公式

莱昂哈德·保罗·欧拉（Leonhard Paul Euler，1707—1783）
勒内·笛卡尔（René Descartes，1596—1650）
保罗·埃尔德什（Paul Erdös，1913—1996）

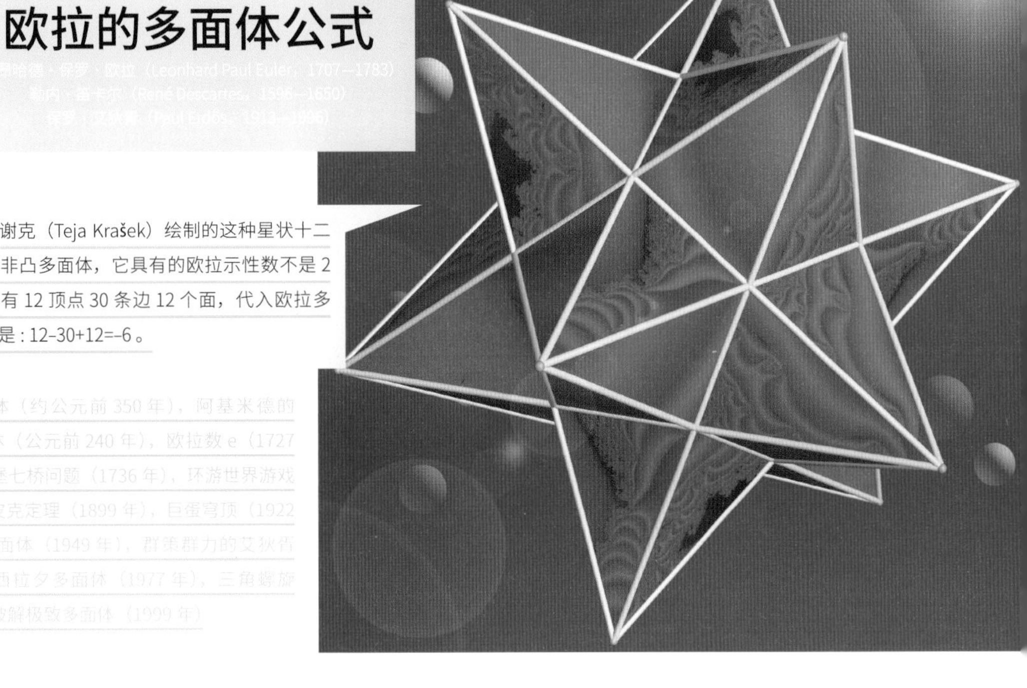

特雅·克拉谢克（Teja Krašek）绘制的这种星状十二面体是一种非凸多面体，它具有的欧拉示性数不是 2 而是-6。它有 12 顶点 30 条边 12 个面，代入欧拉多面体公式就是：12-30+12=-6。

柏拉图多面体（约公元前 350 年），阿基米德的半正则多面体（公元前 240 年），欧拉数 e（1727 年），哥尼斯堡七桥问题（1736 年），环游世界游戏（1857 年），皮克定理（1899 年），巨蛋穹顶（1922 年），塞萨多面体（1949 年），群策群力的艾狄胥（1971 年），西拉夕多面体（1977 年），三角螺旋（1979 年），破解极致多面体（1999 年）

1751 年

欧拉的多面体公式被认为是数学中最漂亮的公式之一，也是最早的拓扑（研究形状及其相互关系的数学分支）公式之一。经过读者调查，《数学智能》（*Mathematical Intelligencer*）杂志将该公式列为历史上最美公式的第二名，仅次于另一条欧拉提出的公式：$e^{i\pi}+1=0$（见条目“欧拉数 e”）。

1751 年，瑞士数学家兼物理学家欧拉发现，凡是具有 V 个顶点、E 条边和 F 个面的凸多面体都满足方程：$V-E+F=2$。这里多面体必须是凸的，即它不能有凹陷或孔洞，或者更正规地说，连接多面体内部的点的每条线段都必须完全包含在多面体的内部。

例如，立方体（正六面体）的表面有 6 个面、12 条边和 8 个顶点。将这些值代入欧拉公式中，得到 8−12+6=2 。对于有 12 个面的十二面体，我们有 20−30+12=2 。有趣的是，在 1639 年左右，笛卡尔就发现过一个相关的多面体公式，只差几步数学推导就可以得到欧拉公式，真是可惜。

多面体公式后来被推广到网络和图形的研究中，并帮助数学家们一窥将之套用在有孔洞的立体或更高维度的物体上会是什么样的结果。公式也推动了许多实际应用，例如帮助计算机专家在电路中安排电线路径，以及为宇宙学家们提供模型来思考我们宇宙的形状。

从出版物的数量上讲，欧拉是历史上最多产的数学家，仅次于匈牙利人艾狄胥。可悲的是，欧拉在老年失明了。不过，英国科学作家达林指出，“他的作品数量似乎与他的视力质量成反比，因为在他几乎全盲后的 1766 年，他的出版速度反而增加了。”

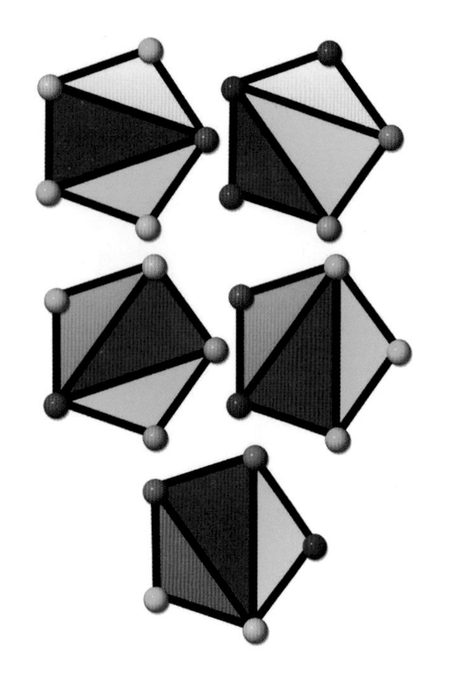

欧拉的多边形分割问题

莱昂哈德·保罗·欧拉（Leonhard Paul Euler，1707—1783）

用对角线将正五边形分成三角形有五种不同的方案。

阿基米德的谜题：沙子、群牛和胃痛拼图（约公元前250年），哥德巴赫猜想（1742年），莫利角三分线定理（1899年），拉姆齐理论（1928年）

1751年

1751年，瑞士数学家欧拉向普鲁士数学家哥德巴赫提出了如下问题：平面凸n边形可以用对角线划分成三角形，试问有多少种分法？用更生活化的说法来讲：把一个n边形的蛋糕切成三角形的小块，要求刀子必须从一个角到另一个角直线地切割，而且切口不能交叉，问一共有多少种方法？欧拉说共有E_n种方法，公式如下：

$$E_n=\frac{2\cdot 6\cdot 10\cdot \cdots \cdot (4n-10)}{(n-1)!}$$

这里要求必须是凸n边形。一个凸多边形必须符合以下条件：在多边形内任意以两点，连接这两个点的线段完全包含在形体内。

作家兼数学家海因里希·多里（Heinrich Dörrie）说："这个问题非常有趣，尽管它看起来平淡无奇，但许多试过的读者会惊讶地发现，其中涉及的困难太多。就连欧拉自己都说，这个公式推导得太辛苦了。"

例如，对于正方形，我们有$E_4=2$，正好对应它的两条对角线。对于五边形，我们有$E_5=5$。事实上，早期的实验者想用图形来找感觉解决问题，但这种直观方法很快变得失效了，因为边数增加时，分法增长太快。比如达到九边形时，我们有429种方法用对角线把它分成三角形。

多边形的分割问题备受关注。1758年，斯洛伐克日耳曼数学家约翰·安德烈亚斯·塞格纳（Johann Andreas Segner，1704—1777）提出了一个递推公式：$E_n=E_2E_{n-1}+E_3E_{n-2}+\cdots+E_{n-1}E_2$。递推公式是一种公式，其序列中的每个项被定义为前面已知项的函数。

有趣的是，E_n的值与卡塔兰数C_n密切相关（$E_n=C_{n-1}$）。卡塔兰数产生于组合数学中，这是一门研究有限或离散系统中的选择、安排和运算的数学领域。■

085

骑士巡游问题

亚伯拉罕·棣莫弗（Abraham de Moivre，1667—1754）
伦纳德·保罗·欧拉（Leonhard Paul Euler，1707—1783）
阿德里安-玛丽·勒让德（Adrien-Marie Legendre，1752—1833）

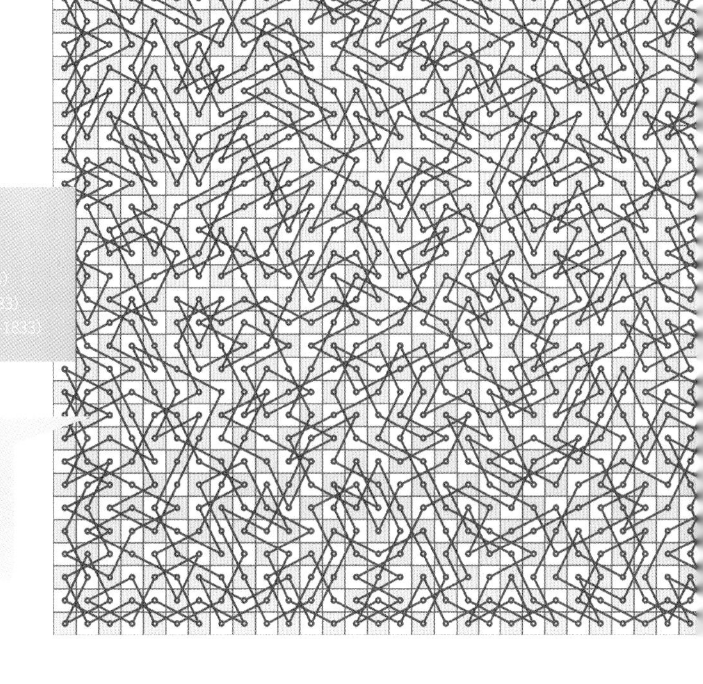

如图：计算机科学家德米特里·布兰特（Dmitry Brant）利用一个由相互连接的人工神经元组成的神经网络进行计算，生成了一个方格棋盘上的骑士巡游路径。

莫比乌斯带（1858 年），克莱因瓶（1882 年），皮亚诺曲线（1890 年）

1759 年

一次典型的骑士巡游，要求一个国际象棋中的骑士（即“马”，注意它一次只能跳 1×2 的日字形方格）必须不重复地走完 8×8 的棋盘上的每个方格。各种玩法的骑士巡游吸引了数学家们的注意力。最早记录的解答是由棣莫弗提出的，棣莫弗是法国数学家，他以正态分布曲线和复数定理而知名。在他的解答中，骑士结束巡游时远离的它出发位置。法国数学家勒让德对此进行了“改进”，并找到了一种解法，即它出发的方格和最后的方格只差一个格子，这样结束的巡游，使骑士的 64 次移动变成了一个圈。可以说是重返巡游。瑞士数学家欧拉发现了一次“重入式”的巡游路线，将棋盘分为两半，依次巡游了棋盘的两个部分。

欧拉是第一个写数学论文分析骑士巡游问题的人。他于 1759 年向柏林的科学院提交了这篇论文，但这篇有影响力的论文直到 1766 年才发表。有趣的是，1759 年，科学院为“骑士巡游问题”的最佳论文悬赏了 4000 法郎的奖金，但这笔奖金并没有兑现，也许是因为欧拉身为柏林学院数学系主任而无缘获奖。

我觉得最有趣的骑士巡游是在一个立方体的六个表面上，每面有一张标准棋盘。亨利·E. 杜德尼（Henry E. Dudeney）在他的《数学游戏》（*Amusement in Mathematics*）一书中提供了解答方案。我认为他的那种每个面先完成一次巡游的方案，是借鉴了法国数学家亚历山大-菲奥菲勒·范德蒙（Alexandre-Théophile Vandermonde，1735—1796）早期的方案。从那以后骑士巡游的棋盘慢慢地扩展到圆柱面、莫比乌斯带、圆环面和克莱因瓶表面的棋盘上来研究，甚至还发展到了高维空间。■

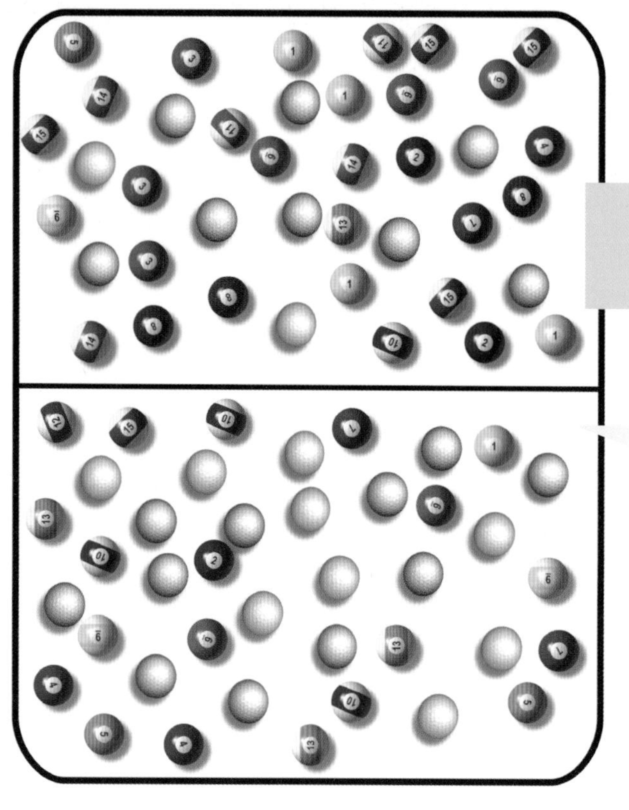

贝叶斯定理

托马斯·贝叶斯（Thomas Bayes，约 1702—1761）

这里有上框和下框。你随机选择一个框，再从中随机取出一个台球，发现取出的是花球。那么你当时选择上框的可能性有多大？

大数定律（1713 年），拉普拉斯的《概率的分析理论》（1812 年）

1761 年

贝叶斯定理在科学领域占有重要地位，它是由英国数学家、长老会牧师贝叶斯提出的，它可以用一个简单的条件概率公式来说明。条件概率是指：在事件 B 发生的情况下事件 A 发生的概率，记为 $P(A|B)$ 。而贝叶斯定理指出：$P(A|B)=[P(B|A)\times P(A)]/P(B)$。这里，$P(A)$ 被称为 A 的先验概率，因为它只是事件 A 的概率，并不考虑 B 是否发生，$P(B|A)$ 是当 A 发生时 B 的条件概率，$P(B)$ 是 B 的先验概率。

想象一下我们的盒子有两个框。上框有 10 个白球和 30 个花球。下框则白球和花球各有 20 个。你随机选取一个框，然后在框里随机取出一个球，我们假设所有的台球有同样的可能被选中。这时你发现手中是个花球，问你当时选择上框的可能性有多大？换句话说，在你手中有一个花球的情况下，你从上框取球的概率是多少？

事件 A 对应于你“选择上框”，事件 B 是你“取到花球”（无论你在哪取）。我们想计算的是 $P(A|B)$。很明显 $P(A)=0.5$。在上框中取到花球的概率 $P(B|A)=0.75$，从下方框取到花球的概率是 0.5，则“取到花球”的概率 $P(B)=0.75\times 0.5+0.5\times 0.5=0.625$。我们就可以使用贝叶斯公式来计算，“在知道手中是花球的情况下你选择上框”的概率是：$P(A|B)=[P(B|A)\times P(A)]/P(B)=0.75\times 0.5/0.625=0.6$。■

富兰克林的幻方

本杰明·富兰克林（Benjamin Franklin，1706—1790）

艺术家大卫·马丁（David Martin）为富兰克林画的肖像（1767 年）。

幻方（约公元前 2200 年），完美超幻方（1999 年）

1769 年

本杰明·富兰克林是一位科学家、发明家、政治家、印刷商、哲学家、音乐家和经济学家。1769 年在给同事的信中，他描述了他在早期创作的一个幻方。

他的 8×8 幻方充满了奇妙的对称性，其中有些可能连富兰克林本人都不知道。这个正方形的每一行或每一列之和都是 260。每行或每列的数字加到一半时的和刚好为 260 的一半。此外，每个弯曲的行（图中灰色的两个弯曲行）之和都是 260。还有八个粗黑框的方格也算成一个破碎的弯曲行（14+61+64+15+18+33+36+19），它的和也是 260。还可以找到许多其他对称性——例如，四个角上的数和最中间四个数的总和为 260，任意 2×2 的方形中的四个数之和是 130，从正方形的中心等距排列的任意四个数之和也等于 130。如果将数字转换为二进制数，甚至会发现了更多的对称性。

52	61	4	13	20	29	36	45
14	3	62	51	46	35	30	19
53	60	5	12	21	28	37	44
11	6	59	54	43	38	27	22
55	58	7	10	23	26	39	42
9	8	57	56	41	40	25	24
50	63	2	15	18	31	34	47
16	1	64	49	48	33	32	17

尽管有各种奇妙的对称性，但主对角线上数字之和并不是 260，幻方的定义要求对角线之和与行或列之和相等，所以严格地说它不能算是一个幻方。

很多人尝试过破解它的秘诀，但我们现在还是不知道富兰克林用什么方法创造了他的幻方。尽管富兰克林声称他能“以最快的速度”写出方块，但直到 20 世纪 90 年代才有一位名叫拉尔拜·帕特尔（Lalbhai Patel）的作家找到了一个快速的秘诀来构造富兰克林幻方。虽然这种方法看起来很长，但帕特尔可以训练自己快速将幻方构造出来。富兰克林的幻方中发现了如此多奇妙的性质，以至于现在这个幻方常用来比喻那些包含多种对称性和其他性质，但这其中有许多是在富兰克林去世后才被人发现的。■

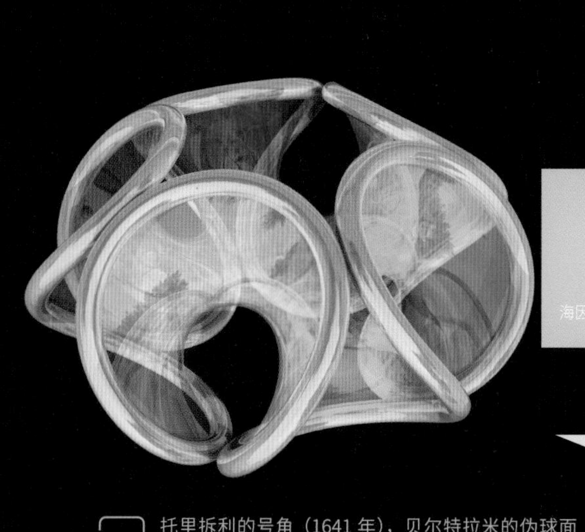

托里拆利的号角（1641 年），贝尔特拉米的伪球面（1868 年），伯伊曲面（1901 年）

极小曲面

莱昂哈德·保罗·欧拉（Leonhard Paul Euler，1707—1783）
让·梅斯尼尔（Jean Meusnier，1754—1793）
海因里希·费迪南德·谢尔克（Heinrich Ferdinand Scherk，1798—1885）

尼兰德绘制的极小曲面的例子。这是一种恩内佩尔曲面，它是德国数学家阿尔弗雷德·恩内佩尔（Alfred Enneper，1830—1885）在 1863 年左右发现的。

1774 年

想象一下把一个扁平的电线圈从肥皂水中取出来。电线圈中带着一个圆盘状的肥皂膜，其面积小于任何可能形成的其他形状，数学家称这种形状为极小曲面。更正规的说法是，以给定的封闭曲线为界的有限极小曲面具有尽可能小的面积。极小曲面的平均曲率是零。两个多世纪以来，数学家们一直在追寻各种极小曲面并致力于证明其极小特性。以封闭曲线为边界的极小曲面，可以在三维空间里扭曲，形成各种既美丽又复杂的形状。

在 1744 年，瑞士数学家欧拉发现了“悬链极小曲面”，这是除最简单圆形区域等平凡曲面之外的第一类极小曲面。1776 年，法国几何学家梅斯尼尔发现了另一类极小曲面——“螺旋极小曲面”。（梅斯尼尔还是一名军事将领，是第一个螺旋桨驱动的椭圆形的载人气球的设计者。）

另一种极小曲面直到 1873 年才被德国数学家谢尔克发现。同年，比利时物理学家约瑟夫·普拉托（Joseph Plateau）进行了实验，结果使他正确地推测出肥皂薄膜总是形成极小曲面。因此求极小曲面问题又称“普拉托问题”，求解它需要用到许多数学知识。（普拉托因为在一项关于视觉生理学的实验中盯着太阳达 25 秒而导致失明）。最近的进展包括了科斯塔的极小曲面，1982 年巴西数学家塞尔索·科斯塔（Celso Costa）首次对它进行了数学描述。

现在计算机和计算机图形学在帮助数学家们构建极小曲面和将其可视化方面发挥了重要作用，其中有些极小曲面可能是相当复杂的。极小曲面可能有一天会大量应用在材料科学和纳米技术中。例如，当混合某些聚合物时，形成的界面就是极小曲面。而对界面形状的了解可以帮助科学家预测这种混合物的化学性质。■

布丰投针问题

乔治·路易斯·勒克莱尔，即布丰伯爵（Georges-Louis Leclerc，Comte de Buffon，1707—1788）

布丰伯爵的肖像，由弗朗索瓦-休伯特·德鲁埃（François-Hubert Drouais）创作。

大数定律（1713 年），正态分布曲线（1733 年），拉普拉斯的《概率的分析理论》（1812 年），随机数发生器的诞生（1938 年），冯·诺依曼的平方取中伪随机数（1946 年），球内三角形（1982 年）

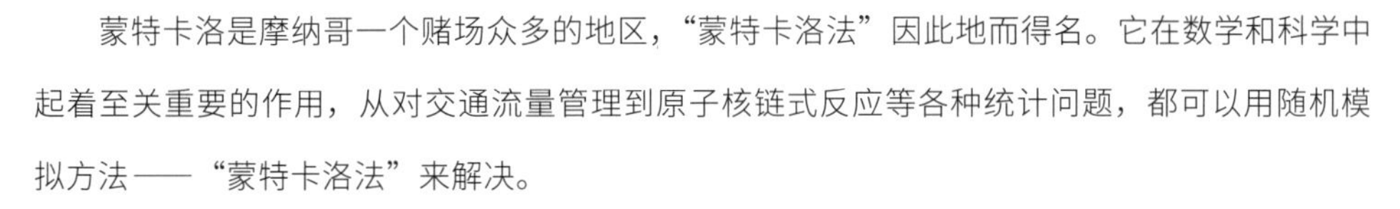

蒙特卡洛是摩纳哥一个赌场众多的地区，“蒙特卡洛法”因此地而得名。它在数学和科学中起着至关重要的作用，从对交通流量管理到原子核链式反应等各种统计问题，都可以用随机模拟方法——“蒙特卡洛法”来解决。

这种方法最早也是最著名的应用之一发生在 18 世纪，当时法国博物学家兼数学家布丰伯爵指出，将一根针反复扔到一张横格纸上，并对针压到横线的次数进行计数，可以得到数学常数 π 的估计值（π ≈ 3.141 59…）。或者更简单，把牙签反复扔到硬木地板上，地板缝之间的间距等于牙签的长度。只需将投牙签的总次数乘以 2，然后除以牙签压到地板缝的次数，就可以得到 π 的近似值。

布丰伯爵是个传奇人物。他写过一部 36 卷的巨著《自然史》，囊括了当时人们了解的自然世界的一切知识，并影响了达尔文和他所提出的进化论。

今天，功能强大的计算机每秒可以产生大量的伪随机数，使得科学家能够充分利用蒙特卡洛法来理解经济、物理和化学问题，解决蛋白质结构、星系形成、人工智能、癌症治疗、股票预测、油井勘探和飞行器设计等问题，还可以帮助数学家们理解那些在纯数学中没有其他方法可用的困难问题。

在现代，蒙特卡洛法因被数学家、物理学家和科学家们广泛使用而闻名于世，如达尔文、冯·诺依曼、尼古拉斯·梅特罗波利斯（Nicholas Metropolis）和恩里科·费米（Enrico Fermi）都使用过蒙特卡洛法。曼哈顿工程项目中，费米用蒙特卡洛法研究了中子性质，对于这个项目来说，这种模拟是至关重要的，曼哈顿工程是美国在第二次世界大战期间秘密研制原子弹的计划。■

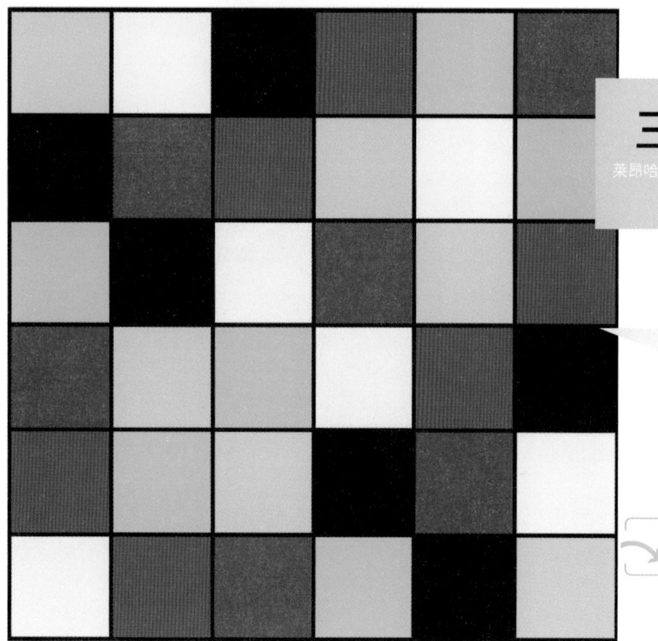

三十六名军官问题

莱昂哈德·保罗·欧拉（Leonhard Paul Euler，1707—1783）
加斯顿·塔里（Gaston Tarry，1843—1913）

090

一个由六种颜色组成的 6×6 拉丁方阵的例子，它的每行或每列都不会包含两种相同的颜色。现在我们知道有 812 851 200 种六阶拉丁方阵。

幻方（约公元前 2200 年），阿基米德的谜题：沙子、群牛和胃痛拼图（约公元前 250 年），欧拉的多边形分割问题（1751 年），拉姆齐理论（1928 年）

1779 年

在 1779 年，欧拉提出了这样一个问题：有六个陆军军团，每个军团抽出六名不同军衔（军衔只有六个等级）的军官来组成仪仗队，是否可以将这 36 名军官安排成 6×6 的方阵，使每行（或每列）的 6 个人都来自不同的军团，且军衔都各不相同。在数学的语言中，这个问题相当于求六阶的正交拉丁方阵对。欧拉猜想此题没有解，在 1901 年法国数学家塔里证明了欧拉的猜想是对的，6×6 阶的正交拉丁方阵对不存在。

几个世纪以来，这个问题引出了组合数学方面的重要工作，组合数学是与选择和排列物体的相关的数学领域。拉丁方阵也在纠错编码和通信中发挥了作用。

要理解“正交拉丁方阵对”，得先理解“拉丁方阵”。拉丁方阵由 n 组 1 到 n 的数字组成，排列要求是没有行（或列）包含相同的两个数字。拉丁方阵很多，从 n=1 开始的 1 到 8 阶拉丁方阵的个数分别是 1；2；12；576；161 280；812 851 200；61 479 419 904 000；108 776 032 459 082 956 800 个。

如果把两个拉丁方阵对应位置的数字组成 n^2 个“数对”，每行（或每列）的“数对”都是不同的，则称这对拉丁方阵是相互正交的。3 阶的一对相互正交的拉丁方阵是：

3	2	1
2	1	3
1	3	2

2	3	1
1	2	3
3	1	2

欧拉曾猜想，如果 n=4k+2，其中 k 是正整数，则不存在 n×n 的正交拉丁方阵对。这个猜想在一个多世纪之后被否定，因为在 1959 年，数学家波什（Bose）、希克汉德（Shikhande）和帕克（Parker）举出了反例，构建了一对 22×22 阶正交拉丁方阵。今天我们知道除了 n=2 和 n=6，其他的 n×n 阶正交拉丁方阵对都存在。■

091

算额几何

藤田嘉言（Fujita Kagen，1765—1821）

1873 年的一个算额图案，是一个 11 岁男孩高坂金次郎创作的。

欧几里得的《几何原本》（约公元前 300 年），开普勒猜想（1611 年），强森定理（1916 年）

约 1789 年

一种被称为“算额”（Sangaku）的传统图案，也被称为“日本神社几何”，产生于 1639—1854 年日本与西方隔绝的时期。那时数学家、农民、武士、妇女和儿童们都热衷于参与破解困难的几何问题，并在匾额上画出解决方案。然后将这些五颜六色的匾额挂在寺庙的屋檐下。现在尚存的还有八百多块，其中很多块与圆和切线有关。本页上的图案就是一个 11 岁男孩高坂金次郎（Kinjiro Takasaka）1873 年创作的算额，显示了占圆面的 1/3 的扇形，如果图中黄色小圆的直径为 d_1，那么绿色小圆的直径 d_2 是多少？答案是：$d_2 \approx d_1(\sqrt{3\,072}+62)/193$。

1789 年，日本数学家藤田嘉言出版了《神壁算法》，这是算额问题的第一部选集。虽然有其他历史文献提到过 1668 年的算额，但现存最古老的算额时间为 1683 年。大多数算额问题与其他教科书中的典型几何问题相比显得有些奇怪，因为算额爱好者通常痴迷于圆和椭圆。有些算额问题非常困难，以至于物理学家托尼 · 罗斯曼（Tony Rothman）和教育家深川英俊（Hidetoshi Fukagawa）都说：“当代几何学家要求解它们也要用到微积分和仿射变换等高级数学方法。”但是算额问题在原则上是避免使用微积分，简单到孩子们经过努力就可以解决问题。

查得 · 布廷（Chad Boutin）曾写道：“也许风行世界的数独首先在日本流行起来，然后才在大洋彼岸传播，并不让人感到奇怪。这种时尚之风让人想起了几百年前席卷日本列岛的算额数学热潮。当时狂热的爱好者们把最美丽的几何图案变成了神社门口悬挂的精致的匾额，谓之‘算额’。”■

最小二乘法

约翰·卡尔·弗里德里希·高斯（Johann Carl Friedrich Gauss，1777—1855）

如图是最小二乘平面。在这里，给定一组数据点（小球），通过最小二乘法“将蓝色线段长度的平方和最小化”来找到这一组点的“最佳拟合平面”。

拉普拉斯的《概率的分析理论》(1812 年)，卡方（1900 年）

如果你进入一个洞穴，洞穴顶板上悬挂着突出的钟乳石。你可能会认为钟乳石的长度与其生成年龄之间存在相关性，实际上，这两个变量之间的关系可能不准确，因为不可预测的温度和湿度的波动可能影响其生长速度。假设用别的化学或物理方法来估计钟乳石的年龄，长度和年龄之间肯定存在着某种相关的变化趋势，由此可以提出一种粗略的计算公式。

最小二乘法在科学上用于对这些数据点代表的趋势的解释和可视化方面发挥着至关重要的作用，今天，这种方法已经整合到计算机统计图形软件包中，用于处理大量带有噪声干扰的实验数据，将它们拟合成直线或光滑的曲线。

最小二乘法是一种数学方法，它通过将给定的点集的“点偏移量的平方和最小化”来求这组数据点的“最佳拟合”曲线（或曲面）。

1795 年，德国数学家、科学家高斯 18 岁时就开始研究最小二乘分析。他在 1801 年展示了他的方法的巨大价值，当时他准确地预测了小行星谷神星（在消失后重新出现时）应该在的位置。作为事件的背景，意大利天文学家朱塞佩·皮亚兹（Giuseppe Piazzi，1746—1826）在 1800 年最先发现了小行星谷神星，但谷神星后来消失在太阳背后之后，就再也无法重新定位了，也就是说找不到了。

奥地利天文学家弗朗兹·萨维尔·冯·札奇（Franz Xaver von Zach，1754—1832）指出，“如果没有高斯博士的聪明的计算工作，我们可能就不会再找到谷神星了。”有趣的是，高斯把他的方法作为一个秘密，以保持他在同代人中的优势，从而提高自己的声誉。在他以后的科学生涯中，他有时会把科学结果出版但方法保密，这样他就总能证明他比别人更早地做出了各种发现。高斯终于在 1809 年发表了《天体运动论》(*Theory of the Motion of the Heavenly Bodies*)，公开了他的秘密杀手锏“最小二乘法”。■

正十七边形作图

约翰·卡尔·弗里德里希·高斯（Johann Carl Friedrich Gauss，1777—1855）

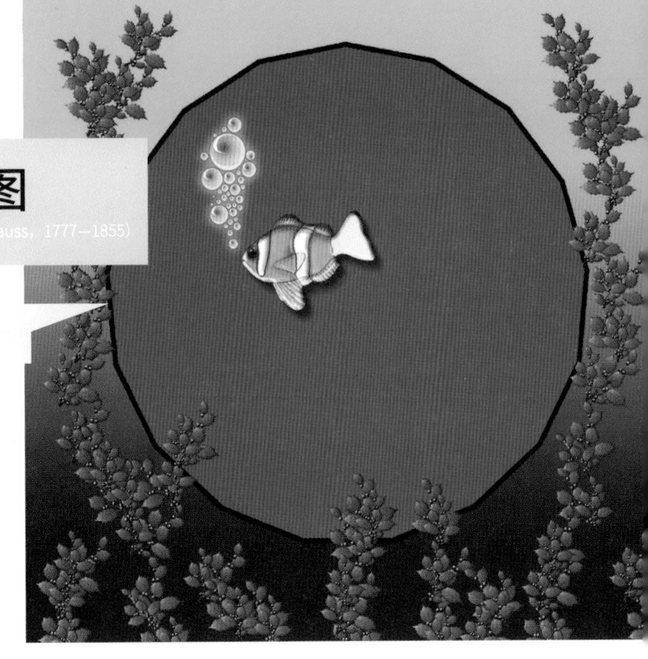

在正十七边形的水池里有一条悠然自得的小鱼。

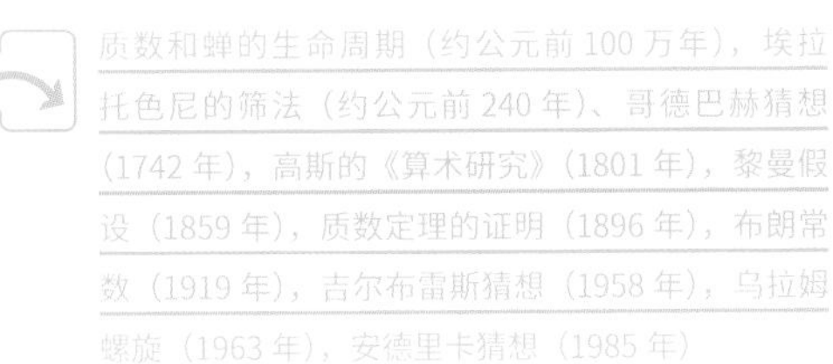

1796年

在 1796 年，当高斯才十几岁的时候，他发现了只使用直尺和圆规来绘制正十七边形的方法。他在 1801 年把结果发表在他的不朽著作《算术研究》之中。高斯的作图方法非常重要，因为自欧几里得时代以来，众多的尝试总是以失败告终。

一千多年来，数学家们已经知道如何用圆规和直尺来构造某些正 n 边形，比如其中 n 是 3 或 5 的倍数，或者 n 是 2 的方幂。高斯添加了更多的正多边形到此列表中。他指出：如果正多边形的边数是质数，且具有 $2^{(2^n)}+1$ 的形式（其中 n 是非负整数），这样的正多边形都可以只用尺规作出。我们可以列出前几个这样的数字：$F_0=3$，$F_1=5$，$F_2=17$，$F_3=257$，$F_4=65\ 537$（这种形式的数字也称为费马数，它们不一定是质数）。正 257 边形在 1832 年被作出。

当高斯年长之后，他仍然认为他的正十七边形作图是他最伟大的成就之一。据传说，他要求在他的墓碑上雕刻一个正十七边形。石匠觉得正十七边形看起来太像一个圆圈了，因而谢绝了这一要求。

1796 年对高斯来说是真是鸿运连连，当时他的思想像喷泉一样从消防水管里奔涌而出。除了解决正十七边形作图（3 月 30 日）之外，高斯还发明了“同余算法”并提出了“二次互反律”（4 月 8 日）和“质数定理”（5 月 31 日）。他还证明了，每个正整数可表示为最多三个三角形数之和（7 月 10 日）。他还发现了有限域系数的多项式的解（10 月 1 日）。关于正十七边形作图，高斯说他很“惊讶”，自欧几里得时代以来关于多边形作图的研究太少了！

代数基本定理

约翰·卡尔·弗里德里希·高斯（Johann Carl Friedrich Gauss，1777—1855）

格雷格·福勒（Greg Fowler）描绘的 $z^3-1=0$ 的三个根（或零点）：1；−0.5+0.866 03 i；−0.5−0.866 03 i 附近的牛顿迭代法的收敛情况的分形图像。三个根分别位于图中三个大牛眼的中心。

萨马瓦尔的《算术珍本》（约 1150 年），正十七边形作图（1796 年），高斯的《算术研究》（1801 年），琼斯多项式（1984 年）

1797 年

代数基本定理有几种表达方式，其中之一是：每一个次数 $n \geqslant 1$ 的实系数或复系数的多项式，都有 n 个复根。换句话说对任何 n 次多项式 $P(x)$，有 n 个值 x_i（其中一些可能重复），使得 $P(x_i)=0$。作为背景，n 次多项式方程为 $P(x) = a_nx^n+a_{n-1}x^{n-1}+\cdots+ a_1x+a_0=0$，其中 $a_n \neq 0$。

例如，考虑二次多项式 $f(x)=x^2-4$ ，它的图像是抛物线，其最小值在 $f(x)=-4$ 。多项式有两个不同的实根（$x=2$ 和 $x=-2$），在图形上，它们就是抛物线与 x 轴相交的点。

这一定理吸引大家注意的部分原因是，历史上几乎没有人成功证明该定理。通常我们认为是德国数学家高斯在 1797 年第一个证明了代数基本定理。他的博士论文发表在 1799 年，其中他提出了他的第一个证明，但其重点是针对实数系数的多项式，以及他对以前别人尝试证明的反对意见。但根据今天的标准，高斯的证明也并不严格完整，因为它依赖于某些曲线的连续性，但比以前的所有尝试，已经有了很大的改进。

高斯认为代数基本定理非常重要，他一再回去证明这个问题上就说明了这一点。他的第四个证明是他写过的最后一篇论文，发表于 1849 年，也就是在他的学位论文发表之后的第 50 年。但在 1806 年，让-罗伯特·阿尔冈（Jean-Robert Argand，1768—1822）已经发表了关于复系数多项式的代数基本定理的严格证明。代数基本定理的证明也推动了许多领域数学的发展，各种证明方法涵盖了从抽象代数、复分析到拓扑学等各个领域。■

095

高斯的《算术研究》

约翰·卡尔·弗里德里希·高斯（Johann Carl Friedrich Gauss，1777—1855）

高斯肖像，作者是丹麦艺术家克里斯蒂安·阿尔布雷希特·詹森（Christian Albrecht Jensen，1792—1870）。

质数和蝉的生命周期（约公元前 100 万年），埃拉托色尼的筛法（约公元前 240 年），哥德巴赫猜想（1742 年），正十七边形作图（1796 年），黎曼猜想（1859 年），质数定理的证明（1896 年），布朗常数（1919 年），吉尔布雷斯猜想（1958 年），乌拉姆螺旋（1963 年），群策群力的艾狄胥（1971 年），公钥密码学（1977 年），安德里卡猜想（1985 年）

1801 年

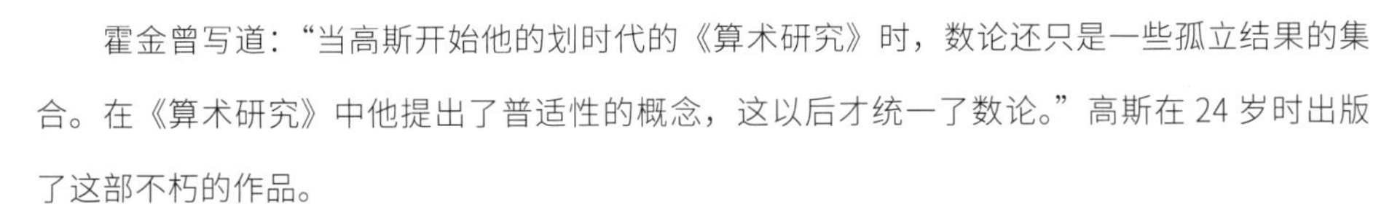

霍金曾写道："当高斯开始他的划时代的《算术研究》时，数论还只是一些孤立结果的集合。在《算术研究》中他提出了普适性的概念，这以后才统一了数论。"高斯在 24 岁时出版了这部不朽的作品。

《算术研究》涉及同余算法，它依赖于同余关系：两个整数 p 和 q，当且仅当 $(p-q)$ 被 s 整除时，我们就说 p 和 q "同余模整数 s"，并将这种一致性写成 $p \equiv q \pmod{s}$。利用这种紧凑记法，高斯重述并严格证明了著名的"二次互反律"，这一定理几年前被法国数学家勒让德不完全地证明过。考虑两个不同的奇质数 p 和 q。考虑以下语句：（1）p 是平方模 q，即 $x^2 \equiv p \pmod{q}$；（2）q 是平方模 p，即 $x^2 \equiv q \pmod{p}$。根据"二次互反律"：如果 p 和 q 都满足 $3 \pmod{4}$，那么（1）和（2）中只有一个是真的；否则，（1）和（2）都是真的，或者它们都不是真的（平方数是一个整数，它可以写成另一整数的平方，例如 25 可以写成 5^2）。

因此，该定理将两个相关的二次方程在同余算法中的可解性联系起来。高斯在他的书中用了整整一节来证明这个定理。他认为这个"二次互反律"定理是"黄金定理"或"算术中的宝石"，并对此十分着迷，以至于他在有生之年就为此提供了八种不同的证明。

数学家利奥波德·克罗内克（Leopold Kronecker）说："一个如此年轻的人竟然能够在一个全新数学领域里表现出如此深刻而有条理的手法，这实在令人惊叹。"在《算术研究》中，高斯先提出定理，然后加以证明，进而引出推论，继而给出例子的行文模式，给以后的作者树立了写作的范本。《算术研究》就像一粒种子，孕育出了 19 世纪繁花似锦的数论成果。■

三臂量角器

约瑟夫·哈达特（Joseph Huddart，1741—1816）

约瑟夫·哈达特，英国海军舰长，航海用三臂量角器的发明者。

等角航线（1537 年），墨卡托投影（1569 年）

1801 年

今天常见的量角器是一种用来在平面上测量和绘制不同角度的工具。这种量角器就像一个带有 0 到 180 度刻度的半圆盘。在 17 世纪，当航海者在图上使用量角器时，它被设计成专用仪器，而不是其他设备的某一部分。

1801 年，英国海军舰长哈达特发明了三臂量角器，用于海图上绘制船只的位置。这种量角器设计了两个可以相对于固定的中央臂旋转的旋臂。两个旋转臂可以夹紧，以便固定角度。

1773 年，哈达特在东印度公司工作，从南大西洋的圣赫勒拿岛航行到苏门答腊的明古鲁市。在旅途中，他对苏门答腊岛的西海岸进行了详细的调查。圣乔治海峡连接爱尔兰海北部和大西洋西南部，他在 1778 年标注的这一区域的海图清晰准确，堪称杰作。在哈达特后来发明三臂量角器而扬名世界之前，他还曾建议在伦敦码头使用高水位运行，这一措施直到 20 世纪 60 年代还在使用。哈达特还发明了蒸汽驱动的制绳机以代替手工制绳，并制定了制造绳索的质量标准。

1916 年，美国水文局发布了哈达特的三臂量角器的使用说明：

为了标定船舶位置，先在三个选定的“已知”标志物之间观察到两个角度，然后将这两个角度设置在三臂量角器上，放在海图上移动，让三个斜边以这样的角度同时通过海图上的这三个标志。量角器的中心将标记出船舶的位置，这样就可以用铅笔通过中心孔将这个位置标注在海图上了。■

097

傅里叶级数

让·巴蒂斯特·约瑟夫·傅里叶（Jean Baptiste Joseph Fourier，1768—1830）

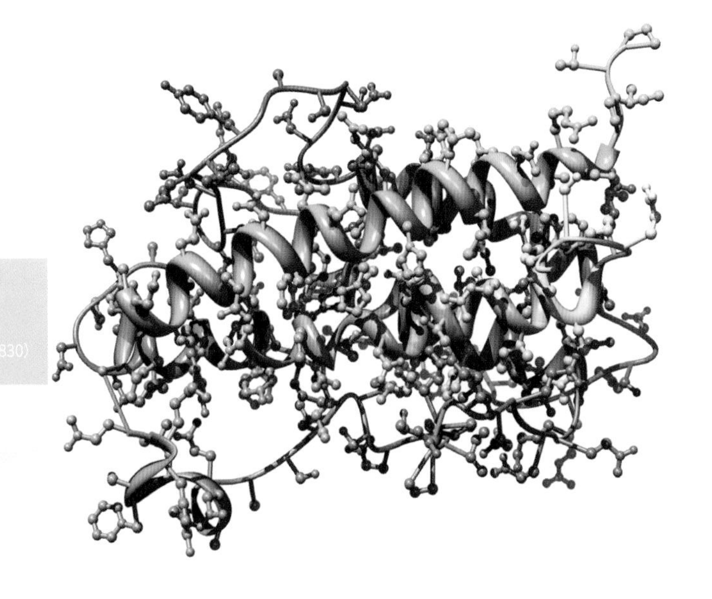

图为人的生长激素的分子模型。这是利用傅里叶级数和相应的傅里叶合成方法，从 X 射线衍射数据中得出的分子结构。

贝塞尔函数（1817 年），谐波分析仪（1876 年），微分分析机（1927 年）

1807 年

今天傅里叶级数在从振动分析到图像处理等各领域得到广泛应用。实际上频谱分析在任何领域都十分重要。例如，傅立叶级数可以帮助科学家们更好地辨识和理解恒星的化学成分，或分析声带如何产生语音。

在法国数学家傅里叶发现他的著名级数之前，曾于 1789 年跟随拿破仑进行过埃及远征，在那里傅里叶花了几年的时间研究埃及的文物。1804 年，他回到法国，开始对热学的数学理论进行研究。1807 年，他完成了他的重要论文《热的传播》（*On the Propagation of Heat in Solid Bodies*）。他关注的重点是不同形状中的热传导。对于这些问题，研究人员通常会给出在时间 t=0 时若干表面点的温度以及它的边界形状，然后进行研究。而傅里叶则使用了一个包含正弦和余弦项的级数，来构造解决这些问题的方法。更一般地说，他发现任何可微函数 —— 无论这个函数图像看起来多么奇怪 —— 都可以以任意精度表示为由正弦函数和余弦函数组成的级数。

传记作家杰罗姆·拉维兹（Jerome Ravetz）和 I. 格拉顿–吉尼斯（I. Grattan-Guiness）指出：“傅里叶的成就可以理解为，他为方程组的求解发明了强大的数学工具。它产生了一系列的后续研究，并在数学分析中提出了问题，在 20 世纪以及更长年代里，这些问题引领了许多主要工作。”英国物理学家詹姆斯·金斯爵士（James Jeans，1877—1946）说：“傅里叶定理告诉我们，每条曲线，无论它有什么性质，也无论它以什么方式得到的，都可以通过足够数量的简谐振动曲线叠加而准确地再现。简而言之，每条曲线都可以通过波的叠加来建立。”■

拉普拉斯的《概率的分析理论》

皮埃尔·西蒙，即拉普拉斯侯爵（Pierre-Simon，Marquis de Laplace，1749—1827）

拉普拉斯认为，值得重视的是：源于对机会游戏的分析的"概率论"应该成为"人类最重要的知识……"。

发明微积分（约 1665 年），大数定律（1713 年），正态分布曲线（1733 年），布丰投针问题（1777 年），最小二乘法（1795 年），无限猴子定理（1913 年），球内三角形（1982 年）

1812 年

法国数学家兼天文学家拉普拉斯的《概率的分析理论》是第一篇将概率论与微积分结合起来的重要论文。概率理论家关注的是随机现象。虽然一次掷骰子可以被认为是随机事件，但经过多次重复后，某些统计规律就会显现出来。很明显，这些规律可以被研究并可以用来做预测。

拉普拉斯将第一版的《概率的分析理论》献给了拿破仑，其中讨论了从单一事件概率中寻找复合事件概率的方法。书中还提到了最小二乘法和布丰投针试验，并讨论了许多实际应用。

霍金称《概率的分析理论》为"杰作"，并评论说："拉普拉斯认为，世界是具有确定性的，所以事物中不可能有概率。概率会导致我们知识贫乏。"根据拉普拉斯的说法，对于一个足够先进的存在来说，没有什么是"不确定的"—— 在 20 世纪量子力学和混沌理论的兴起之前，这个决定性的思想模型一直很强大。

为了解释随机的概率过程如何产生可预测的结果，拉普拉斯要求读者想象几个盒子排列成一个圆圈。一个盒子里只有黑球，另一个只有白球。其他的盒子则是两种球混装。如果我们随机取出一个球，把它放在相邻的盒子里，然后继续绕着圈作同样的操作，最后，几乎所有的盒子里的黑白球数量将趋近于一样的比例。这样拉普拉斯展示了随机的"自然力量"是如何创造出具有可预测性和有序性的结果的。拉普拉斯写道："这门科学非常了不起，这种起源于对机会游戏的分析的科学应该成为人类最重要的知识内容……在很大程度上，我们生活中最重要的问题是都是概率问题。"其他著名的概率学家还包括吉罗拉莫·卡尔达诺（Gerolamo Cardano，1501—1576）、费马、帕斯卡和安德烈·尼古拉耶维奇·柯尔莫哥洛夫（Andrey Nikolaevich Kolmogorov，1903—1987）。■

鲁珀特王子的谜题

鲁珀特王子（Prince Rupert，1619—1682）
彼特·纽兰德（Pieter Nieuwland，1764—1794）

鲁珀特王子和人打赌，声称他能在两个相同的立方体中的一个上面打洞，让另一个立方体穿过去。许多人认为这是不可能的，但王子赢得了这个赌注。

柏拉图多面体（约公元前 350 年），欧拉的多面体公式（1751 年）、超立方体（1888 年）、门格尔海绵（1926 年）

鲁珀特王子是一位传奇人物。他是一位发明家、艺术家，还是一名勇猛的战士。他精通几乎所有的欧洲主要语言而且擅长数学。在战斗中他随身带着一只巨大的狮子狗，士兵们害怕不已，认为它有超自然的神奇力量。

在 17 世纪，鲁珀特王子提出了一个著名的几何问题：给定一个边长 1 英寸的立方体，挖上一个洞，能穿过的最大的立方体有多大？更准确地说，在这个立方体上能挖出最大边长的隧道（具有正方形截面），可以让另一个立方体穿过而不破坏它，这个最大边长是多少？

如今我们知道答案是 $R=3\sqrt{2}/4=1.060\ 660\cdots$，换句话说，边长为 R 英寸（或更小）的立方体可以通过边长为 1 英寸的立方体。当时许多人认为这是无法做到的，但鲁珀特王子赢得了这个赌注。他在两个同样大小的立方体中的一个中挖出一个洞，大到足够使另一个立方体能滑动通过即可。

神奇的是，1.060 660 这个答案的出现颇费周折。英国数学家沃利斯在 1685 年发表的《代数学》中第一次提到“鲁珀特王子的谜题”，但直到鲁珀特王子提出问题一个多世纪之后，才由荷兰数学家纽兰德算出 1.060 660 这个答案，但当时没有发表。在 1816 年纽兰德去世后，他的老师扬·亨德里克·范·斯文登（Jan Hendrik van Swinden）整理他留下的文件时，才找到这个答案，并帮他发表了出来。

如果你拿着一个立方体，让一个角指着你，你会看到一个正六边形。而通过另一个立方体的最大的正方形隧道就将穿过这个正六边形。另外有报告说，数学家理查德·盖伊（Richard Guy）和理查德·诺瓦科夫斯基（Richard Nowakowski）证明，能通过超立方体的最大超立方体的边长为 1.007 434 775…，这是 1.014924…的平方根，也是方程 $4x^4-28x^3-7x^2+16x+16=0$ 的最小根。■

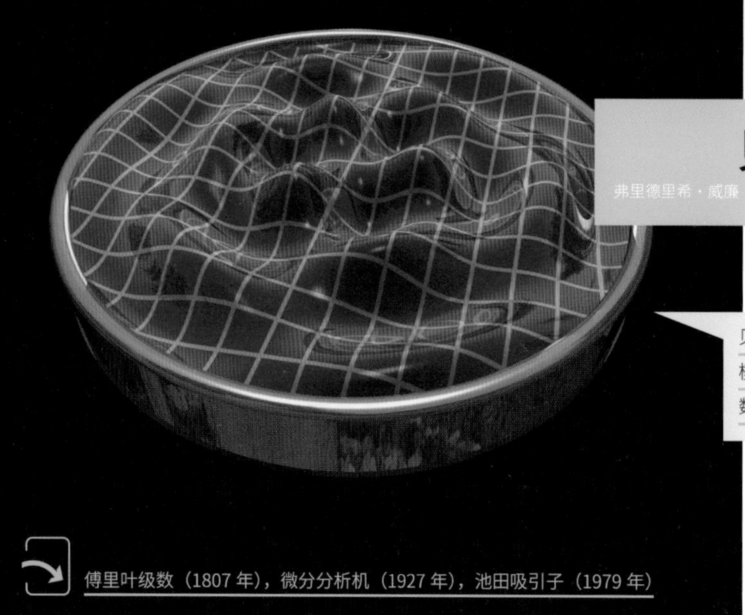

贝塞尔函数

弗里德里希·威廉·贝塞尔（Friedrich Wilhelm Bessel，1784—1846）

贝塞尔函数对于研究波的传播问题以及圆形薄膜的振动模式都很有用。这幅渲染图是尼兰德绘制的用贝塞尔函数来研究波动现象的情景。

傅里叶级数（1807 年），微分分析机（1927 年），池田吸引子（1979 年）

德国数学家贝塞尔在 14 岁以后没有受过正规教育，但他在 1817 年发明了贝塞尔函数，用于研究行星在相互引力作用下的运动。贝塞尔对数学家丹尼尔·伯努利的早期发现进行了系统化，并建立了理论框架。

自贝塞尔发现以来，这种函数已经在数学和工程中广泛应用，而且成为不可或缺的工具。作者鲍里斯·科雷涅夫（Boris Korenev）写道："许多不同的问题，实际上应该说，涉及数学物理和各种技术问题的所有最重要的领域都与贝塞尔函数有关。"确实，贝塞尔函数理论在解决涉及热传导、流体力学、扩散、信号处理、声学、无线电和天线物理、平板摆动、链振荡、材料裂纹附近的应力演化的问题、波的传播以及原子核物理等各个不同方面问题都有应用。在弹性理论中，对关于球面或柱面空间坐标的问题，贝塞尔函数特别有用。

贝塞尔函数是一类特定微分方程的解，当绘制成图像时，类似于涟漪状的衰减正弦波。例如，求解涉及如鼓面之类的圆形膜片波动方程时，就可以用贝塞尔函数求解，其驻波解可以表示为从中心到圆膜边缘的距离的贝塞尔函数。

2006 年，日本高岛实验室和大阪大学的研究人员依靠贝塞尔函数理论创建了一种利用波浪在水面显示文字和图片的装置。该装置名为 AMOEBA，由 50 个水波发生器，环绕一个直径 1.6 米、深 30 厘米的圆柱形水池组成。AMOEBA 能拼写所有的罗马字母。每个图片或字母只能在水面上停留片刻，但它们可以每隔几秒连续产生。■

101

巴贝奇的机械计算机

查尔斯·巴贝奇（Charles Babbage，1792—1871）
奥古斯塔·阿达·金，即洛夫雷丝伯爵夫人（Augusta Ada King，Countess of Lovelace，1815—1852）

巴贝奇的差分计算机工作模型的一部分，目前收藏于伦敦科学博物馆。

算盘（约 1200 年），计算尺（1621 年），微分分析机（1927 年），ENIAC（1946 年），科塔计算器（1948 年），HP-35：第一台袖珍科学计算器（1972 年）

巴贝奇是一位英国分析学家、统计学家和发明家，他对宗教神迹也颇感兴趣。他曾写道：“神迹不意味着违背已有规律，而是……表明存在着更高层次的规律。”巴贝奇认为，神迹甚至可能发生在一个机械的世界里。就像巴贝奇想象在他的计算机器上编写的程序也会出现奇怪的行为一样，上帝也会在自然界不时弄出点儿类似的反常事件。在调查《圣经》中的神迹之后，他认为一个人死而复生的概率是 10^{12} 分之一。

巴贝奇被认为是计算机史前时代最重要的数学工程师。他因设计了一个巨大的手动机械计算机“差分机”而出名，这台计算机被认为是现代计算机的先驱。巴贝奇认为这种装置对制作数学用表最为有用，但他担心人类会在抄录 31 个金属轮盘上输出的数字结果时出错误。今天，我们意识到巴贝奇比他的时代超前了大约一个世纪，他那个时代的政治环境和技术水平远不足以支撑他去实现崇高梦想。

巴贝奇的“差分机”始建于 1822 年，目的是为了计算多项式函数的值，机器大约使用了 25 000 个机械部件，但一直未能完成。他还计划建造一个更大的通用计算机“分析机”，它可以使用穿孔卡编程，有单独的区域来存储数据和进行计算。估计这个分析机能够存储 1000 个 50 位数的数字，机器长度将超过 30 米。英国诗人拜伦的女儿阿达·洛夫雷丝给分析机的程序制订了规范。虽然巴贝奇向阿达提供过帮助，但许多人认为阿达才是第一位计算机程序员。

1990 年，作家威廉·吉布森（William Gibson）和布鲁斯·斯特林（Bruce Sterling）发表了小说《差分机》（*The Difference Engine*），和读者一起畅想了如果巴贝奇的机械计算机真的成功，会给维多利亚时代的社会带来什么影响。■

1822 年

柯西的《无穷小分析教程概论》

奥古斯丁·路易斯·柯西（Augustin Louis Cauchy，1789—1857）

柯西的版画肖像，由格雷戈里（Gregoire）和德内克斯（Deneux）绘制。

芝诺悖论（约公元前 445 年），发明微积分（约 1665 年），洛必达的《无穷小分析》（1696 年），阿涅西的《分析讲义》（1748 年），拉普拉斯的《概率的分析理论》（1812 年）

1823 年

美国数学家威廉·沃特豪斯（William Waterhouse）写道："1800 年的微积分处于一种微妙的状态。毫无疑问，一个世纪以来具有非凡的技能和洞察力的数学家们取得了辉煌的成就。然而，没有人能清楚地阐明它为什么起作用……这时柯西来了。"在 1823 年的《无穷小分析教程概论》中，法国数学家柯西提供了微积分的严密论述和微积分基本定理的现代证明，这个定理优雅地将微积分的两个主要分支（微分和积分）结合在一起，形成一个统一的框架。

柯西在文章开始就明确定义了导数。他的导师，法国数学家约瑟夫-路易斯·拉格朗日（Joseph-Louis Lagrange，1736—1813）曾用曲线图形来帮助思考，并定义导数是曲线的正切函数值。为了确定导数，拉格朗日必需推算导数公式。霍金写道："柯西远远超越了拉格朗日，他定义函数 f 对 x 的导数是：差商 $\Delta y/\Delta x=[f(x+i)-f(x)]/i$ 在 i 逼近于 0 时的极限值，这就是我们对导数的现代的（非几何）定义。"

柯西同样厘清了微积分中积分的概念，严格地证明了微积分基本定理。这个定理建立了对任何连续函数 f 计算 $x=a$ 到 $x=b$ 的积分的方法。更具体地说，微积分的基本定理指出，如果 f 是区间 $[a, b]$ 中的可积函数，$H(x)$ 是 $f(x)$ 从 a 到 $x \leqslant b$ 的积分，则 $H(x)$ 的导数就等于 $f(x)$，即 $H'(x)=f(x)$。

沃特豪斯总结性地说："柯西并没有真正建立新的科学基础，但他将所有的尘埃清扫一空，让已经矗立在基岩上的微积分大厦显示出宏伟的面貌。"

103

重心计算

奥古斯特·费迪南德·莫比乌斯（August Ferdinand Möbius，1790—1868）

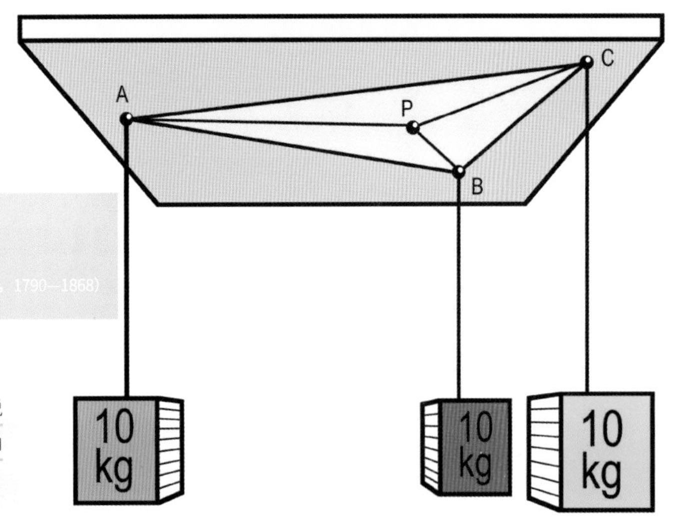

BRIAN C. MANSFIELD

重心坐标：如果点 P 是 A，B 和 C 的重心，我们就说 P 的重心坐标是 [A，B，C]。把一个支点放置在三角形 ABC 的重心下，它将保持平衡。

笛卡尔的《几何学》（1637 年），射影几何（1639 年），莫比乌斯带（1858 年）

1827 年

德国数学家莫比乌斯因为发现单面循环的“莫比乌斯带”而闻名，但他的重心计算法（一种几何方法）也是数学领域的重大贡献。他将某个点定义为其他一些点的重心，从而将整个系统的着力点或权重都归结到这一点上。我们可以参考三角形来理解莫比乌斯的重心坐标（或重心）。

这些坐标通常被写成三个数字，可视化为对应于放置在三角形三个顶点的质量。这样这些质量就确定了一个点作为三个质量的几何质心。这就是莫比乌斯在其 1827 年的著作《重心计算》（*The Barycentrial Calculus*）中开发出的新代数工具，后来被证明具有广泛的用途。这本经典著作还讨论了分析几何中的相关主题，如射影变换等。

重心这个词来源于希腊单词“barys”，指的是质心。莫比乌斯知道，沿着一根直棍悬挂的几个重量可以用棍子质心上的重量来代替。从这个简单的原理出发，他构建了一个数学系统，将数值系数分配到空间中的每一个点上。

今天，重心坐标被视为一种通用的坐标的形式，用于数学的许多分支和计算机图形学。重心坐标在射影几何学中有许多优点。射影几何涉及物体与其映像之间的关系。在射影几何中使用重心坐标，可以清楚地表明如点、线、面之类的元素的影响范围，以及它们是否重合。

非欧几里得几何

尼古拉·伊万诺维奇·罗巴切夫斯基（Nicolai Ivanovich Lobachevsky，1792—1856）
亚诺什·鲍耶（János Bolyai，1802—1860）
乔治·弗里德里希·伯恩哈德·黎曼（Georg Friedrich Bernhard Riemann，1826—1866）

非欧几里得几何的一种形式是由莱斯的双曲面镶嵌图案来表示的。数学艺术家埃舍尔还验证了可以用非欧几里得几何将整个宇宙压缩在有限的碟子图案中。

欧几里得的《几何原本》（约公元前 300 年），奥马尔·海亚姆的《代数论文集》（1070 年），笛卡尔的《几何学》（1637 年），射影几何（1639 年），黎曼假设（1859 年），贝尔特拉米的伪球面（1868 年），威克斯流形（1985 年）

1829 年

自欧几里得时代（约公元前 325—270 年）以来，所谓的平行公设似乎很合理地描述了我们的三维世界是如何运作的。这个公设说：给定一条直线和不在这条线上的一个点，在它们所在的平面上，通过这个点只可以作一条直线不与原来的直线相交。

随着时间的推移，人们发现，如果这一平行公设不成立也是可以的，这时将会产生各种非欧几里得几何的公式，在我们的世界里已经产生了戏剧性的后果。爱因斯坦对非欧几里得几何的评价是："我非常重视对几何的这种新解释，因为如果我不掌握它，我就永远无法发现相对论。"事实上，爱因斯坦的广义相对论将时空表示为一种非欧几里得几何，在这种几何中，时空会在太阳和行星等具有巨大引力的物体附近发生扭曲。他还想象了将一个保龄球放入张紧的橡胶膜上造成凹陷的效果来将引力场可视化：如果你把一个台球放到这个凹陷的侧面上，给台球一个水平方向的推力，它就会绕保龄球转动一段时间，就像一颗行星绕着太阳转动一样。

1829 年，俄罗斯数学家罗巴切夫斯基发表了《论几何原理》（*On the Principles of Geometry*）一书，他在书中假定平行公设是错误的，也产生出一种完整而相容的几何学。在他之前几年，匈牙利数学家亚诺什·鲍耶曾研究过类似的非欧几里得几何，但他的出版延迟到了 1832 年。1854 年，德国数学家黎曼证明了在适当的维度下各种非欧几里得几何都是可能的，从而概括了鲍耶和罗巴切夫斯基的发现。黎曼曾经说过："非欧几里得几何的价值在于它能够将我们从先入为主的观念中解放出来，为了做好探索物理定律的准备，我们可能需要这样的非欧几里得式的几何学。"他的预言因后来爱因斯坦的相对论出现而成为现实。■

莫比乌斯函数

奥古斯特·费迪南德·莫比乌斯（August Ferdinand Möbius，1790—1868）

莫比乌斯肖像，取自莫比乌斯的《作品集》的封面。

质数和蝉的生命周期（约公元前 100 万年），埃拉托色尼的筛法（约公元前 240 年），安德里卡猜想（1985 年）

1831 年

在 1831 年，莫比乌斯引入了一个古怪的函数，今天我们将其写成 $\mu(n)$，将其称为莫比乌斯函数。要理解该函数，请想象将所有正整数放入三个大邮箱中的一个。第一个邮箱上写着一个大的“0”，第二个邮箱上写“1”，第三个写“−1”。莫比乌斯将所有平方数的倍数（1 除外），包括 {4，8，9，12，16，18，…} 统统放入 0 号邮箱。例如，$\mu(12)=0$，因为 12 是平方数 4 的倍数，因此被放 0 号邮箱中。

在 −1 号邮箱中，莫比乌斯将所有“具有奇数个质因数的正整数”都放入其中。例如：$5\times2\times3=30$，所以 30 有 {5，3，2} 三个质因数，$\mu(30)=-1$，30 放入 −1 号邮箱中。所有质数也在这个列表上，因为它们只有一个质因数，就是它们自己。 因此，$\mu(29)=-1$。 一个正整数落在 −1 号邮箱里的概率是 $3/\pi^2$，落在 1 号邮箱里中的概率也一样，与落在 −1 号邮箱里的概率相同。

让我们进一步考虑 +1 号邮箱，莫比乌斯将所有“具有偶数个质因数的正整数”都放入其中，如 6，它有两个不同质因数 {2，3}，$2\times3=6$。 为了完整起见，莫比乌斯把 1 也放进了这个邮箱。+1 号邮箱中的数字包括 {1，6，10，14，15，21，22，…}。奇妙的莫比乌斯函数的前 20 项可以写成 $\mu(n)$= {1，−1，−1，0，−1，1，−1，0，0，1，−1，0，−1，1，1，0，−1，0，−1，0 }。

令人惊讶的是，科学家们在亚原子粒子理论的各种物理解释中发现了莫比乌斯函数的实际用途。莫比乌斯函数也很迷人，因为它的几乎每一种性质都是未能证明的，还因为有许多优雅的数学公式都与 $\mu(n)$ 有关。■

群 论

埃瓦里斯特·伽罗瓦（Évariste Galois，1811—1832）

这是伽罗瓦在他致命决斗前夜的疯狂数学涂鸦中的一页。在这页中间的左边，是“Une Femme”（法文：一个女人）这个词，而 Femme 被狠狠地划掉，似乎表明女人是决斗的主因。

壁纸群组（1891 年），朗兰兹纲领（1967 年），魔方（1974 年），怪兽群（1981 年），探索李群 E_8（2007 年）

1832 年

法国数学家伽罗瓦提出了伽罗瓦理论，这是抽象代数的一个重要分支。他还以其对群论的卓越贡献而闻名于世，群论是用数学研究对称的理论。在 1832 年，伽罗瓦提出了一种方法，可以判断什么样的多项式方程可以用根式来求解。从本质上说，这是现代群论的起点之一。

加德纳写道：“1832 年，他被手枪击中身亡……他还没满 21 岁。那时已有人在群论上做过一些早期的零星研究，但正是伽罗瓦奠定了现代群论的基础理论，甚至‘群论’这个名字都是他在致命决斗的前一天晚上写给朋友的一封悲伤的长信中提出的。”群的定义的关键是：群是一组元素的集合，在这个集合中定义了一种运算，集合中任意两个元素经过运算得到的新元素仍然在这个集合中。例如，考虑整数集合和加法运算，它们一起组成一个群，因为两个整数相加得到的仍然是一个整数。几何对象也可以由一种称为“对称群”的群来表示，该群指定了元素的对称变换。此群还包含一组变换，元素在经历这组变换后保持不变。今天，老师经常用魔方向学生展示群论中的重要概念。

导致伽罗瓦死亡的原因从未得到过充分的解释。也许他的死是为某个女人的争风吃醋，还有可能涉及政治原因。但无论如何，他面临死亡时为生命的结束做了准备。伽罗瓦花了一个晚上狂热地奋笔疾书，概述了他的数学思想和发现。图中的手稿的右边显示了他在最后的晚上写下的关于五次方程（具有最高次项为 x^5 的方程）的内容。

第二天应约去决斗的伽罗瓦被击中了胃部。他无助地躺在地上，没有医生来帮助他，胜利者若无其事地扬长而去，留下伽罗瓦痛苦地挣扎……他的数学声誉和遗产就只留下了不到 100 页的手稿——这些天才作品在他死后才经他人整理出版。■

107

鸽笼原理

约翰·彼得·古斯塔夫·勒让·狄利克雷（Johann Peter Gustav Lejeune Dirichlet，1805—1859）

给定 m 个鸽笼和 n 只鸽子，如果 $n > m$，则至少有一个鸽笼必须容纳两只或以上的鸽子。

骰子（约公元前 3000 年），拉普拉斯的《概率的分析理论》（1812 年），拉姆齐理论（1928 年）

1834 年

鸽笼原理由德国数学家狄利克雷在 1834 年首次提出，尽管当时他称之为“抽屉原理”。1940 年，“鸽笼原理”这个词是数学家拉斐尔·M. 罗宾逊（Raphael M. Robinson）在一本严肃的数学杂志中第一次使用。简单地说，鸽笼原理：给定 m 个鸽笼和 n 只鸽子，如果 $n > m$，则至少有一个鸽笼必须容纳两只或以上的鸽子。

这个看似简单的原理已被广泛用于从计算机数据压缩一直到涉及无限集问题的众多问题中，这些问题共同的特点是：不能建立“一一对应”的关系。鸽笼原理也被推广到概率应用中，因此如果 n 只鸽子以概率为 $1/m$ 随机放置在 m 个鸽笼中，那么至少有一个鸽笼必须容纳多于一只鸽子的概率是：$1-m! / [(m-n)!m^n]$。下面让我们再看一些不那么直观的例子。

由于鸽笼原理，纽约市至少有两个人的头上有相同的头发根数。把头发当作鸽笼，把人当作鸽子。纽约市有 800 多万人，而人类头上的头发远不到 100 万根；因此，至少有两个人的头发数量一模一样。

一张标准尺寸的美元钞票大小的纸上有蓝色和红色两种颜色，表面设计可能很复杂。问在这样的表面上，是否有可能找到两个正好相隔一英寸的点具有相同颜色？一种解答是：画一个边长为一英寸的等边三角形。把 2 种颜色看作鸽笼，3 个顶点颜色看作鸽子，因为 $3 > 2$，所以至少有两个顶点必须是相同的颜色。这证明了相距一英寸同一颜色的两点必然存在。■

四元数

威廉·罗恩·哈密尔顿（William Rowan Hamilton，1805—1865）

物理学家里奥·芬克（Leo Fink）描绘了一个四元数分形的三维片断。其复杂的表面表示了 $Q_{n+1}=Q_n^2+c$ 的复杂行为，其中 Q 和 c 都是四元数，而 $c=-0.35+0.7\mathrm{i}+0.15\mathrm{j}+0.3\mathrm{k}$。

虚数（1572 年）

四元数是一种四维数，于 1843 年由爱尔兰数学家哈密尔顿构想提出。从那时起，四元数被用来描述三维运动的动力学，并被应用在虚拟现实的计算机图形学、电子游戏编程、信号处理、机器人、生物信息学和时空几何研究等领域。出于对速度、紧凑性和可靠性的考虑，航天飞机上的飞行控制软件就利用了四元数来进行制导计算、导航和飞行控制。

尽管人们发现四元数有着广泛的应用潜力，但一些数学家最先对此持怀疑态度。苏格兰物理学家威廉·汤姆森（William Thomson，1824—1907，即大名鼎鼎的开尔文勋爵）写道：“四元数是在哈密尔顿的出色工作之后产生的。虽然优美而巧妙，但对那些任何接触四元数的人来说，都会感到有一种妖邪的气氛。”

而另一方面，工程师和数学家奥利弗·亥维赛（Oliver Heaviside）在 1892 年写道：“四元数的发明必须被视为人类独创性的非凡成就。没有四元数数学家们不可能发明矢量分析。”

四元数可以用 $Q=a_0+a_1\mathrm{i}+a_2\mathrm{j}+a_3\mathrm{k}$ 来表示，其中 i、j、k [（跟虚数 i 一样）是三个正交（即相互垂直）方向上的单位向量，它们垂直于实数轴。两个四元数相加或相乘的规则，跟关于 i、j、k] 的多项式一样，但乘积规则是：$\mathrm{i}^2=\mathrm{j}^2=\mathrm{k}^2=-1$；$\mathrm{ij}=-\mathrm{ji}=\mathrm{k}$；$\mathrm{jk}=-\mathrm{kj}=\mathrm{i}$；$\mathrm{ki}=-\mathrm{ik}=\mathrm{j}$。哈密尔顿说，当他和妻子都柏林布劳恩桥散步时，四元数的想法突然闪现出来。后来他把这些公式刻在桥头的一块石头上。■

超越数

约瑟夫·刘维尔（Joseph Liouville，1809—1882）
查尔斯·埃米特（Charles Hermite，1822—1901）
费迪南德·冯·林德曼（Ferdinand von Lindemann，1852—1939）

法国数学家查尔斯·埃米特的照片，大约拍摄于1887年。埃米特在1873年证明欧拉数e是超越数。

月牙求积（约公元前440年），圆周率π（约公元前250年），欧拉数e（1727年），斯特林公式（1730年），康托尔的超限数（1874年），正规数（1909年），钱珀瑙恩数（1933年）

1844年

在1844年，法国数学家刘维尔设计了以下有趣的数字，今天被称为刘维尔常数：0.110001000000000000000001000…。你能猜出它的意义或构造规则吗？

刘维尔证明了他这个不寻常的数字是超越数，而这个数字也是第一个被证明的超越数。注意它的构造方法：这个常数在每个小数位上都只有对应于阶乘数的小数位上是“1”，其他地方都是“0”。这意味着1只发生在小数点后面第1, 2, 6, 24, 120, 720, …等小数位的位置上。

超越数是如此的奇妙，以至于它们在历史上只是“最近”才被发现，你可能只熟悉其中的一个π，也许还有欧拉数e。这些数字不能表示为任何有理数系数的代数方程的根。例如，这意味着π不可能满足如$2x^4-3x^2+7=0$之类的方程。

证明一个数字是超越数是很困难的。在1873年法国数学家埃米特证明了e是超越数，在1882年德国数学家林德曼证明了π是超越数。而在1874年，德国数学家格奥尔格·康托尔（Georg Cantor）竟然证明了“几乎所有”实数都是超越数！这让许多数学家感到大跌眼镜。这意味着，如果你能把所有的实数放在一个大罐子里，摇动罐子，随机抽取一个数字出来，这个数字几乎肯定是超越数。然而，尽管超越数“无处不在”，但只有少数是已知的或被命名过的。犹如仰望满天繁星，你能叫出名字有几个呢？

刘维尔在数学方面有很高的造诣，同时也热衷于政治，并于1848年当选为法国制宪议会议员。在后来的选举失败后，刘维尔变得一蹶不振。他在数学漫谈中常穿插着引用诗句。尽管如此，刘维尔一生写下了四百多篇高质量的数学论文。■

卡塔兰猜想

尤金·查尔斯·卡塔兰（Eugène Charles Catalan，1814—1894）
普蕾达·米哈依列斯库（Preda Mihăilescu，1955—）

比利时数学家卡塔兰。在 1844 年，卡塔兰猜想 8 和 9 是唯一的连续整数方幂数。

费马最后定理（1637 年），欧拉的多边形分割问题（1751 年）

1844 年

某些涉及整数的猜想看似简单的挑战，但即使最聪明的数学家也会铩羽而归。就像费马最后定理那样关于整数的简单猜想，就有好几个世纪都没人能证明或否定。有些问题即使在人类和计算机的共同努力下，至今还未能解决，也许永远不能解决。

作为理解卡塔兰猜想的台阶，考虑大于 1 的整数的平方数序列，即 4，9，16，25，…，再考虑立方数序列 8，27，64，125，…。如果我们合并这两个序列并按大小顺序排列，我们得到 4，8，9，16，25，27，36，…，注意 8（2 的立方）和 9（3 的平方）是连续整数。1844 年，比利时数学家卡塔兰提出猜想：8 和 9 是唯一的连续整数方幂！如果存在这类整数对，必须通过在所有整数值中来寻找 x，y，p，q 满足方程 $x^p-y^q=1$ ，而且 x，y，p，q 的值都大于 1。卡塔兰认为只有一个解 {3，2，2，3}，满足 $3^2-2^3=1$。

卡塔兰猜想还有一段精彩的历史和一位多姿多彩的人物形象。在卡塔兰之前的几百年里，法国人列维·本·格尔松（Levi ben Gerson，1288—1344）——更多地被称为格尔索尼德或拉伯格——已经证明过这个猜想……的一个“缩水后”的版本，即 2 和 3 的方幂中相差 1 的数只有 3^2 和 2^3。这位拉伯格可以算得上名人了，他是著名的拉比、哲学家、数学家和犹太法典专家。

让我们跳到 1976 年，荷兰莱顿大学的罗伯特·泰德曼（Robert Tijdeman）证明，如果存在其他连续方幂整数，那么它们的数量一定是有限的。到 2002 年，德国帕德伯恩大学的米哈伊列斯库终于证明了卡塔兰猜想。■

西尔维斯特的矩阵

詹姆斯·约瑟夫·西尔维斯特（James Joseph Sylvester，1814—1897）
亚瑟·凯莱（Arthur Cayley，1821—1895）

西尔维斯特的肖像画，取自西尔维斯特《数学论文选集》（*The Collect Mathematical Papers*）第 4 卷的封面，该书由 H.F. 贝克（H. F. Baker）编辑，剑桥大学出版社 1912 年出版。

幻方（约公元前 2200 年），三十六名军官问题（1779 年），西尔维斯特直线问题（1893 年）

1850 年，英国数学家西尔维斯特在他的论文《论一类新定理》（*On a New Class of Theorems*）中第一个使用矩阵这个词来指矩形排列的元素，一种可以相加和相乘的矩形数组。矩阵通常用于描述一个线性方程组，或简单地表示依赖于两个或以上分量的信息。

不过对矩阵代数性质的完整而深入研究，则有赖于在 1855 年以后英国数学家凯莱的后续工作。由于凯莱和西尔维斯特多年的密切合作，今天我们通常认为他们二人是矩阵理论的共同创始人。

虽然矩阵理论直到 19 世纪中期才蓬勃发展起来，但简单的矩阵概念可以一直追溯到基督诞生之前，当时中国人就知道幻方，也开始应用矩阵方法去求解联立方程组。在 17 世纪，日本数学家关孝和（Seki Kowa）和德国数学家莱布尼茨都探索过矩阵的早期应用。

西尔维斯特和凯莱都在剑桥学习，但因为西尔维斯特是犹太人，尽管他在剑桥的数学考试中排名第二，但没有资格获得学位。在去剑桥之前，西尔维斯特还在利物浦的皇家学院工作过，但因为宗教原因，他最终逃到都柏林。

凯莱做过十多年的律师，但同时发表了大约 250 篇数学论文。在剑桥期间他又发表了 650 篇论文。凯莱最大的功绩是首先定义了矩阵乘法。

今天矩阵被用于许多领域，包括数据加密和解密、计算机图形学中的对象操作（包括电子游戏和医学成像）、求解模拟系统线性方程组、原子结构的量子力学研究、物理学中的刚体平衡、图论、博弈论、经济学模型以及电网模型等。■

四色定理

弗朗西斯·古特里（Francis Guthrie，1831—1899）
肯尼斯·阿佩尔（Kenneth Appel，1932—）
沃尔夫冈·哈肯（Wolfgang Haken，1928—）

这是从 1881 年的原件扫描而得的俄亥俄州的地图，确实只使用了四种颜色。请注意，没有一处共享边界的两个不同区域的颜色是相同的。

开普勒猜想（1611 年），黎曼假设（1859 年），克莱因瓶（1882 年），探索李群 E_8（2007 年）

几个世纪以来，地图制作者们都知道，只要四种颜色就足以给平面上的任何地图着色，使得没有一处共享边界的两个不同区域的颜色是相同的（但只是共享公共顶点的区域可以具有相同的颜色）。今天，我们可以肯定地知道，虽然有些平面地图只需要更少的颜色，但没有任何地图需要超过四种颜色。我们还知道四种颜色在球体和圆柱体上绘制地图也足够了，而要在圆环面（甜甜圈形状的表面）上绘制任何地图则需要七种颜色。

1852 年，数学家和植物学家古特里在试图给英格兰各郡的地图涂上颜色时发现只需要四种颜色，于是他首先提出猜测，给任何地图作色四种颜色就足够了。从古特里时代起，数学家一直试图证明这种看似简单的四色猜想，结果都是徒劳无功，它仍然是拓扑学中最著名的未解决问题之一。

最后在 1976 年，数学家阿佩尔和哈肯在计算机帮助下，一一测试了数千种构型，成功地证明了四色定理。这使得四色定理成了用计算机生成基本证据来证明的第一个纯粹数学问题。今天计算机在数学中扮演着越来越重要的角色，它们帮助数学家验证如此复杂的证据，有时完全超越并碾压人类的理解力。四色定理就是一个典型。

另一个例子是简单有限群的分类研究，这是一个长达 10 000 页的多作者项目。天哪，一篇论文都有好几千页，为了确保证据正确使用那种传统的，以人的智力为中心的审稿方法完全不管用了。

令人惊讶的是，四色定理对地图绘制者来说几乎没有实际意义。例如，一项对过期地图集进行的研究表明，制图者们并没有迫切的愿望想要减少使用颜色的数量，他们总是会使用超过需要的颜色种类来绘制地图。■

布尔代数

乔治·布尔（George Boole，1815—1864）

乌克兰艺术家兼摄影师米哈伊尔·托尔斯泰（Mikhail Tolstoy）展示了他用 1 和 0 组成的二进制流的创意作品。这件艺术品使人联想起二进制信息正在流过互联网这样的数字网络。

亚里士多德的《工具论》（约公元前 350 年），格罗斯的《九连环理论》（1872 年），文氏图（1880 年），布尔夫人的《代数的哲学和乐趣》（1909 年），《数学原理》（1910—1913 年），哥德尔定理（1931 年），格雷码（1947 年），信息论（1948 年），模糊逻辑（1965 年）

1854 年

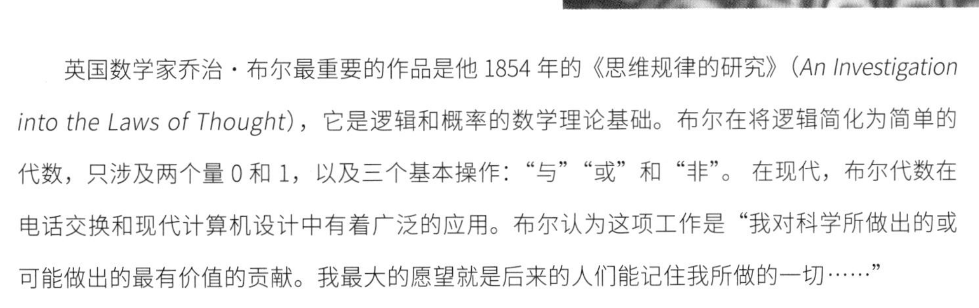

英国数学家乔治·布尔最重要的作品是他 1854 年的《思维规律的研究》（*An Investigation into the Laws of Thought*），它是逻辑和概率的数学理论基础。布尔在将逻辑简化为简单的代数，只涉及两个量 0 和 1，以及三个基本操作：“与”“或”和“非”。在现代，布尔代数在电话交换和现代计算机设计中有着广泛的应用。布尔认为这项工作是“我对科学所做出的或可能做出的最有价值的贡献。我最大的愿望就是后来的人们能记住我所做的一切……”

布尔在他 49 岁时发了一场高烧后而英年早逝。他的病是在淋了一场冷雨之后发生的。不幸的是，他的妻子认为治病的方法应该与致病成因有关，于是她向病卧在床的布尔泼了一桶冷水……

数学家奥古斯都·德·摩根（Augustus De Morgan，1806—1871）赞扬了布尔的工作，他说：“布尔的逻辑系统只是他的天才和耐心结合的许多证明之一。他发明的符号代数运算工具可以像数值计算一样使用，足以表达人们的各种思想行为，而且为逻辑系统提供了完整的语法和字典，这简直令人难以置信。”

布尔去世大约 70 年后，美国数学家克劳德·香农（Claude Shannon，1916—2001）在学生时代就掌握了布尔代数。他运用布尔代数优化了电话交换机系统的设计。他还证明了带继电器的电路可以处理布尔代数的运算问题。因此，布尔的工作就在香农的助力之下，成了今天我们数字时代的基础之一。■

环游世界游戏

威廉·罗恩·哈密尔顿
(William Rowan Hamilton，1805—1865)

这是克拉塞克对“环游世界游戏”的创造性演绎。“环游世界游戏”是沿着这个正十二面体的边寻找一条路径，能访问它的每个顶点而且只访问一次。1859 年，伦敦一家玩具制造商买下了这款游戏的专利。

柏拉图多面体（约公元前 350 年），阿基米德的半正则多面体（约公元前 240 年），哥尼斯堡七桥问题（1736 年），欧拉的多面体公式（1751 年），皮克定理（1899 年），巨蛋穹顶（1922 年），塞萨多面体（1949 年），西拉夕多面体（1977 年），三角螺旋（1979 年），破解极致多面体（1999 年）

1857 年，爱尔兰数学家、物理学家和天文学家哈密尔顿发明了环游世界游戏，规则是沿着这个正十二面体（一个有 12 个面的正多面体）的边寻找一条路径，能访问它的每个顶点而且只访问一次。今天在图论领域，数学家将能访问图中每个顶点一次的路径被称为哈密尔顿路径。而环游世界游戏所需的，能够返回到起点的哈密尔顿路径则称为哈密尔顿圈（或哈密尔顿环路）。英国数学家托马斯·柯克曼（Thomas Kirkman，1806—1895）提出了更广义的环游世界游戏：给定一个多面体的图，是否存在一个通过每个顶点的环路？

环游世界游戏（Icosian Game）中的“Icosian”一词，来自哈密尔顿发明的一种基于二十面体对称性的一种代数，这种代数名为“Icosian calculus”。他用这种代数和与之相关的“Icosian 向量”解决了这一难题：所有柏拉图多面体（五种正多面体）都具有哈密尔顿圈。1974 年，数学家弗兰克·鲁宾（Frank Rubin）描述了一种有效的搜索程序，可以用来在图中找到部分或全部的哈密尔顿路径和哈密尔顿圈。

一家伦敦玩具制造商购买了环游世界游戏的版权，并制作了一款实物玩具：在十二面体的每个顶点都有小钉，每一颗小钉都代表一个主要的城市。玩家用细绳绕过每个钉子表示他旅行时的路径。

这个玩具也有其他版本出售，用一块平面的钉板，在代表十二面体顶点的点上穿有小孔（在正十二面体的一个面打个洞，把这个洞撕开扩大展平，铺在平面上可以变成平面模型）但这款游戏卖得不好，部分原因是它太容易了。也许是因为哈密尔顿只关注深层次的理论而忽略了现实，玩家用试错法很快就能找到解决方案！

谐振记录仪

朱尔斯·安托万·李萨如（Jules Antoine Lissajous，1822—1880）
休·布莱克本（Hugh Blackburn，1823—1909）

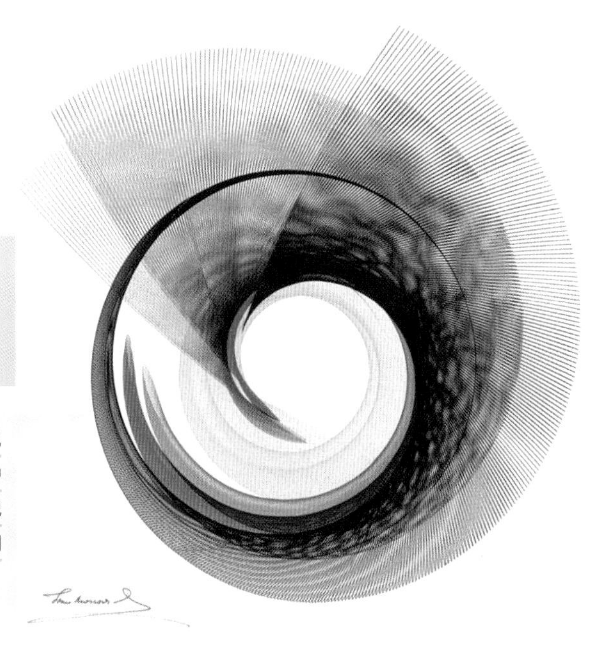

由伊万·莫斯科维奇（Ivan Moscovich）制作的一种谐振记录仪的演示图。在20世纪60年代，莫斯科维奇通过将钟摆连接到垂直表面上，创造出一种高效的大型机械谐振记录仪。莫斯科维奇是一名著名的拼图设计师，“二战”期间曾被关押在奥斯威辛集中营，1945年被英国军队所救。

微分分析机（1927年），混沌与蝴蝶效应（1963年），池田吸引子（1979年），蝶形线（1989年）

谐振记录仪是一种维多利亚时代的艺术装置，通常用两个钟摆的摆动来产生曲线轨迹，我们可以从艺术和数学两种不同的角度来研究和诠释它。比如在一种版本的谐振记录仪中，一个钟摆带动一支笔，另一个钟摆带动放纸的平台。两个钟摆的组合效应会产生一种复杂的曲线，然后由于摩擦慢慢衰减成一个点。仪器运转时，每一次摆动时画笔的轨迹，都比上一次摆动要偏转一点，使图案呈现出波浪状的蜘蛛网般的外观。哪怕两具钟摆的频率和彼此位置有一点微小的不同，也会产生出丰富的千变万化的图形模式。

最简单的谐振记录仪生成的图形模式称为李萨如曲线。它可以用来描述（不考虑摩擦时）复合的简谐振动，并且可以用参数方程 $x(t)=A\sin(at+d)$，$y(t)=B\sin(bt)$ 产生的曲线表示。其中 t 是时间，A 和 B 是两个钟摆的振幅，a 和 b 分别是它们的频率，d 为它们的相位差。只要对这几个参数略加变化，就会产生出了大量的非常具有观赏价值的曲线。

1857年，法国数学家暨物理学家李萨如发明了一种由两个音叉产生图案的仪器，这两个附着小镜子音叉以不同的频率振动，一束光线从两个镜子上反射出来投射到墙上，产生了错综复杂的美丽曲线，使围观群众兴奋不已。

一般认为英国数学家和物理学家布莱克本是第一台传统的钟摆式谐振记录仪的发明者，布莱克本的谐振记录仪的许多改进型号一直沿用到今天。更复杂的谐振记录仪甚至可能会用到三个以上交互摆动的钟摆。■

莫比乌斯带

奥古斯特·费迪南德·莫比乌斯
(August Ferdinand Möbius, 1790—1868)

多姿多彩的莫比乌斯带，一件由克拉塞克和皮寇弗共同创作的艺术品。莫比乌斯带是人类发现和研究的第一种单面曲面。

哥尼斯堡七桥问题（1736 年），欧拉的多面体公式（1751 年），骑士巡游问题（1759 年），重心计算（1827 年），勒洛三角形（1875 年），克莱因瓶（1882 年），伯伊曲面（1901 年）

德国数学家莫比乌斯是一位害羞的、不合群的甚至心不在焉的教授，他最著名的发现就是莫比乌斯带，而且是在他将近 70 岁的时候才发现的。你可以自己制作它：取一条丝带，将它的一端扭转半周（180°）后再将丝带的首尾相连即可，就能得到一个只有一面的曲面。一只虫子可以从这样的带子上不越过边缘，到达带子上的任何一点。你还可以试着用蜡笔在莫比乌斯带上着色，一面涂红色和另一面涂绿色。你会发现这是不可能的，因为它实际上只有一面。

莫比乌斯去世以后多年，这条带子越来越流行，应用越来越多，它已经成为数学、魔术、科学、艺术、工程、文学和音乐的组成部分。莫比乌斯带甚至还成了无处不在的废品回收行业的标志，它确实象征着将废物转化为有用资源的循环过程。今天，从分子结构、金属雕塑、邮票、文学、技术专利、建筑结构乃至我们整个宇宙的模型中，莫比乌斯带都随处可见。

莫比乌斯与同时代的德国著名数学家李斯廷同时发现了这个著名的曲面。然而莫比乌斯似乎比李斯廷更理解这个曲面的价值和意义，因为莫比乌斯更仔细地探讨了这条带子的一些著名特性。

莫比乌斯带是人类发现和研究的第一个单面曲面。直到 19 世纪中期之前都没有人描述过单面曲面的性质，这似乎令人难以置信，但历史上真的没有记载过这样的研究。鉴于莫比乌斯带是第一个也是唯一的一个为大众津津乐道的拓扑学研究主题（拓扑学是研究几何形状及其相互关系的科学），这个优雅的发现值得在这本书中占有一席之地。■

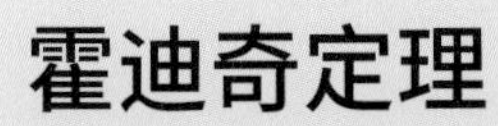

霍迪奇定理

哈姆内特·霍迪奇（Hamnet Holditch，1800—1867）

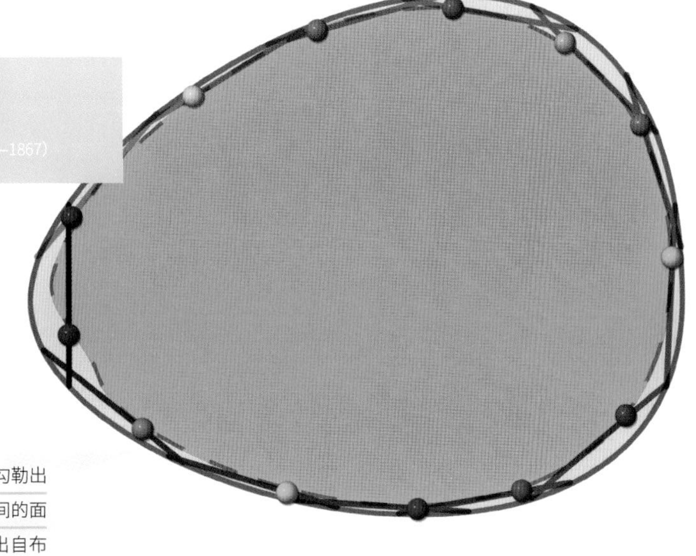

当小棍沿着外部曲线滑动时，棍上的一个点会勾勒出一条内部曲线。霍迪奇定理指出，两条曲线之间的面积将是 πpq，与外部曲线的形状无关。本图出自布莱恩·曼斯菲尔德（Brian Mansfield）之手。

圆周率 π（约公元前 250 年），若当曲线定理（1905 年）

1858 年

画一条光滑、封闭的凸曲线 C_1，在曲线 C_1 内放置一条长度不变的弦，并让弦在曲线内滑动，使弦的两端时刻接触 C_1（你可以将其想象为在具有曲线 C_1 形状的水池表面沿岸边移动一根小棍）。在棍子上标记一个点，这样它就可以把棍子分成 p 和 q 的两段。当你移动棍子时，点的轨迹会在原来的曲线里面勾勒出一条新的封闭曲线 C_2。霍迪奇定理声称：假设 C_1 的形状允许棍子实际上可以绕 C_1 移动一周，那么曲线 C_1 和 C_2 之间围成的面积将是 πpq。有趣的是，这个面积与 C_1 的形状完全无关。

一个多世纪以来，数学家一直对霍迪奇定理感到惊叹。例如，1988 年英国数学家马克·库克（Mark Cooker）写道：“这两件事立即震惊了我。首先面积公式与给定曲线 C_1 的大小无关，其次，其面积公式就是半轴为 p 和 q 的椭圆的面积公式，但定理中没有椭圆！”

霍迪奇在 19 世纪中叶担任剑桥蔡斯学院院长，该定理在 1858 年出版发表。如果 C_1 是一个半径为 R 的圆，则它的霍迪奇曲线 C_2 也是一个圆，半径 $r=\sqrt{R^2-pq}$。■

黎曼假设

乔治·费里德里希·伯恩哈德·黎曼
(Georg Freidrich Bernhard Riemann，1826—1866)

蒂博尔·马吉拉斯（Tibor Majlath）在复平面上对黎曼 zeta 函数 ζ (s) 的图像再现。上面和下面都有四个小眼对应于 s 的实部等于 1/2 时 ζ (s)=0 的根。图形在实轴和虚轴的范围都是 [−32，+32]。

质数和蝉的生命周期（约公元前 100 万年），埃拉托色尼的筛法（约公元前 240 年），发散的调和级数（约 1350 年），虚数（1572 年），四色定理（1852 年），希尔伯特的 23 个问题（1900 年）

1859 年

什么是“数学中最重要的开放问题”？科学家们曾经进行过很多次数学调查，比较一致的意见是“黎曼假设的证明”。它的证明涉及 $\zeta(x)$，即 zeta 函数，该函数最初定义为无限和 $\zeta(x)=1+(1/2)^x+(1/3)^x+(1/4)^x+\cdots$。它可以表示为复杂的图像，对数论中研究质数的性质有十分重要的意义。

当 $x=1$ 时，这个级数和是无限的。当 $x>1$ 时，级数的和是一个有限的数，但如果 $x<1$ 时，级数和又是无限的。文献中讨论和研究的更完整的 zeta 函数是一个定义更复杂的复数变量函数，它相当于这个级数当 x 为实数且 $x>1$ 时的情况，除去当实部等于 1，对于任何实数或复数都具有限值。现在讨论使函数为零的点（即函数的零点）。我们知道当 x 是−2，−4，−6，… 时，函数等于零，它们都是函数的零点，但这些零点只是称为平凡零点，它还有无限多个我们更关心的更重要的零点，它们的实部介于 0 和 1 之间，而我们并不完全清楚这些零点会出现在什么地方。

数学家黎曼推测，这些（复数）零点的实部都等于 1/2。尽管有大量的数学证据支持这个假设，但至今仍然无人证明它。黎曼假设的证明将对质数理论和我们对复数性质的理解产生深远的影响。令人惊讶的是，物理学家可能通过对黎曼假设的研究发现量子物理学和数论之间的神秘联系。

今天，世界各地有 11 000 多名志愿者还在忙于验证黎曼假设，他们使用 Zetagrid.net 上的一个分布式计算机软件包来搜索黎曼 zeta 函数的零点。每天可验证超过 10 亿个的 zeta 函数零点。■

119

贝尔特拉米的伪球面

欧金尼奥·贝尔特拉米（Eugenio Beltrami，1835—1899）

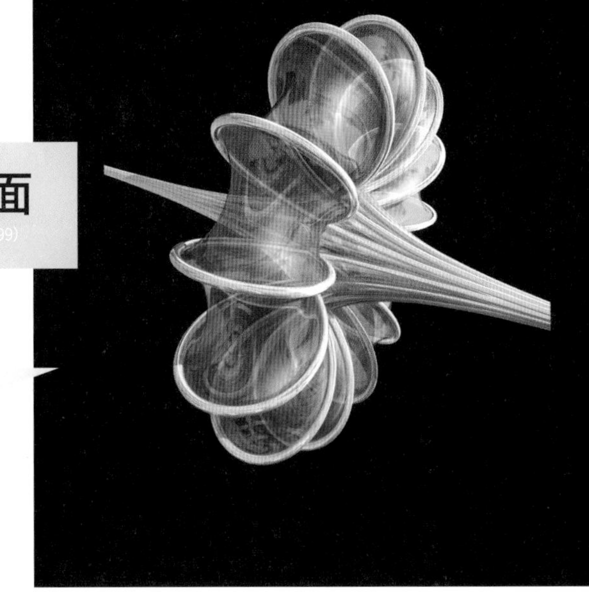

这是经典的贝尔特拉米伪球面的一种变体“呼吸机伪球面”，其曲率也是一个固定的负值。

托里拆利的号角（1641 年），极小曲面（1774 年），非欧几里得几何（1829 年）

伪球面是一种几何曲面，类似于两个号角将它们的边缘相对着粘在一起。两个号角的“嘴”位于两个无限长的尾巴的末端，只有万能的神才能吹奏它。意大利数学家贝尔特拉米以他在几何和物理方面的工作而闻名，他在 1868 年的著作《论非欧几何学的解释》中首次深入讨论了这种特殊形状的曲面。伪球面可以用一种名为“曳物线”（Tractrix）的曲线围绕其渐近线旋转一周来生成。

犹如普通的球体表面具有恒定的正曲率一样，伪球面具有恒定的负曲率，这意味着伪球面上任意一点都具有相同的凹性（除了在其中部棱上的点）。这也就意味着，球面是具有有限面积的封闭表面，而伪球面是具有无限面积的开放表面。英国科普作家达林写道：“事实上，虽然二维平面和伪球面都是无限的，但伪球面却占有更多的空间！要想通这件事可以想象伪球面比平面更加强烈地无限伸展。”伪球面的负曲率导致在其表面绘制的三角形的内角加起来不到 180°。伪球面上的几何学被称为“双曲几何学”，过去有一些天文学家认为，我们的整个宇宙可能应该用具有伪球面性质的双曲几何学来描述。伪球面在数学历史上占有一席之地，因为它是非欧几里得空间的第一批模型之一。

贝尔特拉米的兴趣远远超出了数学。他的四卷著作《数学文集》中讨论了光学、热力学、弹性、磁性和电学。贝尔特拉米还是意大利山猫学会的成员，1898 年担任该学会主席。他去世前一年还被选为意大利国会议员。■

1868 年

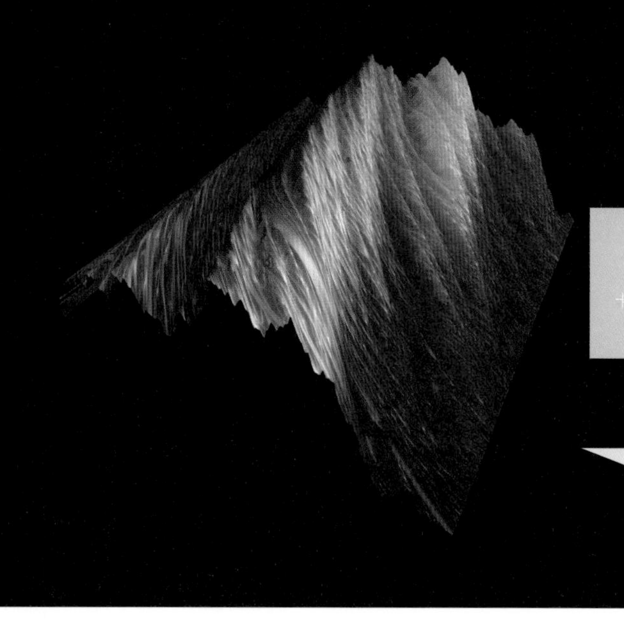

魏尔斯特拉斯函数

卡尔·西奥多·威廉·魏尔斯特拉斯（Karl Theodor Wilhelm Weierstrass，1815—1897）

这张魏尔斯特拉斯曲面由许多相关的魏尔斯特拉斯曲线拼装而成，由尼兰德根据函数 $f_a(x) = \Sigma[\sin(\pi k^a x)/\pi k^a]$（$0 < x < 1$；$2 < a < 3$；对 k=1 到 15 绘制。

皮亚诺曲线（1890 年），科赫雪花（1904 年），豪斯多夫维度（1918 年），海岸线悖论（约 1950 年），分形（1975 年）

1872 年

在 19 世纪初，数学家通常认为连续函数 $f(x)$ 的曲线上除了极少数例外的点之外，都具有导数（有确定的切线）。但 1872 年，德国数学家魏尔斯特拉斯的证明彻底颠覆了这种想法，在柏林学院他的数学家同行们对这件事感到极大的震撼。魏尔斯特拉斯构造了一个处处连续但是却都不可微的（没有导数，不存在切线）函数。这个函数被定义为：$f(x)=\Sigma a^k\cos(b^k\pi x)$，（$k$ 从 1 到 ∞，a 是一个实数，且 $0<a<1$，b 是一个正奇数，且满足 $ab>(1+3\pi/2)$。由求和符号可以看出，该函数是由无限多的三角函数组合而成的，从而产生了密集嵌套的振荡结构。

当然，数学家早就清楚地知道，函数在一些“有麻烦的点上”可能是不可微的，例如在函数 $f(x)=|x|$ 图像的底部尖角处，即当 x=0 处就不可微。然而魏尔斯特拉斯展示了一条处处不可微的曲线，让数学家陷入了困境。法国数学家埃米特在 1893 年写给荷兰数学家托马斯·斯蒂尔吉斯（Thomas Stieltjes）的信中说：“面对这种没有导数的连续函数，就像看到了可悲的瘟疫，我只好怀着惧怕和恐慌赶紧逃开。”

在 1875 年，他的学生保罗·杜·波依斯–雷蒙德（Paul Du Bois-Reymond）将这一成果发表出版，使其成为最先公布的处处连续而处处不可微的函数。两年前他把发表文献的草稿交给魏尔斯特拉斯审读过。[草稿中原本是另一个不同的函数 $f(x)=\Sigma\sin(a^n x)/b^n$ 从 0 到无穷大求和，其中 $(a/b)>1$，在文章发表前已被更改。]

魏尔斯特拉斯函数是一种分形。与其他分形形状一样，这个函数的图像随着逐步放大而显示出越来越多的细节。其他数学家，如捷克数学家伯纳德·波尔查诺（Bernard Bolzano）和德国数学家伯恩哈德·黎曼（Bernhard Riemann），分别于 1830 年和 1861 年研究过类似的结构，但没有发表结果。另一个处处连续但处处不可微的曲线的例子是分形科赫曲线（Koch curve）。■

格罗斯的《九连环理论》

路易斯·格罗斯（Louis Gros，约 1837—约 1907）

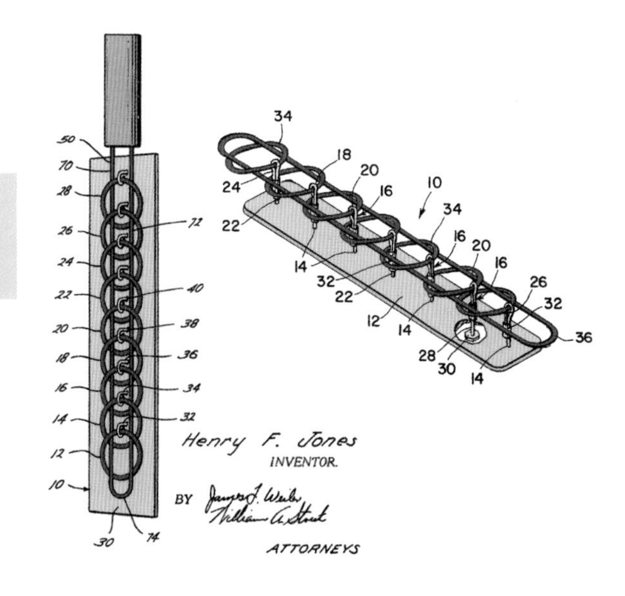

在 20 世纪 70 年代，两款类似古老的九连环游戏的玩具获得了美国专利。其中一个版本即使没有解开也可以很容易地拆开，另一款则可以通过改变环数来改变难度水平。（图片来自美国专利 4000901 号和 3706458 号）

布尔代数（1854 年），十五数码游戏（1874 年），河内塔（1883 年），格雷码（1947 年），瞬时疯狂方块游戏（1966 年）

九连环游戏是世界上最古老的机械游戏之一。1901 年英国数学家亨利·E. 杜德尼（Henry E. Dudeney）评论说：“每个家庭里都应该有这款迷人的、有历史传统并寓教于乐的玩具。”

九连环游戏的要求是从一个硬铁丝弯成的长条形环圈中取出所有的圆环。在开始解环时，可以轻易地从铁丝圈的一端取出一到两个环。但复杂的是，必须把已取出的圆环放回铁丝圈，才能取下其他圆环，这一过程要反复很多次。如果圆环数 n 是偶数，所需的最少移动次数是 $(2^{n+1}-2)/3$；如果 n 是奇数，则需要 $(2^{n+1}-1)/3$ 次操作。加德纳写道：“如果有 25 枚圆环，则需要 22 369 621 个步骤。假设一个熟练的玩家每分钟能做 50 步，他就可以在大约两年多的时间里为我们解开了这个玩具。”

据传说，这个游戏是由中国军事家诸葛亮（181—234）发明的，这样当他出去征战时，他的妻子就在家可以打发时间。1872 年，一位法国官员格罗斯在他的小册子《九连环理论》中证明，这些圆环和二进制数字之间有一个明确的对应关系。每个环的状态可以用一个二进制数字表示：1 表示 on（未解开），0 表示 off（已解开）。具体来说，格罗斯证明，如果玩具中的全部圆环处于某种待定状态时，则可以对应一个确定的二进制数，该二进制数能准确地计算出还有多少步骤就可以解开所有圆环并完成游戏。

格罗斯的工作涉及现在被称为格雷码（Gray Code）的最初范例之一，其中两个连续的二进制数中只有一个数位不同。因此，计算机科学家唐纳德·克努斯（Donald Knuth）写道，格罗斯才是“格雷码的真正发明者”，格雷码今天被广泛用于数字通讯中的纠错编码。■

1872 年

柯瓦列夫斯卡娅的博士学位

索菲亚·柯瓦列夫斯卡娅（Sofia Kovalevskaya，1850—1891）

索菲亚·柯瓦列夫斯卡娅是欧洲第一位获得数学博士学位的女性。

希帕蒂亚之死（415 年），阿涅西的《分析讲义》（1748 年），布尔夫人的《代数的哲学和乐趣》（1909 年），诺特的理想环理论（1921 年）

1874 年

俄罗斯数学家索菲亚·柯瓦列夫斯卡娅对微分方程理论做出了宝贵贡献，她是历史上第一位获得数学博士学位的女性。就像大多数的数学天才一样，索菲亚很小就爱上了数学。她在自传中写道：“这些概念的深奥含义我自然还不能掌握，但它们的行为跟我的想象一样。它们向我不断灌输着对数学的敬畏，这是一门崇高而神秘的科学，它向皈依者们展开了一个奇妙的新世界，凡夫俗子们却难以窥其门径！”索菲亚 11 岁时，她卧室墙上贴着数学家奥斯特罗格拉德斯基（Ostrogradski）关于微积分分析的讲稿。

在 1874 年柯瓦列夫斯卡娅以优异成绩获得了哥廷根大学的博士学位，她的工作涉及偏微分方程组、阿贝尔积分和土星环的结构。但尽管有这个博士学位和数学家魏尔斯特拉斯的热情推荐信，但多年来，她还是因其女性身份而无法获得学术职位。最后柯瓦列夫斯卡娅终于在 1884 年开始在瑞典斯德哥尔摩大学讲课，同年她被任命为五年教授。1888 年，巴黎科学院授予她特别奖，以表彰她对刚体旋转理论的贡献。

柯瓦列夫斯卡娅应该在数学史上占有一席之地，因为她是在逆境之中冲出来第一位俄罗斯女数学家，也是欧洲历史上第三位女教授，前两位是印度的劳拉·巴斯（Laura Bassi，1711—1778）和意大利的阿涅西。她还是世界上第一位取得大学数学教席的女性。尽管遭到了严厉的抵制，她还是取得了这些成功。例如，父亲禁止她学习数学，她就在晚上家人睡觉时偷偷学习；俄罗斯女子未经父亲书面许可不能离家生活，因此，她被迫出嫁，以便继续完成学业。当柯瓦列夫斯卡娅回顾自己的一生时，曾写道：“灵魂中没有诗人般浪漫情怀的人，是不可能成为数学家的！”

十五数码游戏

诺伊斯·帕尔默·查普曼（Noyes Palmer Chapman，1811—1889）

在 19 世纪 80 年代，“十五数码游戏”就像现代的魔方那样，风靡了世界。此后，数学家们经研究，已能精确地判定棋子的哪些初始排列才有解。

瞬时疯狂方块游戏（1966 年），魔方（1974 年）

虽然本条目不像本书中的许多其他条目那样是重要的数学里程碑，但十五数码游戏在公众中引起了如此大的轰动，出于历史原因，它值得在此一提。今天你可以购买一个像拼图板那样的 4×4 方形棋盘，里面有 15 个小方块（棋子）和一个空格。一般在开始时游戏时，棋子从数字 1 到 15 依次摆放，然后是一个空格。而最著名的却是由山姆·洛伊德（Sam Loyd）1914 年的《益智游戏大全》（*The Cyclopedia of Puzzles*）中提出的另一个版本，它的起始位置的 14 和 15 的位置是交换了一下，如下图所示。

洛伊德要求：棋子可以上、下、左、右“滑动”，最后以达到从序列 1 到 15 依次排列的状态（即把 14 和 15 交换回来）。在《益智游戏大全》中，洛伊德声称为解决方案悬赏 1 000 美元。这个问题其实没有解，真是太坑人了！

1	2	3	4
5	6	7	8
9	10	11	12
13	15	14	

无解的十五格数字推盘（起始位置）

最初版本的游戏，是在 1874 年由纽约邮政局长查普曼开发出来的，在 1880 年，就像 100 年后的魔方那样，突然火爆起来。最先游戏设计的棋子和棋盘是分开的，玩家自己拣起棋子随机排列，然后试图将棋子恢复到顺序状态。如果开始时是随机排列棋子的话，大约有 50% 的机会有解答！

此后，数学家已经能够精确地判定哪些棋子的初始排列可以有解。德国数学家 W. 阿伦斯（W. Ahrens）指出，“‘十五数码游戏’在美国突然爆发，迅速扩散，它征服了无数的痴迷玩家，简直成了一场瘟疫”。有趣的是，国际象棋巨星鲍比·费舍尔（Bobby Fischer）是十五数码游戏的高手，只要游戏开始位置有解，他就可以在 30 秒内给出解答。■

1874 年

康托尔的超限数

格奥尔格·康托尔（Georg Cantor，1845—1918）

康托尔和他妻子的照片，拍摄于 1880 年左右。康托尔关于无穷大的惊人想法最初引起了广泛的批评，这可能加剧了他抑郁症。

亚里士多德的轮子悖论（约公元前 320 年），超越数（1844 年），希尔伯特旅馆悖论（1925 年），不可证明的连续统假设（1963 年）

1874 年

德国数学家康托尔建立了现代集合理论，并引入了一个令人难以置信的超限数概念，它可以用来表示有无穷多对象的集合的相对“大小”。最小的超限数被称为 aleph-nought（读作“阿列夫-零”），写成 $\aleph_0$，这就是整数集合的中成员的“个数”。如果整数是无限的（有 $\aleph_0$ 个成员），是否还有更高等级的无穷大呢？ 事实上，虽然整数、有理数（可以表示为分数的数）和无理数（就像 2 的平方根一样，不能表示为分数的数）都有无限多个，但在某种意义上，无理数的无穷多比有理数或整数的无穷多要“大得多”。同样，实数（包含有理数和无理数）的“个数”要比整数多得多。

康托尔的无穷大理论引起了极大的震动，在该理论被接受之前曾倍受批评，这可能导致了康托尔的严重抑郁症和精神分裂的反复发作。康托尔还把超越所有的超限数的“绝对无限”概念与上帝画上等号。他写道：“我毫不怀疑那些多重超限数的真理。我在上帝的帮助下才认识到了它们的，我研究它们的多重性已经二十多年了。”1884 年，康托尔写信给瑞典数学家哥斯塔·米塔格·莱弗勒（Gösta Mittag-Leffler），解释说他不是新论文的创造者，而仅仅是一名记录者而已。是上帝提供了灵感，留下康托尔负责他的论文的组织和风格。康托尔说，他知道超限数是一定存在的，因为“是上帝告诉我的”，无所不能的上帝怎么可能只创造出有限的数字呢？ 数学家大卫·希尔伯特（David Hilbert）评价康托尔的工作是：“数学天才的最完美的产物，也是人类纯粹智力劳动的最高成就之一。”

勒洛三角形

弗朗兹·勒洛（Franz Reuleaux，1829—1905）

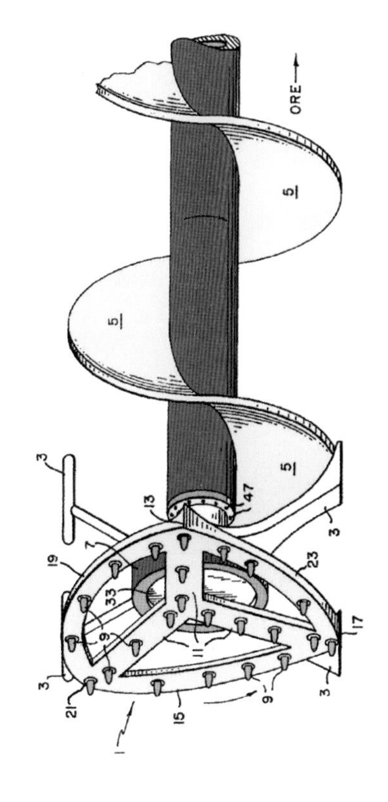

1978 年专利文件（美国专利 4074778 号）中的图片，展示一个勒洛三角形状的钻头钻出了一个方形孔。

星形线（1674 年），莫比乌斯带（1858 年）

1875 年

勒洛三角形（Reuleaux Triangle）是一种类似莫比乌斯带的几何图形。直到 1875 年左右，当著名的德国机械工程师勒洛发起研究和探讨这种著名的曲边三角形时，人们才开始发现勒洛三角形的许多用途。勒洛三角形是以一个等边三角形的顶点为圆心，以边长为半径画出的三个圆弧组成的曲边三角形，勒洛并不是第一个绘制它的人，但他是第一个证明了它的等宽特性的人，也是第一个在许多实际机械中使用勒洛三角形的人。勒洛三角形的构造如此简单，以至于现代研究人员经常在想，为什么以前没有人想到过它的用途。勒洛三角形的形状是圆的一个近似，它的宽度不变，这意味着它上面两个相对点之间的距离总是相同的。

能够钻出方孔的钻头专利几乎都与勒洛三角形有关。钻头钻出几乎方形的孔的概念有悖于人们的常识。旋转的钻头除了钻出圆孔外怎么能钻出别的形状呢？但这种钻头确实是存在的！

例如，上图就显示了自 1978 年美国 4074778 号专利的“方孔钻”，就是基于勒洛三角形制造出来的。勒洛三角形还出现在其他钻头、新颖的瓶形、滚筒、饮料罐、蜡烛、旋转货架、变速箱、旋转发动机和橱柜等各种专利中。

许多数学家研究了勒洛三角形，使我们知道它的很多性质。例如，它的面积是 $(\pi-\sqrt{3})r^2/2$，由勒洛三角形钻头钻出的区域覆盖了 0.987 700 390 7… 倍的实际正方形面积。这点微小的差异，是因为勒洛三角形钻头钻出的实际上是一个有轻微圆角的正方形。

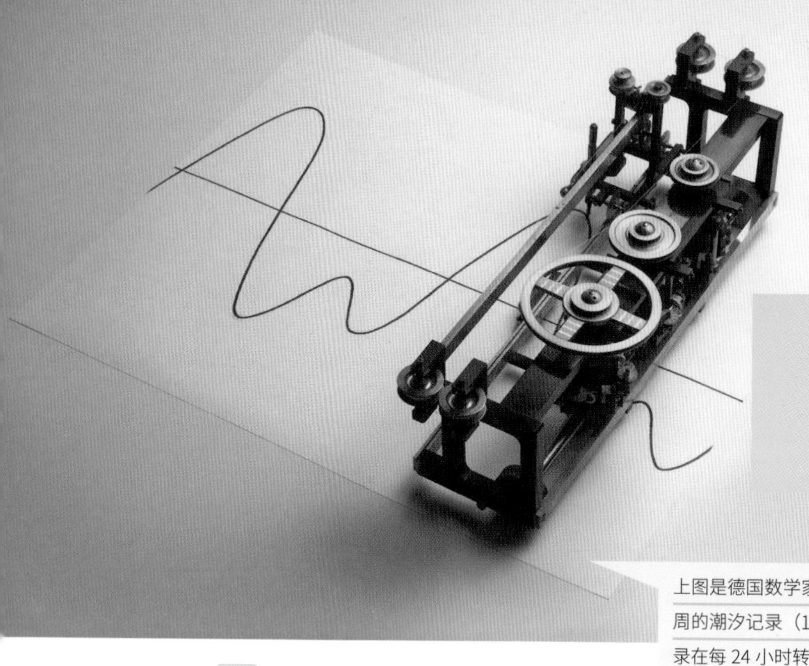

谐波分析仪

让·巴蒂斯特·约瑟夫·傅里叶
(Jean Baptiste Joseph Fourier，1768—1830)
威廉·汤姆森，即开尔文勋爵
(William Thomson，Baron Kelvin of Largs，1824—1907)

上图是德国数学家亨里奇的谐波分析仪。下图是孟买两周的潮汐记录（1884 年 1 月 1 日至 14 日）。潮汐被记录在每 24 小时转动一次的圆柱形薄膜上。

傅里叶级数（1807 年），微分分析机（1927 年）

1876 年

19 世纪初，法国数学家傅里叶发现，无论多么复杂的可微函数都可以用正弦和余弦函数的级数以任意精度表示出来。例如一个周期函数 $f(x)$ 可以用 $A_n \cdot \sin(nx)+B_n \cdot \cos(nx)$ 之级数和表示，其中 A_n，B_n 是需要确定的振幅。

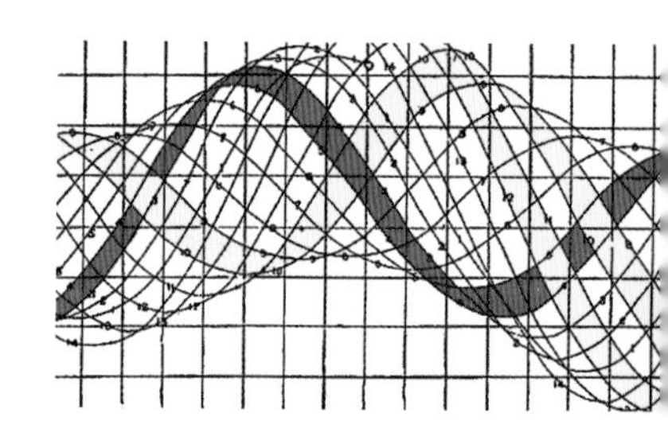

谐波分析仪是用于确定系数 A_n 和 B_n 的物理仪器。1876 年，英国数学物理学家开尔文勋爵首次发明了用于分析与海洋潮汐观测有关的曲线轨迹的谐波分析仪。一张记录曲线的纸被包裹在一个大圆柱体上。该装置是用来跟踪波浪曲线，然后各种附属的组件则用来确定所需要的系数。开尔文认为，这台“机械装置”不仅能预测涨潮的时间和高度，而且可以预测任何时刻的水深，可以提前好几年得到结果，并将它们用连续的曲线表示出来。由于潮汐取决于太阳、月亮、地球自转、海岸线和海底剖面形状，它可能相当复杂，因而极难预测。

在 1894 年，德国数学家奥劳斯·亨里奇（Olaus Henrici，1840—1918）设计了一种谐波分析仪，用于测定复杂声波（比如乐器）的谐波分量。这种设备使用几个滑轮和玻璃球连接到仪器表盘，可以给出了 10 个傅里叶谐波分量的相位和振幅。

在 1909 年，德国工程师奥托·马德尔（Otto Mader）发明了一种谐波分析仪，它使用齿轮和指针来跟踪曲线；不同的齿轮对应于不同谐波。1938 年，贝尔实验室的 H.C. 蒙哥马利（H. C. Montgomery）发明的谐波分析仪，可以用光学和光电手段测定曲线的谐波含量。蒙哥马利表示，该设备“特别适合语言和音乐的分析。因为它可以直接在传统的电影胶片上的音轨上运行”。■

里蒂 I 型收银机

詹姆斯·里蒂（James Ritty，1836—1918）

图为 1904 年复制的里蒂 I 型收银机

科塔计算器（1948 年）

现在的人们很难想象在收银机出现之前零售商店是如何有效运作的。几十年来，收银机的功能变得越来越复杂，还能起到防止私吞货款等作用。毫不夸张地说，它们已成为工业时代主要的机械化象征之一。

第一台收银机是酒吧老板里蒂在 1879 年发明的。1871 年里蒂在俄亥俄州代顿市开了一家酒吧，自称是“纯威士忌、精品葡萄酒和雪茄经销商”。他最大的挑战来自其员工，他们不时地私吞货款，直接将营业额放入自己的口袋。

在一次乘坐汽船的旅行中，里蒂发现了一种计算船舶螺旋桨转数的设备，他马上想到类似的机构可以用来处理现金流量。里蒂早期设计的机器有两排按键，每个键对应面额从五美分到一美元一种现钞。每次按键就会转动一个内部计数器的轴。他在 1879 年申请了“里蒂的廉洁出纳员”的专利。里蒂很快又把他的收银机销售业务卖给了一个叫雅各布·H. 埃克特（Jacob H. Eckert）的推销员，1884 年埃克特又把公司卖给了约翰·H. 帕特森（John H.Patterson），帕特森把公司改名为“国家收银设备公司”。

从里蒂那里萌发的小小种子开始，现代的收银机逐渐成长起来。帕特森在机器上增加了纸卷和打孔器记录交易过程。交易完成后收银机会响铃示意，货币金额则在一个大表盘上显示。1906 年，发明家查尔斯·F. 凯特林（Charles F. Kettering）设计了电机驱动的收银机。1974 年，国家收银设备公司登记为 NCR 公司。今天，收银机的功能远远超越了里蒂时代最疯狂的梦想，因为这些吞噬现金的机器具有许多先进的功能，比如交易时间戳、从数据库中检索价格、计算税额、对不同等级客户的对应优惠费率，以及不同销售项目的折扣等。■

1879 年

文氏图

约翰·文恩（John Venn，1834—1923）

旋转对称的十一瓣文氏图，由数学家皮特·汉伯格和艺术家伊迪·赫普合作完成。

亚里士多德的《工具论》（约公元前 350 年），布尔代数（1854 年），《数学原理》（1910—1913 年），哥德尔定理（1931 年），模糊逻辑（1965 年）

在 1880 年，英国哲学家暨圣公会神职人员文恩设计了一种图形，将集合、元素和逻辑关系可视化。文氏图通常用一些圆形区域表示共同属性的某些群组。例如，在所有真实的和传说中的生物的宇宙中（图 1 中的边界矩形），区域 *H* 表示人类，区域 *W* 表示有翅膀的生物区域，*A* 区域是天使区域。只看一眼就会发现这些信息：(1) 所有的天使都是有翅膀的生物（*A* 区完全位于 *W* 区）；(2) 没有人是有翅膀的生物（区域 *H* 和 *W* 不相交）；(3) 没有人会是天使（区域 *H* 和 *A* 不相交）。

这是对一个基本逻辑推理规则的描述，也就是说，从“所有的 *A* 都是 *W*”和“没有 *H* 是 *W*”的陈述中，可以推出“没有 *H* 是 *A*”。当我们观察图中的圆形时，结论是显而易见的。

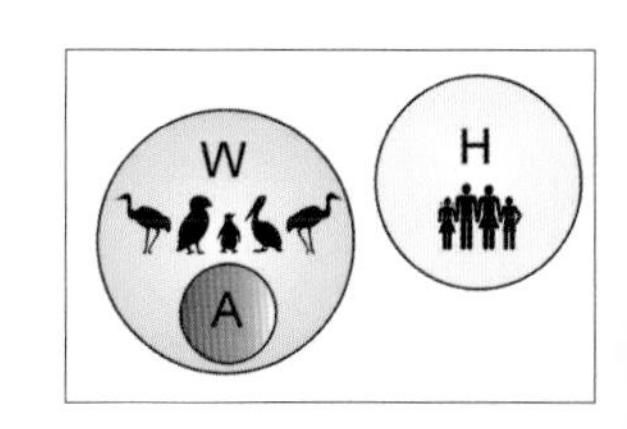

图 1

在文恩之前就有数学家，例如莱布尼茨和欧拉，试图用图形来表达逻辑关系，但是文恩才是第一个进行全面的研究，并把这一方法形式化和通用化的人。事实上，文恩在用对称图来表现更多相交区域的集合时也遇到了很多困难和挑战，他最多也只能使用 4 个椭圆的对称（但非旋转对称）图形来表达的相交的 4 个集合。又过了一个世纪，华盛顿大学的数学家布兰科·格鲁鲍姆（Branko Grunbaum）才发现了旋转对称的 5 个椭圆组成的文氏图，图 2 所示旋转对称的五瓣文氏图的一个例子。

后来数学家逐渐意识到旋转对称文氏图的花瓣数只能是质数。七瓣文氏图更是难到让数学家们怀疑它是否真的存在。在 2001 年，数学家皮特·汉伯格（Peter Hamburger）和艺术家伊迪·赫普（Edit Hepp）合作完成了本页上方的十一瓣文氏图。■

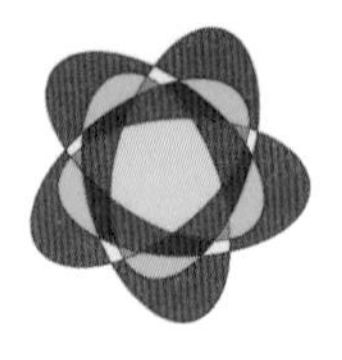

图 2

本福特定律

西蒙·纽科姆（Simon Newcomb，1835—1909）
弗兰克·本福德（Frank Benford，1883—1948）

本福特定律可以在股票价格和其他财务数据观察到，甚至电子账单和门牌号码之类数据也遵循此定律。

斐波那契的《计算书》（1202 年）、拉普拉斯的《概率的分析理论》（1812 年）

本福特定律又称首位数定律或首位现象，它可被表述为：在各种数字表中，最左边的位置（首位）往往是数字 1，其概率约为 30%。这一结果出乎人们意料，照说每个数字发生在首位的概率应该是等可能的，平均概率应该是 1/9 ≈ 11.1%。在人口统计、死亡率、股票价格、棒球统计、河流和湖泊的面积等例子中，都可以观察到本福特定律。

本福特定律是以本福特博士的名字命名的，他是美国通用电气公司的物理学家，在 1938 年发表了他的这一研究成果。尽管在此前的 1881 年，数学家和天文学家纽科姆就发现，对数表中以数字 1 开头的页面比其他页面更脏，磨损得更多，因为数字 1 出现在首位的概率大约为 30%，比其他数字都要多。本福特从多种数据的统计分析中，断定从 1 到 9 的任意数 n 是第一位数的概率为 $\log_{10}(1+1/n)$。甚至连斐波那契数列｛1，1，2，3，5，8，13，…｝也遵循本福特定律。以“1”开头的斐波那契数比任何其他数字开头的都多。看来本福特定律适用于任何遵循“幂定律”的数据。例如，大型湖泊很少见，中型湖泊会多一些，小型湖泊则最常见。同样，有 11 个斐波那契数在 1 到 100 之间，但在接下来的三个区间中（101 ～ 200），（201 ～ 300），（301 ～ 400）都只有 1 个斐波那契数。

现在本福特定律经常被用来侦查财务欺诈行为。例如，审计人员可以利用这一定律来发现欺诈性纳税申报，如果报表中出现的数字不遵循本福特定律，就会引起警惕，从而进行进一步审核。■

1881 年

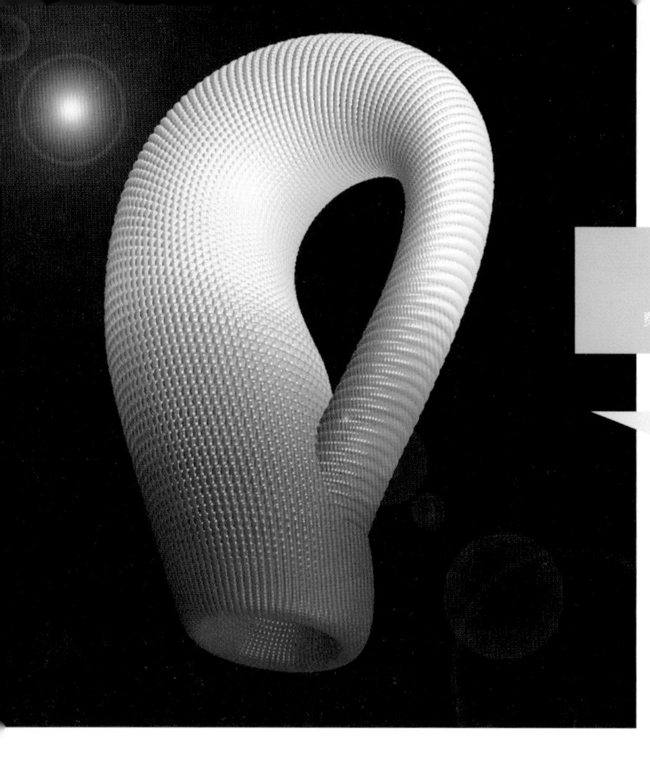

克莱因瓶

费利克斯·克莱因（Felix Klein，1849—1925）

克莱因瓶有一个灵活的瓶颈，它回旋翻转着包回瓶底形成一个分不出内外表面的形状。真正的克莱因瓶需要在四维空间里才能构造，这样才没有自我穿插的问题。

极小曲面（1774 年），四色定理（1852 年），莫比乌斯带（1858 年），伯伊曲面（1901 年），球面翻转（1958 年）

1882 年

克莱因瓶是德国数学家克莱因在 1882 年首次描述的一种物体，在这种物体中，瓶子柔软的瓶颈会从瓶体里面翻出来与瓶底相连，形成一个分不出内外的形状。这个瓶子与莫比乌斯带有关，理论上只要将两条莫比乌斯带沿着边缘粘起来就会形成一个克莱因瓶。三维空间中构建克莱因瓶的不完美物理模型的方法，是让它的瓶颈从瓶身上一块小圆面中穿过去。需要四个维度才能创建一个没有自我穿插现象的真正的克莱因瓶。

想象一下，如果你试图给一个克莱因瓶的外面涂上颜色。你开始时确实在涂瓶身的“外表面”，当你跟随它苗条的瓶颈涂下去时（在四维结构中它不会自我相交），当瓶颈张开重新回到瓶身表面时，你会发现正在涂瓶身的“里面”。如果我们的宇宙形状像一个克莱恩瓶，我们可以找到路径返回起点，而我们的身体在旅行后会发生反转，例如我们的心脏将会出现在身体的右边。

天文学家克利夫·斯托尔（Cliff Stoll）与多伦多的金桥中心和基迪科学玻璃公司合作，制造出了世界上最大的玻璃克莱因瓶模型。金桥中心的克莱因瓶高约 1.1 米，直径 50 厘米，由 15 千克透明的耐火玻璃制成。

由于克莱因瓶的特殊性质，数学家和益智爱好者经常研究象棋游戏和各种迷宫在克莱因瓶表面的不同表现。比如，在克莱恩瓶上画地图，需要六种不同的颜色才能确保相邻区域的颜色不同。■

河内塔

弗朗索瓦·爱德华·阿纳托·卢卡斯
(François Édouard Anatole Lucas, 1842—1891)

河内的国旗塔建于 1812 年，位于越南河内市。它大约 33.4 米高，连同国旗高 41 米。据说这座塔是同名的益智游戏灵感的来源。

布尔代数（1854 年），环游世界游戏（1857 年），格罗斯的《九连环理论》（1872 年），超立方体（1888 年），格雷码（1947 年），瞬时疯狂方块游戏（1966 年），魔方（1974 年）

1883 年，法国数学家卢卡斯发明了“河内塔”，并制作成玩具出售，从此河内塔就引起发了全世界的兴趣。这个数学谜题包括了几个大小不同的带孔圆盘和三个钉柱。圆盘可以穿过任何一个钉柱滑下去。游戏开始时，圆盘按大小顺序码放在一个钉柱上，顶部是最小的圆盘。玩游戏时，规则是一次可以把一个顶部的圆盘移动到另一个钉柱上，大圆盘不能放在小圆盘上面。游戏的目标是把开始时的一摞（通常有 8 个）圆盘全部移动到另一个钉柱上。根据计算，完成游戏的最小移动次数是 2^n-1，其中 n 是圆盘的数量。

最初的游戏据说发生在传说中的印度梵天塔，它共有 64 个金盘。梵天塔的祭司们不断地移动着这些金盘，遵循的规则和上面的河内塔完全一样。据说当游戏的最终完成时，世界末日就会到来。如果不知疲倦而又眼明手快的祭司能以每秒 1 次的速度移动金盘，那么总共需要 $2^{64}-1$ 秒的时间（大约是 5850 亿年）才能完成游戏。这是我们估计的宇宙年龄的许多倍，因此我们大可不必紧张。

三柱河内塔的移动步骤可以用简单的公式表示，并且该游戏经常作为计算机编程课程讲授递归算法的例子。然而四个或更多柱子的河内塔的最优解法，至今仍然未见下文。

数学家们对这个谜题很感兴趣，因为它与其他数学领域，包括格雷码和在 n 维超立方体上找到哈密顿路径问题有密切关系。■

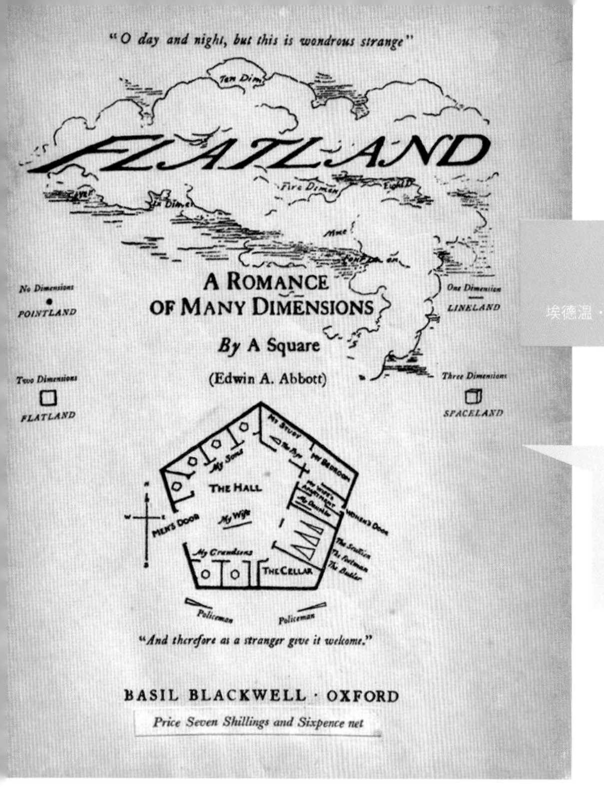

平面国

埃德温·艾伯特·艾伯特（Edwin Abbott Abbott，1838—1926）

艾伯特的《平面国》的第6版封面。注意，“我的妻子”（My wife）被描绘成五边形房子里的一条线段。在平面国里，女性可能因为她们尖锐的身体而显得特别危险。

欧几里得的《几何原本》（约公元前300年），克莱因瓶（1882年），超立方体（1888年）

1884年

一百多年前，英国维多利亚州一所学校的牧师兼校长艾伯特写了一本很有影响力的书——《平面国》(*Flatland*)，书中描述了不同维度空间的生物之间的交往互动。这本书至今仍深受数学系学生的喜爱，对研究不同维度间关系的人来说，这是一本有价值的阅读材料。

艾伯特鼓励读者敞开心灵接受新的感知方式。《平面国》描述了一个二维生物的种族，生活在一个平面上，完全不知道他们周围有一个更高维度的存在。如果我们能够俯视一个二维世界，我们会对它的每一个结构一目了然。一种能够进入四维空间的生物可以看到自己身体内部，并且不用穿透皮肤就将肿瘤清除出去。平面国的居民可能不知道你就在他们的平面世界上方几英寸，记录着他们生活中的所有事件。如果你想把一个“平面人”从监狱里救走，你可以把他“提起来”然后放回平面国的其他地方。对平面人来说这简直就是不可思议的神迹，在他们的词汇表里，连“提起来”这个词汇都不存在。

今天，四维物体的计算机图形投影使我们离高维现象又近了一步，但即使是最聪明的数学家也常常无法掌握第四维度，正如《平面国》的主角“正方形”很难理解第三维度一样。在《平面国》里最激动人心的场景之一，是一位二维的英雄面对着一个三维物体显现出的变化莫测的形状时的惊诧，因为三维物体通过平面国时，他们的英雄“正方形”只能看到那个三维物体的横断面。

艾伯特认为，研究四维空间对于扩大我们的想象力、增强我们对宇宙的敬畏和提高我们对自然的谦逊，都是很重要的。这也许是我们更好地理解自然的本质，甚至尝试窥测天机的第一步。■

超立方体

查尔斯·霍华德·辛顿（Charles Howard Hinton，1853—1907）

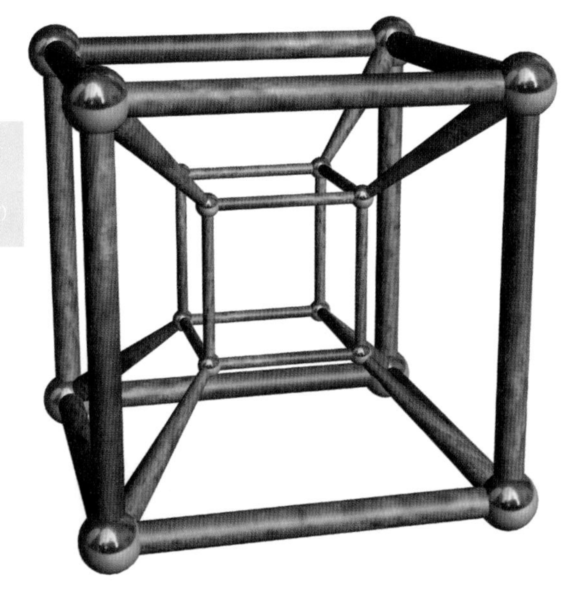

由罗伯特·韦伯（Robert Webb）用 Stella4D 软件绘制的超立方体的三维展示。超立方体是普通立方体的四维对应物。

欧几里得的《几何原本》（约公元前 300 年），鲁珀特王子的谜题（1816 年），克莱因瓶（1882 年），平面国（1884 年），布尔夫人的《代数的哲学和乐趣》（1909 年），魔方（1974 年），完美超幻方（1999 年）

据我所知，数学中没有什么概念能像第四维那样令人着迷了，这一空间的方向不同于我们每天生活的三维空间中的方向。神学家们猜测，来世、天堂、地狱、天使和我们的灵魂都可能居住在第四维度中。数学家和物理学家在他们的计算中经常使用第四维度。这是描述我们宇宙结构的重要理论的一部分。

超立方体是普通立方体的四维对应物。在引用其他维度中的立方体对应物时，术语“超立方体”常专用于四维。我们观察一个立方体时，可以将一个（二维的）正方形放入三维空间，让它在里面平移一段距离，并跟踪正方形的运动轨迹生成的形状，就可以看到一个立方体，同样将一个立方体放入四维空间，让它平移一段距离，并跟踪其轨迹影像就会产生一个超立方体。虽然计算机图形学发现，让一个立方体在垂直于它的三个轴的方向上移动一段距离产生的轨迹有所不同，但这依然有助于数学家开发对高维物体的直觉。请注意，一个立方体是由正方形的“面”界定的，一个超立方体就应该由立方体的“体”界定。我们可以列出各种维度物体的角、边、面和体的数目供参考：

	顶角数	边数	面数	体数	超体数（Hypervolume）
点	1	0	0	0	
线段	2	1	0	0	0
正方形	4	4	1	0	0
立方体	8	12	6	1	0
超立方体	16	32	24	8	1
五度空间超立方体	32	80	80	40	10

超立方体这个词是 1888 年由英国数学家辛顿在他的《新思想时代》（*A New Era of Thought*）一书中创造和首次使用的。辛顿曾因重婚而入狱，他还以他的一套彩色立方体而闻名。他声称这套东西可以用来帮助人们窥视第四维度，如果在招灵法会上使用辛顿立方体，则可能会帮助人们瞥见已去世的家庭成员的灵魂。■

皮亚诺公理

朱塞佩·皮亚诺（Giuseppe Peano，1858—1932）

意大利数学家皮亚诺的工作涉及哲学、数学逻辑和集合论。他在都灵大学教数学，他直到死于心脏病发作的前一天都还在工作。

亚里士多德的《工具论》（约公元前350年），欧几里得的《几何原本》（约公元前300年），布尔代数（1854年），文氏图（1880年），希尔伯特旅馆悖论（1925年），哥德尔定理（1931年），模糊逻辑（1965年）

1889年

学龄儿童都知道计数、加法和乘法等简单算术规则，但这些最简单的规则从哪里来，我们怎么知道它们是正确的？数学家们都熟悉欧几里得的五个公设，这些公设为几何学奠定了基础，意大利数学家皮亚诺有兴趣模仿欧几里得的做法，为算术和数论创建同样的基础理论。于是皮亚诺制定了五个公理，涉及所有的非负整数，罗列如下：

一、0是一个数；二、任何数都有后继数，它也是一个数；三、假设 n 和 m 都是数，如果它们的后继数相等，那么 n 和 m 也相等；四、0不是任何数的后继数；五、S 是一组包含0的数，如果 S 中任何数的后继数都在 S 中，那么 S 包含所有的数。

皮亚诺的第五个公理允许数学家去证明“某一项属性对所有非负数的是否都成立”。要做到这一点，我们首先必须证明对于0此属性成立，接下来，我们再证明，如果对于整数 i 此属性成立，则对于数字 $i+1$ 此属性也成立，那么此属性就对所有非负整数都成立*。可以用比喻来帮助我们理解：假设我们有无穷多根火柴，它们排成一排，互相挨得很近。如果我们想把它们全部点燃，首先第一根火柴必须点燃，其次还要求每一根火柴和下一根必须足够接近，这样它们将依次全部着火。如果这条线上有两根火柴距离过大，火焰就会在这里停止。用皮亚诺公理，我们可以建立一个包含无穷多数字的集合上的算术系统。这些公理为我们的非负整数系提供了基础，也帮助数学家们构造出现代数学中使用的其他数系。皮亚诺在他1889年发表的《用一种新方法陈述的算术原理》中首次提出了他的公理。■

* 这就是数学归纳法的理论基础。——译者注

皮亚诺曲线

朱塞佩·皮亚诺（Giuseppe Peano，1858—1932）

希尔伯特立方体是传统二维皮亚诺曲线的三维扩展。这座 4 英寸高的青铜和不锈钢雕塑是由卡洛·H. 塞奎恩（Carlo H. Sequin）设计的，现收藏在加州大学伯克利分校。

骑士巡游问题（1759 年），魏尔斯特拉斯函数（1872 年），超立方体（1888 年），科赫雪花（1904 年），豪斯多夫维度（1918 年），分形（1975 年）

在 1890 年，意大利数学家皮亚诺向数学界展现了第一例空间填充曲线。英国科学作家达林称这一发现为“数学传统结构上的地震”。在讨论这类新的曲线时，俄罗斯数学家纳姆·维伦金（Naum Vilenkin）写道：“一切都坍塌成了废墟，所有基本的数学概念都失去了自己的意义。”

“皮亚诺曲线”这个词经常用作空间填充曲线的同义词，这种曲线通常可以通过一个迭代过程来创建，最终形成一条锯齿形曲线，覆盖它所存在整个空间。加德纳写道：“皮亚诺曲线对数学家来说是一个剧烈的冲击。它们的路径似乎是一维的，但在取极限时，它们占据了一个二维区域，这还能称为曲线？这还不算，皮亚诺曲线还可以很容易地绘制成充满立方体甚至超立方体的形状。”皮亚诺曲线是连续的，但就像科赫雪花的边界或魏尔斯特拉斯函数一样，曲线上没有一点有确定的切线。空间填充曲线的豪斯多夫维度值为 2。

空间填充曲线已有实际的应用，当我们需要访问大量城镇时，它可以为我们建议一条更有效的路线。例如，佐治亚理工学院的印度籍教授约翰·J. 巴索尔迪三世（John J.Bartholdi III）利用皮亚诺曲线为一个慈善组织建立了一个路径选择系统，该组织向穷人派送数百份食品，还为美国红十字会将血液快递到医院。因为交付地点往往密布在城市地区，而使用者又希望在转移到地图上另一个区域之前，曲折的路径可以访问完本区域上的所有要去的地点，所以巴索尔迪使用的空间填充曲线可以给出非常好的建议，从而产生出效率较高的路线。科学家们还试验了将空间填充曲线用于武器定位系统，只要发射一台计算机到地球轨道上，这套基于数学技术的系统就能非常有效地运行。■

1890 年

壁纸群组

埃夫格拉夫·斯捷潘诺维奇·费多罗夫（Evgraf Stepanovich Fedorov，1853—1919）
亚瑟·莫里茨·薛弗利斯（Arthur Moritz Schönflies，1853—1928）
威廉·巴隆（William Barlow，1845—1934）

阿尔罕布拉（Alhambra）的宫殿和要塞建筑群。伊斯兰的摩尔人在阿尔罕布拉宫的华丽装饰中使用了许多种不同的壁纸群组。

群论（1832 年），完美矩形和完美正方形（1925 年），万德伯格镶嵌（1936 年），彭罗斯镶嵌（1973 年），怪兽群（1981 年），探索李群 E_8（2007 年）

1891 年

“壁纸群组”专指可以铺满平面，并使图案在二维空间上无限重复的图形模式。目前已知一共存在 17 种壁纸图案，每种图案都具有对称性，包括平行移动、镜像反射（例如反转或滑动）和旋转的对称性。

俄罗斯著名的晶体学家费多罗夫于 1891 年发现了这些图案并将它们分了类。德国数学家薛弗利斯和英国晶体结构专家巴隆也独立研究过这些图案。

他们发现，其中有 13 种图案（正式名称为等距变换）包括了某种旋转对称性，而其余 4 种则不包括。有 5 种显示六边形对称，12 种则显示出矩形对称。加德纳写道，“这儿有 17 个不同的对称群，表现出所有的根本不同的平铺方式。这些群的成员可以简单地进行一系列基本操作：沿平行滑动、旋转、或镜像反射，铺满整个平面，并在两个维度上无休止地重复。这 17 个对称群在晶体结构的研究中具有重要意义。”

几何学家 H.S.M. 考克塞特（H. S. M. Coxeter）指出，用重复图案填充平面的艺术在 13 世纪的西班牙达到了顶峰。在那里，摩尔人把所有的 17 种对称群都用在了他们美丽的要塞宫殿阿尔罕布拉的装饰中。由于当地的宗教传统禁止人们在艺术中使用人像图案，所以对称的壁纸图案在装饰中就显得特别多也特别醒目。西班牙格拉纳达的阿尔罕布拉宫有许多复杂的阿拉伯风格设计，装饰着各种墙砖、壁画和木雕。

荷兰艺术家 M.C. 埃舍尔（M. C. Escher，1898—1972）深受阿尔罕布拉宫的影响。有一次他谈到自己的阿尔罕布拉之旅时说：“这里的艺术往往充满对称性。……是我从未汲取过的最富有的灵感源泉。”后来埃舍尔用几何网格作为构图基础，然后叠加上动物形象，试图“改进”摩尔人的艺术作品。■

西尔维斯特直线问题

詹姆斯·约瑟夫·西尔维斯特（James Joseph Sylvester，1814—1897）
蒂博尔·加莱（Tibor Gallai，1912—1992）

在平面上给定有限个离散的点，它们不全在一条直线上（在图中用彩色小球表示）。西尔维斯特–加莱定理告诉我们：至少存在一条只经过其中的两个点的直线。

欧几里得的《几何原本》（约公元前 300 年），帕普斯六角形定理（约 340 年），西尔维斯特的矩阵（1850 年），荣格定理（1901 年）

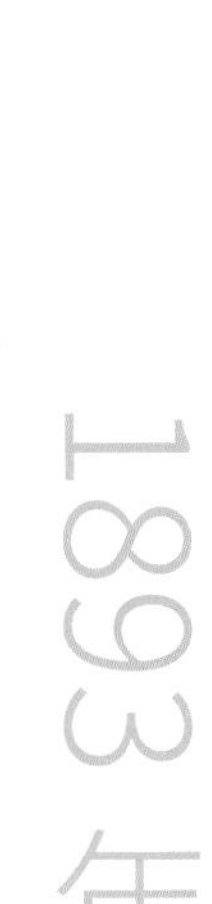

西尔维斯特的直线问题，也被称为西尔维斯特的共线点问题，或西尔维斯特-加莱定理。它在整个数学家圈子里“横行”了四十年。它说平面上的有限个点只有两种情况：1）有一条直线只穿过两个点；2）所有的点都是共线的，或者说它们都在同一条直线上。英国数学家西尔维斯特在 1893 年提出了这个猜想，但无法加以证明。匈牙利出生的数学家艾狄胥在 1943 年研究过这个问题，但最后还是匈牙利数学家加莱在 1944 年才正确地证明这个猜想。

西尔维斯特实际上要求读者证明“实际上不可能安排有限数量的点，使过每两个点的直线都能通过第三个点，除非它们本来就全都在同一直线上。”西尔维斯特这里特意用“right line”来代替“straight line”表示一条直线。*

在西尔维斯特猜想的刺激下，1951 年数学家加布里埃尔·安德鲁·狄拉克（Gabriel Andrew Dirac，1925—1984，他是大名鼎鼎的物理学家狄拉克的继子，也是著名物理学家维格纳的侄子）猜想，对于任何 n 个点的集合，并非所有的点都共线，那么至少有 $n/2$ 条直线只经过两个点。今天，狄拉克的猜想只找到两个例外。

数学家约瑟夫·马尔科维奇（Joseph Malkevitch）谈到西尔维斯特问题时说，“数学中一些容易表达的问题尽管看似简单，但却非常出名，因为它们简单到从一开始就无从下手……艾狄胥对西尔维斯特问题这么多年来一直得不到解决感到不可思议。但一个好的问题就像一粒种子，可以开辟许多思路，即使到目前为止有些问题仍在探索之中。”西尔维斯特在 1877 年写给约翰·霍普金斯大学的信中说：“数学不是一本局限于封面的书，它也不是一个储量有限的矿脉。它没有极限，它的可能性就像满天繁星，其中每一颗在天文学家的眼中都是无限的世界。”■

* right 有“正确”“恰当”之意。——译者注

质数定理的证明

约翰·卡尔·弗里德里希·高斯（Johann Carl Friedrich Gauss，1777—1855）
雅克·所罗门·阿达马（Jacques Salomon Hadamard，1865—1963）
查尔斯·让·德·拉·瓦莱-布桑（Charles-Jean de la Vallée-Poussin，1866—1962）
约翰·爱登索·李特伍德（John Edensor Littlewood，1885—1977）

图中用黑体字表示的质数，“在自然数中像杂草一样生长……没有人能预测下一个质数会在哪里冒出来……”尽管数字 1 过去被认为是质数，但今天数学家们通常认为 2 才是第一个质数。

质数和蝉的生命周期（约公元前 100 万年），埃拉托色尼的筛法（约公元前 240 年），哥德巴赫猜想（1742 年），正十七边形作图（1796 年），高斯的《算术研究》（1801 年），黎曼假设（1859 年），布朗常数（1919 年），吉尔布雷斯猜想（1958 年），乌拉姆螺旋（1963 年），群策群力的艾狄胥（1971 年），公钥密码学（1977 年），安德里卡猜想（1985 年）

1896年

数学家唐·札吉尔（Don Zagier）评论说：“尽管质数的定义很简单，并且它们是自然数的基础组成部分，但质数却像自然数中的杂草一样生长。没有人可以预测下一个质数发芽冒出来的地方。更令人惊讶的是质数表现出惊人的规律性，冥冥之中有规律在支配着它们的行为，它们几乎像军队一样精确地遵循这些规律。”

考虑函数 $\pi(n)$，它是小于或等于给定数 n 的质数数目。

在 1792 年，当高斯只有 15 岁时，就表现出对质数的痴迷，他提出 $\pi(n) \sim n/\ln(n)$，其中 ln 是自然对数。质数定理的一个结果是，第 n 个质数近似等于 $n\ln(n)$，当 n 接近无穷大时，这种近似的相对误差接近于 0。高斯后来将他的估计细化为 $\pi(n) \sim \mathrm{Li}(n)$，其中 $\mathrm{Li}(n)$ 是从 2 到 n 的定积分。

最后在 1896 年，法国数学家阿达马和比利时数学家瓦莱-布桑独立地证明了高斯的质数定理。基于数值实验，数学家们推测 $\pi(n)$ 总是比 $\mathrm{Li}(n)$ 稍小一点。然而在 1914 年，李特伍德证明，如果我们能够搜索到巨大的 n 值，$\pi(n)$，$\mathrm{Li}(n)$ 就会无限地反转过来。1933 年，南非数学家斯坦利·斯科维斯（Stanley Skewes）指出，$\pi(n)-\mathrm{Li}(n)=0$ 的第一次变号发生在 10^10^10^34 之前，这个数字被称为斯科维斯数，其中 ^ 后面的数表示幂指数。自 1933 年以来，这一数值逐渐下降，现已降至 10^{316} 左右。

英国数学家哈代曾将斯科维斯数描述为“所有在数学中具有明确意义的数字中的最大数字”，尽管斯科维斯数后来已经失去了这一崇高的荣誉。大约在 1950 年，艾狄胥和阿特尔·西尔伯格（Atle Selberg）发现了质数定理的第一个初等证明方法，他们在证明中只用到了实数（以前的证明过程中使用了复分析等高等数学工具）。■

皮克定理

乔治·亚历山大·皮克（Georg Alexander Pick，1859—1942）

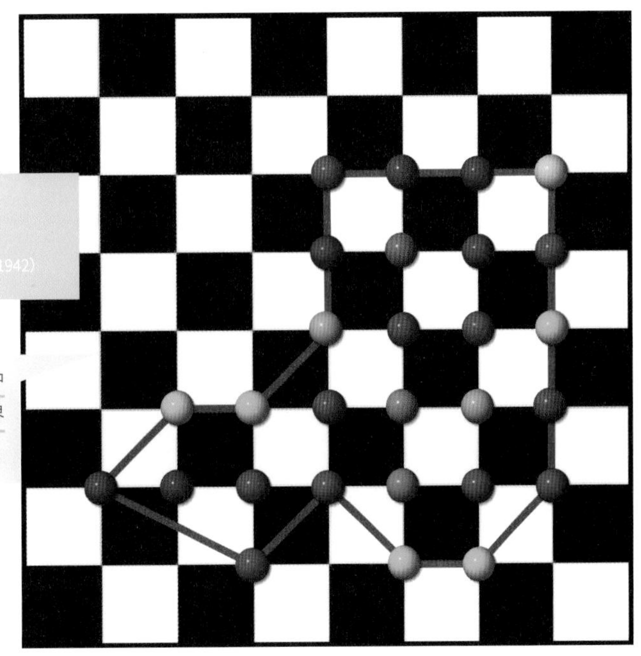

根据皮克定理，这个多边形的面积是 $i+b/2-1$，其中 i 是位于多边形内部的格点数，b 是位于多边形边界上的顶点数。

柏拉图多面体（约公元前 350 年），欧几里得的《几何原本》（约公元前 300 年），阿基米德的半正则多面体（约公元前 240 年）

皮克定理简洁明快，令人愉悦。你可以用铅笔在方格纸上实验。在等距方形网格上画一个简单的多边形，使多边形所有顶点（角点）落在格点（方格纸的交叉点）上。皮克定理告诉我们，要知道这个多边形的面积 A（以小方格面积为单位），只要数一下位于多边形内部的格点数 i 和边界上的格点数 b 就可以计算，公式为：$A=i+b/2-1$。这里必须加上一条，有洞的多边形不适用皮克定理。

奥地利数学家皮克在 1899 年提出了这个定理。1911 年，皮克曾经为爱因斯坦推荐一位数学家的工作，对帮助爱因斯坦发展广义相对论理论起了关键作用。1938 年希特勒军队入侵奥地利时，身为犹太人的皮克逃到布拉格。可悲的是，他的逃亡未能挽救他的生命。纳粹入侵捷克斯洛伐克后，他被送到特列钦集中营，1942 年死在那里。在特列钦关押的约 144 000 名犹太人中，约有四分之一死于当地，另外大约有 60% 被送往奥斯威辛及其他死亡集中营。

此后数学家们发现，不能将皮克定理直接推广到三维空间，也就是说我们无法通过数一下多面体内部和边界的节点数来计算多面体的体积。

如果我们用方格纸上的多边形来近似表示地图上的某块区域，我们就可以使用皮克定理来近似计算该区域的面积。英国科学作家达林写道：“在过去的几十年里，皮克定理已经被推广到更广义的多边形、高维的多面体和各种非正方形格点的应用之中。皮克定理证明了传统欧几里得几何与现代离散几何学之间的联系。”

莫利角三分线定理

弗兰克·莫利（Frank Morley，1860—1937）

莫利定理——也称为“莫利奇迹”——对于任何三角形，三个内角的角三分线的三个交点总会形成等边三角形。

欧几里得的《几何原本》（约公元前 300 年），余弦定理（约 1427 年），维维亚尼定理（1659 年），欧拉的多边形分割问题（1751 年），球内三角形（1982 年）

1899 年

1899 年，英籍美国数学家兼国际象棋棋手莫利提出了莫利定理，指出在任何三角形中，三个内角的角三分线中有三个交点，它们形成一个等边三角形。角三分线是指把内角分成三个相等部分的直线，三个内角的角三分线会有六个交点，其中三个交点是一个等边三角形的顶点。这个定理有很多种证明方法，其中一些早期的证明方法相当复杂。

莫利的同事发现莫利的结论是如此美妙而令人惊叹，他们称之为“莫利的奇迹”。理查德·弗朗西斯（Richard Francis）写道，“这显然是被古代几何学家忽视或者在匆忙中放弃了。由于角三分线的可构造性难于确定，这个问题居然在一个世纪前才出现。虽然莫利在 1900 年左右提出了这个猜测，但要验证其正确性或严格证明它，甚至还有待于最新的进展。这一美丽而优雅的定理本应属于欧几里得时代，但竟然神秘地被世人所忽视，居然成为属于 20 世纪的几何学成就。”

莫利同时在宾州哈弗福德的贵格学院和约翰·霍普金斯大学任教。1933 年，他与他的儿子、数学家弗兰克·V. 莫利（Frank V. Morley）一起出版了合写的《反演几何》（*Inversive Geometry*）一书。他的儿子在《对国际象棋的贡献》（*One Contribution to Chess*）一书中写到了他的父亲：“他在背心口袋里摆弄一根铅笔头，也许有两英寸长，而且在一边口袋里摸索找出一个旧信封，然后他偷偷地站起来朝书房走去。我妈妈会喊：‘弗兰克，别只顾着你的工作！’然而答案总是，‘一会儿就完，一会儿就完！’书房门又关上了！”

莫利定理继续吸引着数学家们。直到 1998 年，菲尔兹奖获得者，法国数学家阿兰·康尼斯（Alain Connes）还提出了莫利定理的一个新证明。■

希尔伯特的 23 个问题

大卫·希尔伯特（David Hilbert，1862—1943）

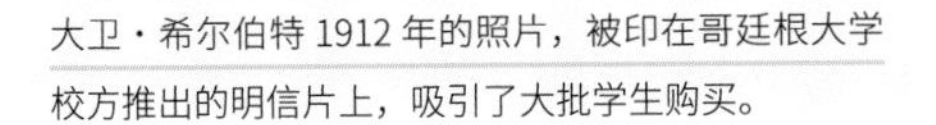

大卫·希尔伯特 1912 年的照片，被印在哥廷根大学校方推出的明信片上，吸引了大批学生购买。

开普勒猜想（1611 年），黎曼假设（1859 年），希尔伯特旅馆悖论（1925 年）

1900 年

德国数学家大卫·希尔伯特写道：“如果科学的某个分支提出了大量的问题，那它一定是充满活力的学科；而缺乏问题是死亡的标志。”1900 年，他提出了希望在 20 世纪被关注并解决 23 个数学问题。由于希尔伯特的声望，数学家们花了很多时间来关注解决这些问题。希尔伯特在这个问题上的演讲很有影响力：“我们谁不想亲手揭开遮盖在未来身上的面纱，得以一窥我们科学下一步的进展呢？谁不想知道它在未来几个世纪发展的秘密呢？谁不想知道我们的后代的数学精神将为哪些具体目标而奋斗呢？”

此后，大约有 10 个问题得到了干净利落的解决，另外一些问题的证明方式也被部分数学家所接受，但仍然存在一些争议。例如，开普勒猜想（希尔伯特的问题 18 的一部分）提出了关于球体包装效率的问题，涉及计算机辅助证明，这可能很难被人们验证。

今天仍未解决的最著名的问题之一是黎曼假设，它涉及黎曼 zeta 函数（一个极端波动的函数）的零点分布。希尔伯特对此特别关注：“如果我沉睡一千年后醒来，我的第一个问题就是：黎曼假设已经证明了吗？”

本·扬德尔（Ben Yandell）写道：“能亲手解决希尔伯特的一个问题一直是许多数学家们浪漫的梦想。在过去的一百年里，各种解决方案和有价值的部分结果从世界各地纷至沓来。希尔伯特的问题清单是那样的美妙，充满了浪漫幻想和历史传承，这些精心挑选的问题一直是数学的核心凝聚力。” ■

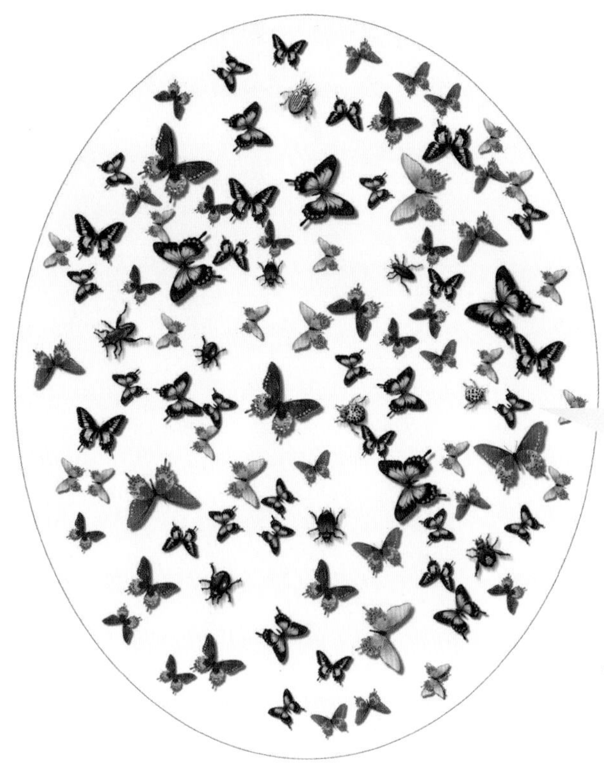

卡　方

卡尔·皮尔逊（Karl Pearson，1857—1936）

卡方值帮助我们检验一个假设，即从“蝴蝶和甲虫频率相等的种群”中随机抽取了 100 只昆虫作为样本。样本观察值计算后得到的卡方值高达 64，这表明我们的假设可能是不正确的。

骰子（约公元前 3000 年），大数定律（1713 年），正态分布曲线（1733 年），最小二乘法（1795 年），拉普拉斯的《概率的分析理论》（1812 年）

1900 年

科学家获得的实验结果常常与根据概率规则预期的结果不一致。例如，在掷骰子时，如果与期望的偏差很大，我们会说，骰子可能有问题，例如骰子的质量分布不均匀等。卡方检验法最早于 1900 年由英国数学家皮尔逊提出并发表，此后他的方法被广泛应用于从密码学到可靠性工程的无数领域中，甚至被用于棒球手击球记录的分析。

使用卡方检验法时，测试事件被假定为独立的（就像我们的掷骰子时那样）。知道每个观测频数 O_i 和每个理论频数 E_i 时，就可以计算卡方值了，公式为 $\chi^2=\Sigma(O_i-E_i)^2/E_i$，如果预期事件和观察事件的频数完全一致，那么 $\chi^2=0$。χ^2 值越大表明差异越大。在实践中，这种差异的含义是参照一个卡方表确定的，该表帮助研究人员确定差异是否超出可接受的程度。当然，如果 χ^2 值太接近零，研究人员也可能会怀疑，因此我们追求的 χ^2 值不要太低，也不要太高。

作为一个例子，让我们检验一个假设，即从“蝴蝶和甲虫出现频率相等的种群”中随机抽取了 100 只昆虫作为样本，观察到其中有 10 只甲虫和 90 只蝴蝶，我们得到的 χ^2 值为 $(10-50)^2/50+(90-50)^2/50=64$，这是一个巨大的 χ^2 值，表明我们的初始假设——种群中蝴蝶和甲虫出现频率相等——可能是不正确的。

伯伊曲面

维尔纳·伯伊（Werner Boy，1879—1914）
伯纳德·莫林（Bernard Morin，1931—）

伯伊曲面，由尼兰德绘制。这是一种没有边缘的单面曲面。

极小曲面（1774 年），莫比乌斯带（1858 年），克莱因瓶（1882 年），球面翻转（1958 年），威克斯流形（1985 年）

1901 年

伯伊曲面是 1901 年由德国数学家伯伊发现的。就像克莱因瓶一样，这个曲面是一个没有边缘的单面曲面。伯伊曲面也是一个不可定向的表面，这意味着一个二维生物可以沿着曲面上旅行，找到路径返回到它出发点的背面，并且这个二维生物的“手向性”会发生逆转（即左右颠倒）。莫比乌斯带和克莱因瓶也是具有不可定向性的曲面。

正式地讲，伯伊曲面是一个射影平面对三维空间浸入，而且没有奇点（尖点）。可以用一些几何方法制作它，其中有一种方法是将一个圆盘的拉伸，并将圆盘边缘粘合到莫比乌斯带的边缘上。在这个过程中，曲面允许穿过自己，但不能撕裂或有任何奇点。

伯伊曲面具有三重对称性。换句话说，曲面可以绕一个轴旋转 120°以后，看起来是完全相同的。有趣的是，伯伊能画出好几种曲面模型，但他无法确定参数方程来描述曲面。最后在 1978 年，法国数学家莫林用计算机找到了伯伊曲面的第一种参数表示法。莫林从小就失明，但他在数学方面有不少成就。

数学记者艾林·杰克逊（Allyn Jackson）写道：“莫林的失明非但没有削弱他非凡的可视化能力，反而可能增强了这种能力。一个人通常倾向于只看到几何物体的外部，而不能看到它可能非常复杂的内部。而莫林已经发展出了从外部看到内部的能力。因为莫林非常善于用触摸的方式获得信息，所以任何模型只要让他触摸上几个小时，就算多年以后，他还是能对其形状记忆清晰。” ■

理发师悖论

伯兰特·罗素（Bertrand Russell，1872—1970）

理发师悖论说：镇上有一个理发师，他只给自己不刮胡子的人刮胡子，无一例外。那么理发师能给自己刮胡子吗？

芝诺悖论（约公元前 445 年），亚里士多德的轮子悖论（约公元前 320 年），圣彼得堡悖论（1738 年），策梅洛的选择公理（1904 年），《数学原理》（1910—1913 年），巴拿赫—塔斯基悖论（1924 年），希尔伯特旅馆悖论（1925 年），哥德尔定理（1931 年），图灵机（1936 年），生日悖论（1939 年），纽科姆悖论（1960 年），柴廷数 Ω（1974 年），帕隆多悖论（1999 年）

在 1901 年，英国哲学家、数学家罗素发现了一种可能的悖论或明显的矛盾，以至于人们不得不去修改集合论。罗素悖论的一个通俗版本，也被称为理发师悖论，说的是：一个小镇有个理发师，他只给自己不刮胡子的人刮胡子，无一例外，那么理发师能给自己刮胡子吗？

这种情况似乎在说：只要理发师自己不刮胡子，他就应该给自己刮胡子！海伦·乔伊斯（Helen Joyce）写道："这种悖论提出了一个可怕的前景，即整个数学是建立在不稳固的基础上，没有什么定义或证明是可以信任的。"

罗素悖论的原始版本，涉及"所有不是自己成员的集合"。许多集合不是自己的成员，我们记之为 R，例如，所有立方体的集合就不是立方体。但也有确实包含自己作为成员的集合，记为 T，例如"所有集合的集合"，或者"是除立方体之外的所有事物的集合"。每个集合看来要么是 R 型，要么是 T 型，没有一个集合可以是两者兼而有之。但罗素构想出了一个"所有不是自己成员的集合"，记为 S 型。不知为什么，S 型既不是自己的成员，又必须是自己的成员。罗素意识到他必须改变集合论，以避免这种混乱和可能的矛盾。

我们当然可以简单地反驳理发师悖论，说这样的理发师是不存在的。然而，罗素悖论具有更深刻的意义，它导致了对集合论的大改造，产生了一种"更清洁"的集合定义。德国数学家库尔特·哥德尔（Kurt Gödel）在形成他的不完全性定理时，也采用了类似的观察方式。英国数学家艾伦·图灵（Alan Turing）在研究停机问题的不确定性时，也发现罗素的工作很有意义，这涉及评估一个计算机程序是否能在有限的步骤中完成。■

空中有一群无论形状多么复杂的飞鸟，如果我们把每只鸟都看作空间中的一个点，那么它一定可以被半径不大于$\sqrt{6}\,d/4$ 的球面所包围。那么对四维空间里的一群椋鸟，我们有什么结论呢?

荣格定理

海因里希·威廉·埃瓦尔德·荣格（Heinrich Wilhelm Ewald Jung，1876—1953）

1901 年

欧几里得的《几何原本》（约公元前 300 年），非欧几里得几何（1829 年），西尔维斯特直线问题（1893 年）

想象一组有限数目的散点，就像黑夜星空图上的繁星，或者白纸上随意洒上的墨点。在其中距离最大的两点之间画一条线段。这条线段的长度 d 称为这个点集的几何直径。荣格定理说：无论这些点的分布有多奇怪，它们全部都被包围在一个半径不大于 $d/\sqrt{3}$ 的圆周里面。在极端的情况下，如果这些点全部沿着边长为 1 的等边三角形的边排列，那么过这个三角形的三个顶点的圆（外接圆）半径就刚好等于 $1/\sqrt{3}$ 。

荣格定理可以推广到三维空间：其中的点集可以被半径不大于$\sqrt{6}\,d/4$ 的球面包围。例如，这意味着如果有一个三维空间中的点状物体的集合，例如一群鸟或一群鱼，那么可以保证一个这样的球面就能将这些鸟或鱼一网打尽。后来荣格定理被扩展到各种非欧几里得几何空间。

如果我们想把这个定理用于更难以想象的区域，比如将鸟群封闭在 n 维的高维超球面中，我们可以采用下面这个美妙而简洁的通用公式：

$$r \leqslant d\sqrt{\frac{n}{2(n+1)}}$$

这意味着半径为 $d\sqrt{2/5}$ 的四维超球面可以保证捕获一群正在四维空间飞过的椋鸟。德国数学家荣格 1895—1899 年就读于马尔堡大学和柏林大学，学习数学、物理和化学，他在 1901 年提出这一定理。

庞加莱猜想

亨利·庞加莱（Henri Poincaré，1854—1912）
格里戈里·佩雷尔曼（Grigori Perelman，1966—）

法国数学家亨利·庞加莱，1904 年提出了庞加莱猜想。这个猜想一直到 2002 年都没有得到证明。直到 2002 年到 2003 年，俄罗斯数学家佩雷尔曼终于提出了一个有效的证明。

哥尼斯堡七桥问题（1736 年），克莱因瓶（1882 年），菲尔兹奖章（1936 年），威克斯流形（1985 年）

1904 年

1904 年由法国数学家庞加莱提出了庞加莱猜想，这个猜想涉及拓扑学，这是研究形状及其相互关系研究的数学分支。2000 年，克雷数学研究所（Clay Mathematics Institute）为证明庞加莱猜想设立了 100 万美元的奖金。这个问题的概念可以形象地用橙子和甜甜圈（圆环形状）作比喻。想象有一个绳圈缠在橙子上面。在理论上，我们可以慢慢地将绳圈缩小到一个点，而不弄坏绳圈或橙子，绳圈也不离开橙子表面。但是，如果一个绳圈穿过甜甜圈中间的洞绕在甜甜圈上面，在不弄坏绳圈或甜甜圈的前提下，绳圈就不可能缩成一个点。橘子的表面可称为“单连通”，而甜甜圈表面则不是。庞加莱的理解是，一个二维球面（例如以橙子作数学模型）是“单连通”的，他问道：那么一个三维球面（四维空间中的一组与中心点距离相同的点的集合）是否也具有相同的性质？

最后直到 2002 年，俄罗斯数学家格里戈里·佩雷尔曼证明了这一猜想。出人意料的是，佩雷尔曼对获奖没有兴趣，他也没有去领取克雷数学研究所的奖金，并且只是在互联网上发布了证明方法，而没有在主流期刊上发表。2006 年，佩雷尔曼因他的证明获得了著名的菲尔兹奖，但他也拒绝了这一奖项，说这与他“完全不相干”。对佩雷尔曼来说，只要证明是正确的就行了，“任何人的认可都是多余的”。

《科学》（*Science*）杂志在 2006 年报道说，“佩雷尔曼的证明从根本上改变了数学的两个不同的分支。首先，它解决了一个多世纪以来未能消化的一个拓扑学的核心问题，其次，这项工作将导致一系列更广泛的结果，它澄清了三维空间研究中的许多问题，就像门捷列夫提出元素周期表对化学领域所产生的影响一样。”

147

科赫雪花

尼尔斯·法比安·赫尔格·冯·科赫

（Niels Fabian Helge von Koch，1870—1924）

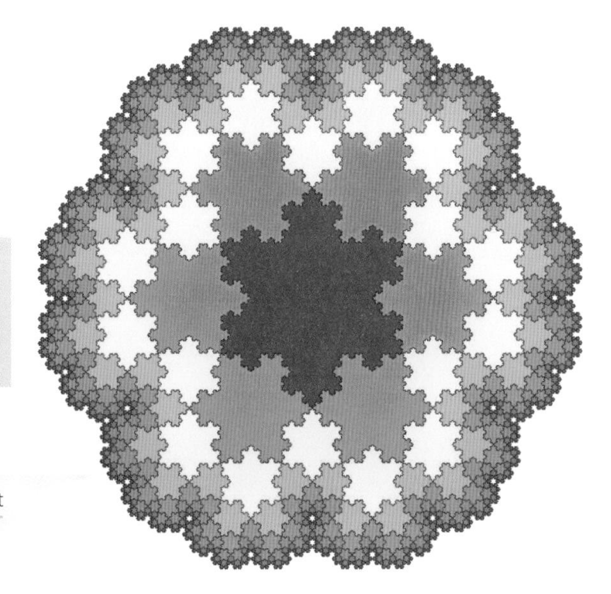

科赫雪花的镶嵌图案。数学艺术家罗伯特·法索尔（Robert Fathauer）创造这种图案时使用了大小不同的科赫雪花。

魏尔斯特拉斯函数（1872 年），皮亚诺曲线（1890 年），豪斯多夫维度（1918 年），门格尔海绵（1926 年），海岸线悖论（1950 年），分形（1975 年）

1904 年

科赫雪花往往是学生们接触的第一个分形对象之一，它也是数学史上最早描述的分形对象之一。瑞典数学家科赫 1904 年发表了一篇名为《关于一条连续而无切线，可由初等几何构造的曲线》的论文，描述了一条错综复杂的曲线，这是一个自相似的形状，如今被称为科赫曲线。生成科赫曲线的过程是从一条线段开始的，如果从一个等边三角形开始则会生成科赫雪花图形，即科赫雪花是由三条科赫曲线连接而围成的。

为了创建这种无比粗糙的科赫曲线，我们可以用一条线段作递归操作，看着它在这个过程中逐渐生长出无穷多的边。想象把一条线段分成三个相等的部分，接下来用另外两条线段替换掉中间那条线段，形成一个“V”字形的楔形，这两条线段都与以前三条线段等长。这样现在曲线的形状就包含了四条直线段。然后对这四条线段中的每一条，重复刚才的分割和形成楔形的过程……

从长度为 1 英寸的线段开始，上述过程中第 n 步时生长出的曲线长度为 $(4/3)^n$ 英寸。经过几百次迭代后，科赫曲线的长度会比我们可见宇宙的直径还要长。事实上，“最终”科赫曲线的长度是无限长的，它的豪斯多夫维度约为 1.26，因为它部分填充了绘制它的二维平面。

虽然科赫雪花的边缘有无穷大的长度，但它所包含区域只有有限的面积：$2\sqrt{3}\,s^2/5$，其中 s 是原始三角形的边长。或者用另一种说法，它的面积是原始三角形面积的 8/5 倍。注意，一个函数在其曲线的尖角处没有确定的切线，这意味着函数在尖角处不可微（没有唯一的导数）。而科赫曲线是处处不可微的，因为它虽然是连续的，但处处都是尖角点！■

策梅洛的选择公理

恩斯特·弗里德里希·费迪南德·策梅洛
(Ernst Friedrich Ferdinand Zermelo，1871—1953)

从理论上讲，假设我们有无限多的金鱼缸，每个鱼缸中至少有一条金鱼，虽然我们没有从每个鱼缸中挑选金鱼的“规则”，虽然金鱼是完全无法区分的，但我们都可以从每个鱼缸中选择一条金鱼。

皮亚诺公理（1889 年），理发师悖论（1901 年），希尔伯特旅馆悖论（1925 年）

1904 年

英国科学作家大卫·达林称集合论中的这个公理为“数学中最有争议的公理之一”。选择公理是 1904 年由德国数学家策梅洛提出的，后来策梅洛被任命为弗莱堡大学荣誉教席，但他发表声明放弃了这一职务，以抗议希特勒的统治。

虽然策梅洛的选择公理在数学书上写得很复杂，但我们可以将这个公理形象化：有一长排金鱼缸（可以是无限个），每个缸里至少有一条金鱼。选择公理简单地说，在理论上，虽然我们没有约定任何从鱼缸里取出金鱼的“规则”，虽然金鱼是完全没法区分的，但你都可以从每个鱼缸里选择一条金鱼。

用数学语言讲：“如果 S 是（若干个，也可以是无限个）没有共同元素的非空集合的组成的集合类，那么必然存在一个集合，它与 S 中的每个集合 s 都刚好具有一个公共元素。”或者用另一个说法：“存在一个选择函数 f，其性质为：对集合类 S 中的每个集合 s，$f(s)$ 都是 s 的成员。”

在选择公理提出之前，数学家们没有理由相信，如果一些鱼缸中有无限多的鱼，没有数学规则指导如何挑选鱼时，我们总从鱼缸中挑出鱼来吗？我们总是可以找到一些理由，比如有限的时间无法完成在无限多的鱼和鱼缸中进行挑选的任务。事实证明，选择公理是代数和拓扑中许多重要数学定理的核心，今天大多数数学家都接受选择公理，因为它是如此有用。艾瑞克·谢克特（Eric Schecter）写道：“当我们接受选择公理时，这意味着我们赞同并认可这个约定，在证明中允许使用自己假定的选择函数 f，就好像它在某种意义上是‘存在的’一样，即使我们不能给出明确的范例或显式的算法。”

若当曲线定理

玛利·恩内蒙德·卡米尔·若当
(Marie Ennemond Camille Jordan，1838—1922)
奥斯瓦尔德·维布伦（Oswald Veblen，1880—1960）

数学艺术家罗伯特·博什（Robert Bosch）绘制的若当曲线。上图：红点是在若当曲线的内部还是外部？下图：白线是若当曲线，绿色和蓝色区域分别是它的内部和外部。

哥尼斯堡七桥问题（1736 年），霍迪奇定理（1858 年），庞加莱猜想（1904 年），亚历山大带角球（1924 年），豆芽游戏（1967 年）

1905 年

找一圈电线，把它平放在桌子上，以一种非常复杂的方式弯折扭曲它，唯一的要求就是绕好的线圈不能有自我穿插的交会点，最后形成一个迷宫般的图案。你在迷宫里放入一只蚂蚁。如果迷宫足够复杂，仅凭眼睛很难确定蚂蚁是在线圈内部还是外部。确定蚂蚁在线圈内外的一种方法是：从蚂蚁到线圈外部画一条直线，数一下直线穿过电线的次数。如果穿过电线偶数次，蚂蚁就在迷宫之外；如果是奇数次，蚂蚁就在迷宫里面。

法国数学家若当研究了确定曲线内部和外部的规则，著名的若当曲线定理指出，一条简单封闭曲线将平面划分内部和外部。虽然这似乎很明显，但若当认识到，严格的证明是必要而困难的。若当对曲线的研究记载在他的《理工学院分析教程》中，这部三卷本的教材于 1882—1887 年首次出版，若当曲线定理出现在该教材的第三版中（1909—1905 年）。通常认为是美国数学家维布伦于 1905 年第一个给出了若当曲线定理的完整证明。

注意，若当曲线是一条平面曲线，实际上是一个变了形的圆周。它首先必须是简单的（曲线不能跨越自己），其次必须是封闭的（没有端点，且完全包围一个区域）。在平面或球面上，若当曲线有内外之分，要从内到外必须至少跨过一条线（反之亦然）。然而在环面（甜甜圈形状的表面）上，若当曲线就不一定有这个性质。■

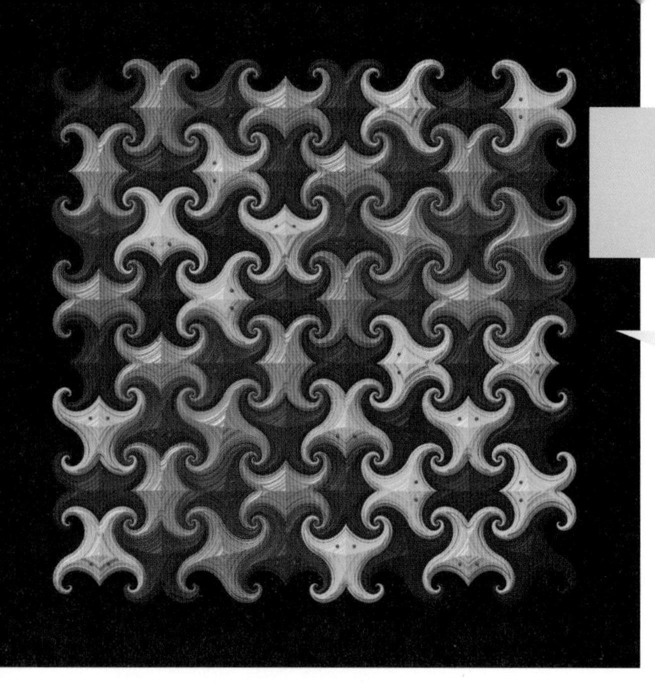

图厄—摩斯序列

阿克塞尔·图厄（Axel Thue，1863—1922）
马斯顿·摩斯（Marston Morse，1892—1977）

马克·道尔（Mark Dow）的艺术作品由方块镶嵌组成，其中包含一组对称的螺旋图案。他用图厄—摩斯序列的 1 和 0 控制着方块的螺旋方向，用它们填满了国际象棋的棋盘。

布尔代数（1854 年），彭罗斯镶嵌（1973 年），分形（1975 年），外观数列（1986 年）

图厄—摩斯序列是一个从 01101001 开始的二进制序列。在我的《心灵迷宫》（*Mazes for the Mind*）一书中写到，当这个序列被转换成声音时，书中人物说："这是你们听到过的最奇怪的东西，它既是不完全不规则，也不完全是规则的。"这个序列是为了纪念挪威数学家图厄和美国数学家摩斯而命名的。在 1906 年，图厄将这个序列作为一个非周期递归可计算符号串的例子。1921 年，摩斯把它应用于他的微分几何研究，并从此发现了许多有趣的性质和应用。

生成图厄—摩斯序列的一种方法是从 0 开始，然后重复执行以下替换：0 换成 01 和 1 换成 10，以产生以下连续的世代：0，01，0110，01101001，0110100110010110。请注意其中的一些项，如第三项 0110，是一种"回文"（正着读和反着读都是一样的序列）。

你也可以用另一种方式生成图厄—摩斯序列：其中每一代都是在前一代后面附加上其"补码"获得。 例如，如果你看到一个 0110，你就在它后面附加一个 1001。你还可以从数字 0，1，2，3，… 开始生成序列，先将它们写成二进制表示法：0，1，10，11，100，101，110，111，…。接下来，计算每个二进制数模 2 的和，或者说，将其和除以 2 保留其余数。这也产生图厄—摩斯序列：0，1，1，0，1，0，0，1，…。

图厄—摩斯序列是自相似的。例如，保留无限序列的每一个项都可以复制整个序列。保留每一对数也可以复制序列。换句话说，你只要取前两个数字，跳过下两个数字，以此类推。虽然图厄—摩斯序列是非周期性的，但并不是完全随机的，且具有较明显的短程和长程结构，所以，不可能有超过两个相邻的字符是相同的。■

布劳威尔不动点定理

路易斯·埃格贝特·扬·布劳威尔（Luitzen Egbertus Jan Brouwer，1881—1966）

随手抛出的揉成一团的纸可以帮助你理解荷兰数学家布劳威尔的不动点定理，这是“拓扑学的惊人结果，也是数学中最有用的定理之一”。

射影几何（1639 年），哥尼斯堡七桥问题（1736 年），毛球定理（1912 年），六贯棋（1942 年），池田吸引子（1979 年）

大卫·达林将布劳威尔不动点定理称为“拓扑学上的惊人结果，也是数学中最有用的定理之一”。马克斯·贝兰（Max Beran）也说，这个定理“让他屏住了呼吸”。为了令该定理可视化，假设我们有两张相同大小的图画纸叠在一起，你那生活散乱的室友拿走一张，把它揉成乱糟糟的一团，然后把它扔在另一张纸上面，使这团纸全部处于下面纸张的边缘之内。布劳威尔不动点定理指出，纸团上至少存在一个点的位置完全位于下面纸张的相同位置之上（假设我们的室友没有弄破纸团的纸）。

同样的定理在三维空间中也起作用。想象一下一个球形的柠檬水碗，上面有一个开口，你那捣蛋的室友胡乱地搅动柠檬水。即使液体中的所有点都移动过，但布劳威尔定理仍坚持认为，柠檬水中一定有一些点，其位置与你的室友开始搅拌之前完全相同。

用更精确的数学语言来陈述，定理指出：一个连续函数将 n 维球体映射成 n 维球体（其中 $n>0$），其中至少有一个点是这个映射的不动点。

荷兰数学家布劳威尔在 1909 年证明了 $n=3$ 时定理成立。法国数学家阿达马在 1910 年证明了这一定理普遍成立（$n>0$ 时都成立）。根据马丁·戴维斯（Martin Davis）的说法，布劳威尔脾气暴躁，他在生命的尽头变得离群索居，“经常毫无来由地担忧自己的经济状况，生活在对破产、迫害和疾病的偏执恐惧的魔咒中。”最终他在 1966 年穿过街道时被一辆汽车撞倒，不幸去世。■

正规数

费利克斯·爱德华·贾斯汀·埃米尔·博雷尔（Félix Édouard Justin Émile Borel，1871—1956）

这是一件关于 π 的艺术品，通过将 π 的无穷无尽的十进制小数的一部分转化为各种颜色的小方块来构造图案，从而推测 π 是“正规数”，具有完全随机序列的特征。

圆周率 π（约公元前 250 年），欧拉数 e（1727 年），超越数（1844 年），钱珀瑙恩数（1933 年）

在像 π 这样无穷无尽的数字流中去寻找模式是数学家正在进行的探索。数学家们猜想 π 是“正规数”，这意味着它的十进制小数中的任何有限的数字组合发生的频率，与在完全随机序列中发现的频率相同。

寻找 π 的可能的模式是卡尔·萨根（Carl Sagan）小说《接触》（*Contact*）中的一段重要情节，在这部小说中外星人用 π 的数字编码制作了一个圆形图片。这种具有宗教意义的说法会让读者怀疑宇宙是被精心设计构造出来的，其中所有的秘密信息就隐含在自然界常量中。事实上，如果 π 是一个正规数，那么在它的无限长的数字中的某处几乎可以表达我们所有的一切信息：我们所有原子坐标、我们的遗传密码、我们所有的思想、我们所有的记忆……真令人开心：π 能使我们成为永恒！！

有时数学家用“绝对正规数”这个术语来表示一个数对每种“基底”都是“正规数”。如果只有对某种特定“基底”，数字是“正规的”，则称之为“简单正规数”。例如，我们的十进制系统的“基底”为 10，因为它使用了 0 到 9 共 10 个数字。

“正规性”意味着对任意的“数字”都是等可能出现的，甚至对任意的“数字对”，任意的“三连数”都是等可能出现的……以此类推。例如，对于 π，数字 7 预计大约会在其十进制小数的前 1000 万位数中出现 100 万次，而实际上数下来出现了 1 000 207 次，确实与期望值非常接近。

法国数学家和政治家博雷尔基于 π 的十进制小数特征，在 1909 年提出了正规数的概念，认为它似乎具有随机字符串的性质。在 1933 年，人工构造的钱珀瑙恩数是第一批被发现的“基底为 10”的正规数之一。第一个绝对正规数是由瓦克拉夫·谢尔宾斯基（Wacław Sierpiński）在 1916 年构造的。多数数学家认为数字$\sqrt{2}$，欧拉数 e 和 ln(2) 也都是正规数，但与 π 的情况一样，也只是用验证推测的，都没有得到证明。■

1909 年

153

布尔夫人的《代数的哲学和乐趣》

玛丽·埃弗勒斯·布尔（Mary Everest Boole，1832—1916）

布尔夫人是《代数的哲学和乐趣》的作者，她是发明了布尔代数的数学家布尔的妻子。

虚数（1572 年），布尔代数（1854 年），超立方体（1888 年），柯瓦列夫斯卡娅的博士学位（1874 年）

布尔夫人是一位自学成才的数学家，1909 年她写了一本有趣的书《代数的哲学和乐趣》（*Philosophy and Fun of Algebra*），因此而闻名。她是发明布尔代数的英国数学家乔治·布尔的妻子，“布尔代数”是现代计算机算法的基础。她还负责编辑了布尔 1854 年的不朽著作《思维法则》（*Laws of Thought*）。她的《代数的哲学和乐趣》一书使现代历史学家得以一窥 20 世纪初数学教育的情景。

布尔夫人曾在英国第一所女子学院皇后学院工作。虽然她渴望教书，可惜她生活在一个妇女不允许在大学获得学位或教席的时代。她只能在图书馆工作。在那里她也给许多学生提供了建议和指导。

布尔夫人在《代数的哲学和乐趣》的结尾处讨论了虚数，即$\sqrt{-1}$的概念，她对此抱以神秘的敬畏之心：“（剑桥数学系一个优秀学生）纠结于 −1 的平方根是不是真实的，直到日夜难眠，他梦见自己变成了 −1 的平方根，无法解脱自己，病得很重，根本不能参加考试。”她还写道：“天使和负数的平方根……是来自未知宇宙的使者，它们来告诉我们下一步要去哪里，以及到达那里的捷径；但我们现在还不是去那里的时候。”

布尔家族和数学似乎有不解之缘。玛丽的大女儿嫁给了辛顿，辛顿提出了用神秘超立方体来解释四维空间的方法。她的另一个女儿艾丽西娅（Alicia），则因其对“多胞体”的研究而闻名，“多胞体”是她自创的一个术语，指的是更高维度中的多边形对应物。■

$*54 \cdot 43.\ \vdash :. \alpha, \beta \in 1 . \supset : \alpha \cap \beta = \Lambda . \equiv . \alpha \cup \beta \in 2$

Dem.

$\vdash . *54 \cdot 26 . \supset \vdash :. \alpha = \iota ' x . \beta = \iota ' y . \supset : \alpha \cup \beta \in 2 . \equiv . x \neq y .$

$[*51 \cdot 231] \qquad \equiv . \iota ' x \cap \iota ' y = \Lambda .$

$[*13 \cdot 12] \qquad \equiv . \alpha \cap \beta = \Lambda \qquad (1)$

$\vdash . (1) . *11 \cdot 11 \cdot 35 . \supset$

$\vdash :. (\exists x, y) . \alpha = \iota ' x . \beta = \iota ' y . \supset : \alpha \cup \beta \in 2 . \equiv . \alpha \cap \beta = \Lambda \qquad (2)$

$\vdash . (2) . *11 \cdot 54 . *52 \cdot 1 . \supset \vdash .$ Prop

From this proposition it will follow, when arithmetical addition has been defined, that **1+1=2**.

《数学原理》

阿尔弗雷德·诺斯·怀特海（Alfred North Whitehead，1861—1947）
贝特朗·罗素（Bertrand Russell，1872—1970）

在《数学原理》第一卷的百来页处，作者提到了命题：1+1 =2。命题的证明实际上是在第二卷中才完成的，并附有评论：“上述命题很少会被使用。”

亚里士多德的《工具论》（约公元前 350 年），皮亚诺公理（1889 年），理发师悖论（1901 年），哥德尔定理（1931 年）

英国哲学家、数学家罗素和他的老师怀特海合作八年，在 1910—1913 年写成了他们标志性的巨著《数学原理》（*Principia Mathematica*，共计三卷，近 2000 页），旨在证明数学可以用逻辑概念（比如类和类中的成员）来陈述。《数学原理》试图从公理和符号逻辑中的推证方法推演出全部数学真理。

现代文库将《数学原理》列为 20 世纪第二十三本最重要的非小说类书籍，这份书单中还有詹姆斯·沃森（James Watson）的《双螺旋》（*The Double Helix*）和威廉·詹姆斯（William James）的《宗教经验的多样性》（*The Varieties of Religious Experience*）。根据《斯坦福哲学百科全书》（*The Stanford Encyclopedia of Philosophy*）的说法，这本书是“为捍卫逻辑主义而写作的（即认为数学在某种意义上可以还原为逻辑学），这本书促进了现代数学逻辑的发展和推广。它也是整个 20 世纪对数学基础研究的主要动力。它是继亚里士多德的《工具论》之后，有史以来最有影响力的逻辑学著作”。

虽然《数学原理》成功地提供了数学中许多主要定理的推导，但一些评论家对这本书的一些假设仍感到不够严谨，比如无穷公理（即存在无限数量的对象），这似乎是一个经验假设，而不像一个逻辑假设。因此，数学能否还原为逻辑仍然是一个公开问题。然而《数学原理》在强调逻辑学和传统哲学之间的联系方面具有极大的影响力，这促进了哲学、数学、经济学、语言学和计算机科学等不同领域的新研究。

在《数学原理》的一百多页处，作者证明了 1+1=2。其出版商剑桥大学出版社经评估后认为出版《数学原理》将亏损 600 英镑，因此，直到作者同意付给出版社一些费用，这本书才得以出版。■

毛球定理

路易斯·埃格贝特·扬·布劳威尔
(Luitzen Egbertus Jan Brouwer，1881—1966)

如果我们想用梳子梳平毛球上的每一根头发，经过努力后会发现，无论如何都会留下一根头发保持直立，或者可以在球面上找到一个没有毛发覆盖的缺口。

布劳威尔不动点定理（1909 年）

2007 年，麻省理工学院的材料科学家弗朗切斯科·斯特拉斯（Francesco Stellacci）利用数学中的毛球定理（HBT）迫使纳米粒子粘在一起形成长长的链状结构。荷兰数学家布劳威尔在 1912 年首次证明了“毛球定理”：如果有一个覆盖着头发的球体，我们想把所有的头发都梳理得服服帖帖，全部成平躺状态是不可能的，总是会有一根头发直立不倒，或某个缺口没有毛发覆盖。

斯特拉斯的团队用硫分子像毛发那样覆盖在纳米级的金粒子上。根据毛球定理，硫分子（头发）必然会在一个或多个位置突起，粒子表面的这些点会变得不稳定，这些突出点很容易成为化学反应的着力点，这样粒子就可以彼此粘在一起，也许有一天会被用来形成纳米级的电子设备。

用数学语言描述毛球定理即为：球体上的任何连续切向矢量场必须至少有一点为零。考虑连续函数 f，将三维空间中球体上的每个点 p 的矢量标记为 $f(p)$，它总是与 p 处的球体相切，这意味着至少存在一个点 p，使得 $f(p)=0$。换句话说，“不可能把毛球上的每一根头发都梳平。”

这个定理很有趣。例如，由于风可以被认为是具有大小和方向的矢量，该定理指出，在地球表面无论有多少地方在刮多大的风，但至少有一点它的水平风速必然为零。有趣的是，毛球定理不适用于圆环面（例如甜甜圈表面），因此，理论上是可以制造出一个长毛的甜甜圈，它所有的毛发都很平顺。当然了，它可能并不那么讨人喜欢。■

1912 年

无限猴子定理

费利克斯·爱德华·贾斯汀·埃米尔·博雷尔
(Félix Édouard Justin Émile Borel，1871—1956)

根据无限猴子定理，猴子在打字机键盘上随机地胡乱敲击，且没有时间限制地一直弄下去。它肯定会打印出如《圣经》之类的特定而有限长度的文本。

大数定律（1713 年），拉普拉斯的《概率的分析理论》（1812 年），卡方（1900 年），随机数发生器的诞生（1938 年）

1913 年

无限猴子定理指出，猴子在打字机键盘上随机地胡乱敲击，且没有时间限制地一直敲下去。它肯定会打印出如圣经之类的特定而有限的文本。让我们考虑《圣经》中的一句简单的短句："In the beginning，God created the heavens and the earth."（太初之始，上帝创造天地。）猴子打这个短语需要多长时间？假设键盘上有 93 个按键。该短语包含 56 个字母（包括空格和末尾的标点）。如果打出正确的按键的概率是 $1/n$，其中 n 是可能的键数，那么猴子在目标短语中正确键入 56 个连续字符的能力平均为 $1/93^{56}$，这意味着猴子必须平均尝试超过 10^{100} 次才能成功！如果猴子每秒按一个键，它将耗费比目前宇宙年龄还要长的时间。

有趣的是，如果我们只保存输入正确的字符，猴子显然需要少得多的按键次数。数学分析表明，经过 407 次测试，我们的猴子就有 50% 的机会键入正确的句子！这粗略地说明了进化可以通过保留有用的而消除不适应的特征，从而出产生有意义的结果。

法国数学家博雷尔在 1913 年的一篇文章中提到了"打字的猴子"，他在文章中讨论了 100 万只猴子每天打字 10 小时可以产生在图书馆里所有书籍的可能性。物理学家亚瑟·爱丁顿（Arthur Eddington）1928 年写道："如果让一群猴子在打字机上乱敲，它们可能会把大英博物馆里所有的书都打出来。这种机会显然比'容器中的所有气体分子突然运动到半边容器中'的可能性要大得多。"

自 1910 年开始，比伯巴赫在哥尼斯堡大学担任私人讲师。图中展示的是这所大学的旧建筑之一，后来它在第二次世界大战中被摧毁。背景是哥尼斯堡大教堂。

黎曼假设（1859 年），庞加莱猜想（1904 年）

比伯巴赫猜想

路德维希·乔治·埃里亚斯·摩西·比伯巴赫（Ludwig Georg Elias Moses Bieberbach，1886—1982）
路易斯·德·布兰吉斯·德·布朗基（Louis de Branges de Bourcia，1932—）

比伯巴赫猜想与两个形象鲜明的人物有关：一个是邪恶的纳粹数学家比伯巴赫，他在 1916 年提出了这个猜想；另一个是法国裔美国人，性格孤僻的数学家德·布朗基，他 1984 年证明了这个猜想。尽管一些数学家最初对德·布朗基的工作持怀疑态度，因为他在早些时候发布过一个错误的结果。作家卡尔·萨巴格（Karl Sabbagh）写道："他也许不是个怪异的人，但他确实脾气怪异。他告诉我：'我和同事的关系确实很糟糕。'他似乎给人留下了爱抱怨、爱生气甚至鄙视同事的印象。仅仅因为对他的工作领域不熟悉，他就对他的学生和同事一点情面也不给。"

比伯巴赫则是一个活跃的纳粹分子，积极参与了打压犹太同事，包括德国数学家埃德蒙·兰道（Edmund Landau）和伊赛·舒尔（Issai Schur）都身受其害。比伯巴赫说："代表截然不同的种族的学生和教师不要混合在一起……我感到惊讶的是，居然还有犹太人是学术委员会的成员。"

比伯巴赫猜想指出：如果一个函数是单位圆中的点与平面上一个单连通区域中的点之间的"一一映射"，则表示函数的幂级数中每一项的系数都不大于相应的幂指数。换句话说，如果此幂级数为 $f(z)=a_0+a_1z+a_2z^2+a_3z^3+\cdots$，当 $a_0=0$、$a_1=1$ 时，对于所有的 $n\geqslant 2$，都有 $|a_n|\leqslant n$ 成立。"单连通区域"可以相当复杂，但它不能包含任何空洞。

德·布朗基谈到了他的数学方法："我的头脑不是很灵活。我可以专注于一件事，但我的大局观不行。如果我遗漏了什么，那我就必须我对自己非常谨慎，让自己不要陷入某种沮丧情绪之中……比伯巴赫猜想很有意义，部分原因是它接受了数学家们长达 68 年的挑战，在这段时间里，它启发了许多重要的研究。■

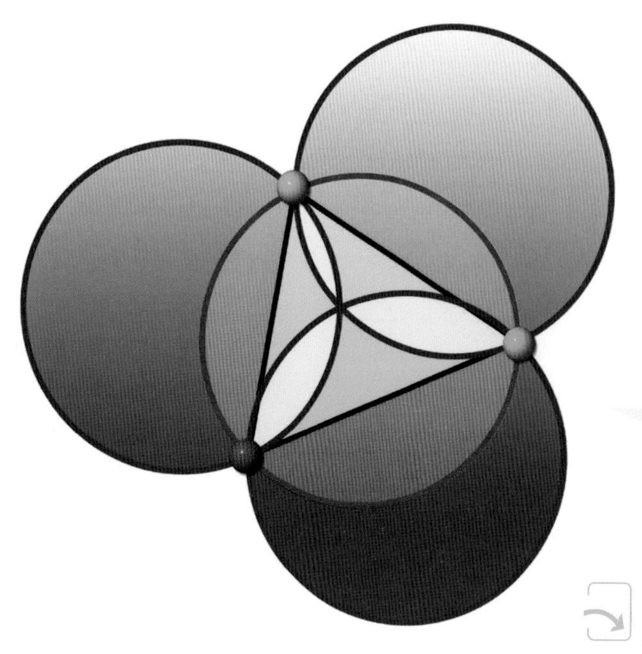

强森定理

罗杰·亚瑟·强森（Roger Arthur Johnson，1890—1954）

根据强森定理，如果三个相同大小的圆通过一个公共点，那么它们的其他三个交点必须位于与原来的三个圆大小相同的另一个圆上。

博罗梅安环（834 年），布丰投针问题（1777 年），算额几何（约 1789 年），元胞自动机（1952 年），彭罗斯镶嵌（1973 年），分形（1975 年），曼德布洛特集合（1980 年）

强森定理指出，如果三个相同大小的圆通过一个公共点，那么它们的其他三个交点一定位于与原来的三个圆相同大小的另一个圆上。这个定理之所以值得注意，不仅是因为它很简单，而且因为它居然直到 1916 年才被美国几何学家强森所“发现”。

大卫·威尔斯（David Wells）写道，数学史上这一相对较新的发现“表明许多几何性质的宝藏仍然埋藏着，等待我们的发掘”。

强森是《强森的现代几何学：关于三角形和圆的几何的基本论述》（*Johnson' s Modern Geometry: An Elementary Treatise on the Geometry of the Triangle and the Circle*）的作者。1913 年他在哈佛得到了博士学位。1947 年至 1952 年他担任过亨特学院布鲁克林分校的数学系主任，后来布鲁克林分校升级成了布鲁克林学院。

即使在今天仍然可以发现非常简单而深刻的数学结论，这一想法并不像听起来那么牵强。例如活跃于 20 世纪中后期的数学家斯坦尼斯瓦夫·乌拉姆（Stanislaw Ulam），他似乎满脑子都是简单但新颖的想法，开创了元胞自动机理论和蒙特卡罗方法等新的数学分支。另一个简单而深刻的发现是彭罗斯镶嵌，这是罗杰·彭罗斯（Roger Penrose）在 1973 年左右发现的壁纸图案，这些图案可以用不重复（非周期）方式，完全覆盖无限表面。非周期性镶嵌最初被认为仅仅是一种数学上的好奇心，但后来发现有的物理材料中的原子排列方式与彭罗斯镶嵌方式是相同的，在现代化学和物理中起着重要的作用。我们还应该考虑的例子是曼德布洛特集合的复杂而美丽的表现形式，这是一种复杂的分形图案，但用一个极其简单的公式 $z = z^2 + c$ 即可描述，它直到 20 世纪末才被发现。■

159

豪斯多夫维度

费利克斯·豪斯多夫（Felix Hausdorff，1868—1942）

由尼兰德绘制的纷繁复杂的分形图案，豪斯多夫维度可用于测量分形集合的分数维度。

皮亚诺曲线（1890 年），科赫雪花（1904 年），海岸线悖论（1950 年），分形（1975 年）

1918 年

豪斯多夫维度是数学家豪斯多夫于 1918 年提出的，可以用来测量分形集合的分数维度。在日常生活中，我们通常考虑的是光滑物体的整数拓扑维度。例如，平面是二维的，因为平面上的一个点可以用两个独立的参数（比如在 x 轴和 y 轴上的坐标）来描述。直线则是一维的。

对于某些更复杂的集合和曲线，豪斯多夫维度提供了另一种定义维数的方法。例如，想象一条曲线以非常复杂的方式弯折和扭曲，以至于部分填充了它所在的平面，它的豪斯多夫维度就会大于 1，它填充平面区域的程度越充分，它的豪斯多夫维度值就越接近于 2。

空间填充曲线，如无限弯折的皮亚诺曲线，其豪斯多夫维度为 2。海岸线的豪斯多夫维度则依其曲折程度不同而不等。较平直的南非海岸线为 1.02，崎岖的大不列颠的西海岸则达到了 1.25。事实上，分形的定义之一就是其豪斯多夫维度超过拓扑维数的集合。在艺术、生物学和地质学等不同领域使用分数维度来量化对象的“粗糙”程度、缩放比例和复杂程度已经得到了应用。

豪斯多夫是犹太人，波恩大学数学教授，是现代拓扑学的奠基人之一，以其在函数分析和集合论方面的工作而闻名。1942 年，当他得知将要被纳粹送到集中营时，他和他的妻子及嫂子一起自杀了。此前一天，豪斯多夫给朋友写了一封信说：“原谅我们。我们祝愿你和我们的朋友们会迎来更好的时光。”许多用于计算复杂集合的豪斯多夫维数的公式，都是由另一位犹太人，俄罗斯数学家艾布拉姆·萨莫洛维奇·贝西科维奇（Abram Samoilovitch Besicovitch，1891—1970）确定的，因此我们有时也会看到“豪斯多夫—贝西科维奇维度”这样的提法。■

布朗常数

维果・布朗（Viggo Brun，1885—1978）

这是小于 x 的孪生质数对的数量的图像，x 的范围是 0 到 800。图中最右边的平台顶部，表示 800 以内的孪生质数数量是 30 对。

质数和蝉的生命周期（约公元前 100 万年），埃拉托色尼的筛法（约公元前 240 年），发散的调和级数（约 1350 年），哥德巴赫猜想（1742 年），正十七边形作图（1796 年），高斯的《算术研究》（1801 年），质数定理的证明（1896 年），圆和多边形的嵌套（约 1940 年），吉尔布雷斯猜想（1958 年），乌拉姆螺旋（1963 年），安德里卡猜想（1985 年）

1919 年

加德纳写道："没有哪一个数论分支比质数的研究更充满神秘感：那些烦人的而不受约束的整数，顽固地拒绝被除开自己和 1 的任何数整除。关于质数的许多问题简单得连小朋友都可以理解，但又如此之深奥，而且很多问题至今还没有头绪，以至于现在许多数学家怀疑它们根本就是无解的。也许数论和量子力学一样，有着本质上的不确定性原理，使得在我们某些领域不得不放弃精确性而只能采用概率公式。"

质数常常以连续奇数整数对的形式出现，如 3 和 5，称为孪生质数。在 2008 年已知最大的孪生质数超过 58 000 位数。尽管很可能存在无限多的孪生质数，但这个猜想至今没有得到证实。也许是因为孪生质数这个著名的猜想至今尚未解决，电影《双面镜》（*The Mirror Has Two Faces*）里还特地安排了由杰夫・布里奇斯（Jeff Bridges）扮演的数学教授向芭芭拉・史翠珊（Barbra Streisand）讲解这个猜想的情节。

1919 年挪威数学家布朗证明：如果把全部孪生质数的倒数相加，其和将收敛到一个特定的，称之为布朗常数的数值 $B=(1/3+1/5)+(1/5+1/7)+\cdots \approx 1.902\ 160\ \cdots$。考虑到所有质数的倒数和会发散到无穷大，所以孪生质数倒数和的收敛性（即趋近于一个特定的数值）引起了人们的兴趣。这反过来又表明了孪生质数的相对"稀缺性"，尽管存在的孪生质数可能是无限大的。今天，对孪生质数的探索继续在一些大学进行，布朗常数 B 的数值也越来越准确。此外，除第一对孪生质数之外，所有孪生质数对都具有 $(6n-1)$、$(6n+1)$ 的形式。

安德鲁・格兰维尔（Andrew Granville）指出："质数是数学中最基本的对象，也是最神秘的对象，虽然经过几个世纪的研究，我们仍然不能很好地理解质数的结构……"

天文数字“Googol”

米尔顿·西罗塔（Milton Sirotta，1911—1981）
爱德华·卡斯纳（Edward Kasner，1878—1955）

假设一条打开的项链上有 70 粒不同的珠子，它们的不同的排列方式的数量比天文数字“googol”还要大一点。

阿基米德的谜题：沙子、群牛和胃痛拼图（约公元前 250 年），康托尔的超限数（1874 年），希尔伯特旅馆悖论（1925 年）

约 1920 年

“Googol”这个词代表数字 1，后面跟上 100 个 0，它是由九岁孩子西罗塔创造的。西罗塔和他的兄弟埃德温（Edwin）在他们父亲在纽约布鲁克林的加工杏仁的工厂里工作了大半辈子。西罗塔是美国数学家卡斯纳的侄子，卡斯纳要他九岁的侄子给这个非常大的数字起个名字，于是“googol”这个词诞生了。后来卡斯纳大力推广这个词，1938 年，“googol”这个词第一次出现在印刷出版物上。

卡斯纳是第一位获得哥伦比亚大学科学系教职的犹太人，他也因此而闻名，他还与人合著了《数学与想象》（*Mathematics and the Imagination*）一书，其中就向非专业的读者们介绍了“googol”这个词。虽然 googol 在数学上没有特别的意义，但实践表明它作为天文数字的衡量标准还是很有用的，它还有助于唤起公众对数学奇迹以及浩瀚宇宙的敬畏之心。googol 还以其他方式改变了世界。拉里·佩奇（Larry Page）是互联网搜索引擎 Google（谷歌）的创始人之一，出于对数学的热爱，他将这个天文数字作为他公司的名字，但是他居然不小心将“Googol”错误地拼写成了“Google”。

下面举例来加深大家对“googol”大小的理解。一条打开的项链，有 70 粒不同的珠子穿成一串，就像是 70 人在门口排队一样，排列方式的总合比天文数字“googol”还要大一点。大多数科学家都会同意认为，如果我们能数清我们所能看到的所有星星中所有的原子的总数，我们得到的数字还远不到一个 googol。要使宇宙中的所有黑洞蒸发，就需要一个 googol 那么多年。而国际象棋的棋局总数也远超一个 googol。另一个更大的天文数字 googolplex，是 1 后面跟上一个 googol 那么多个 0。这个数字的位数比可见的宇宙中的星星中的原子总数都要多得多。■

安托万的项链

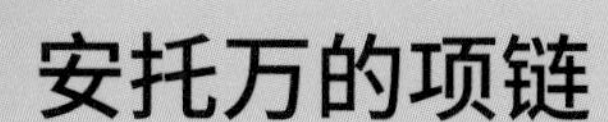

路易斯·安托万（Louis Antoine，1888—1971）

由计算机科学家和数学家罗伯特·沙林（Robert Scharein）绘制的安托万的项链。在其构造过程中的每一步中，都把项链中每个链环替换为一个由链环连接的小链。不断重复这个步骤无数次后，得到的就是安托万的项链。

哥尼斯堡七桥问题（1736 年），亚历山大带角球（1924 年），门格尔海绵（1926 年），分形（1975 年）

安托万的项链是一个华丽的数学对象，可以形容为链中有链，链内之链。制作安托万的项链时，可以先考虑一个较大而中空的圆环（甜甜圈的形状），然后我们用由 n 个小一点的链环连接的链 C 来代替它，接下来，我们又将链 C 的每个链环都用另一个由 n 个更小链环连接成的小链 C_1 来代替，我们又再次将 C_1 的每个链环用 n 个更小的链环连接成的小链来替代……继续这个过程，每步都将项链中的链环用越来越小而精致的链环连接成的链来代替，直到小链环的直径下降到零。

数学家们认为安托万的项链与康托尔集同胚。康托尔集是由德国数学家康托尔在 1883 年构造的，是一个特殊的有无穷多间隙的无穷点集。如果一个物体可以通过拉伸和弯曲变形成另一个物体，则称两物体同胚。

法国数学家安托万 29 岁时在第一次世界大战中失去了视力。数学家亨利·勒贝格（Henri Lebesgue）建议安托万研究二维和三维拓扑，因为“在这种研究中，精神上的眼睛和专注的习惯可以取代失去的视觉”。安托万的项链之所以引起关注，因为它是三维空间中的第一个“野蛮内生”的集合。沿用安托万的思路，詹姆斯·亚历山大（James Alexander）发明了著名的带角球（horned sphere）。

贝弗利·布雷希纳（Beverly Brechner）和约翰·梅耶（John Mayer）写道：“链环被用来构造安托万的项链，但实际上安托万的项链中没有链环。只有‘珠子’（无穷多个链环的交集）存在。安托万的项链其实完全是断开的。因为对于项链上任何两个不同的点，总会在某一个阶段之后分别属于不同的链环。”

诺特的理想环理论

艾玛·艾米·诺特（Amalie Emmy Noether，1882—1935）

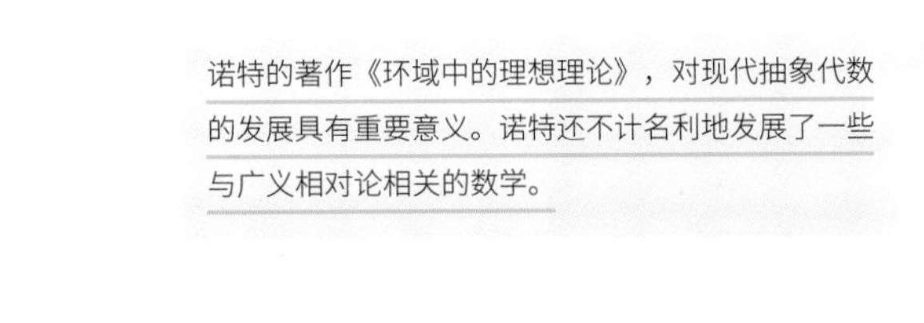

诺特的著作《环域中的理想理论》，对现代抽象代数的发展具有重要意义。诺特还不计名利地发展了一些与广义相对论相关的数学。

希帕蒂亚之死（415 年），柯瓦列夫斯卡娅的博士学位（1874 年）

1921 年

尽管女性在数学界面临着可怕的偏见，但仍有一些女性数学家坚持自己的数学理念，奋起抗争。德国女数学家诺特被爱因斯坦称为“自女性开始接受高等教育以来，迄今为止具有最杰出创造力的数学天才”。

1915 年在德国哥廷根大学，诺特在理论物理学上提出了第一个重大数学突破。特别是诺特研究了物理学中的对称关系与守恒定律的联系，其成果被称为著名的诺特定理。这个定理和相关的工作对爱因斯坦发展广义相对论中涉及的重力性质有很大帮助。

在诺特取得博士学位之后。她想留在哥廷根教书，但反对者们坚持说，不能指望男人“在女人的脚下”学习。她的同事大卫·希尔伯特（David Hilbert）回击诋毁者说，“我不认为候选人的性别会妨碍她取得教师（特许讲师）资格。毕竟，大学学院又不是澡堂子。”

诺特也以她对“非交换代数”的贡献而闻名，在这种代数中，对象的乘法顺序不同会得到不同的结果。她最著名的研究成果是“理想环的升链条件”，在 1921 年诺特发表了《环域中的理想理论》（*Idealtheorie in Ringbereichen*），这是现代抽象代数重要的发展。她在这个数学领域里检验了一般的运算法则，并经常把逻辑学和数论与应用数学结合起来。

但是在 1933 年，当纳粹政权因为她的犹太人身份而将她从哥廷根大学解雇时，她的数学成就也被彻底地否定了。她逃离德国，进入美国宾夕法尼亚州布林莫尔学院担任教员。

据记者西伯汉·罗伯茨（Siobhan Roberts）说，诺特“每周都去普林斯顿学院讲课，并经常拜访她的朋友爱因斯坦和赫尔曼·威尔（Herman Weyl）”。■

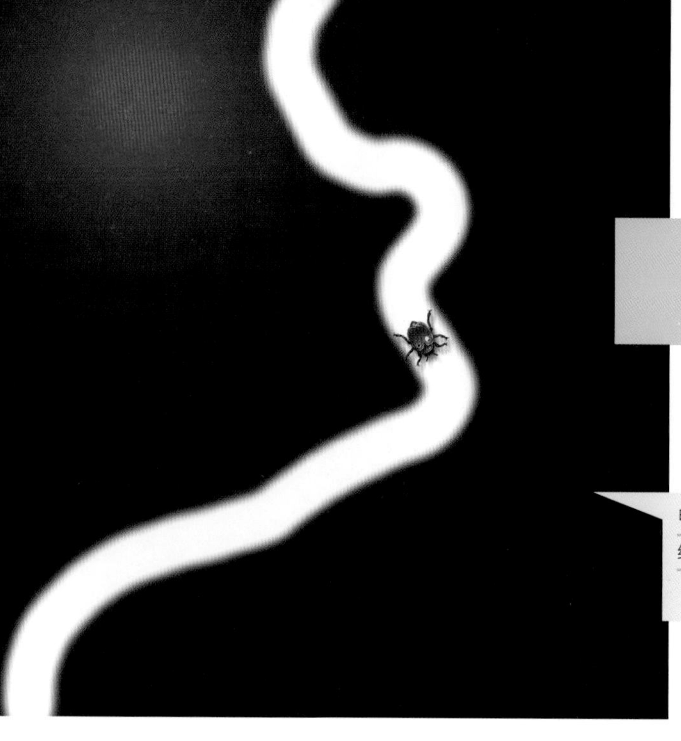

超空间迷航记

乔治·波利亚（George Pólya，1887—1985）

甲虫在无限长的弯管里不停地随机前进或后退。最终它能回到起点的概率是多少？

骰子（约公元前 3000 年），大数定律（1713 年），布丰投针问题（1777 年），拉普拉斯的《概率的分析理论》（1812 年），墨菲定律和绳结（1988 年）

1921 年

想象一只甲虫被放在一个弯曲的管子里，假定管子是无限长的。这个生物无休止地随机游走，它每次在管子里随机地向前或向后移动一步。最终它能回到起点的概率是多少？

1921 年匈牙利数学家波利亚证明了甲虫能回到起点的概率是 1。这意味着一维空间的随机游走几乎是必然可以返回起点的。如果将甲虫放置在两个空间维度（即平面）的原点处，然后甲虫向东西南北四个方向随机走一步，继续无限制地随机游走下去，这种随机游走最终会把甲虫带回到起点的概率也是 1！

波利亚的研究还表明，我们的三维世界就有点特别了：三维空间是第一种甲虫有可能迷失方向的欧几里得空间。甲虫在三维空间的宇宙中无限制地随机游走，最终会回到原点的概率只有 34%。在更高的 n 维空间中，甲虫返回原点的机会甚至更小，大约只有 $1/(2n)$ 的概率。值得注意的是，这 $1/(2n)$ 概率就是甲虫在第二步就原路返回起点的概率。也就是说如果甲虫不能在第二步就回家的话，它几乎注定会永远迷航下去了。

波利亚出生在匈牙利首都布达佩斯。20 世纪 40 年代波利亚成为斯坦福大学的数学教授。他写过一本十分畅销的书《怎样解题》（*How to Solve it*），售出了一百多万册，因此许多人认为他是 20 世纪最有影响力的数学家之一。■

巨蛋穹顶

沃尔特·鲍斯菲尔德（Walther Bauersfeld，1879—1959）
“巴基”·富勒（“Bucky” Fuller，1895—1983）

在加拿大蒙特利尔举行的 1967 年世界展览会上，美国展馆的造型是一个巨蛋穹顶，球体直径达 76 米。

柏拉图多面体（约公元前 350 年），阿基米德的半正则多面体（约公元前 240 年），欧拉的多面体公式（1751 年），环游世界游戏（1857 年），皮克定理（1899 年），塞萨多面体（1949 年），西拉夕面体（1977 年），三角螺旋（1979 年），破解极致多面体（1999 年）

巨蛋穹顶建筑是如何设计和建造出来的呢？一般是通过将柏拉图多面体或其他的多面体来进行三角形网格划分的，这使它们分解成许多个小的三角形平面，组合起来就非常接近一个球面或者半球面。例如一个正十二面体，它有 12 个正五边形表面，在每个五边形中心设置一个点，并将这个点与五边形的顶点用五条线连接起来，并将这个中心点稍微提高一点，使它刚好触碰到这个十二面体的假想的外接球面。这样现在你就已经创建了一个新的多面体——有 60 个三角形面组成的简易版的巨蛋穹顶的例子。你还可以继续将小三角形面分成更多更小的三角形，这样就可以得到更近似于球面的穹顶。

在整个结构中，三角形可以分散应力，提高强度。从理论上讲，由于三角形的刚性和强度，穹顶的规模可以做得非常大。第一个真正的巨蛋穹顶是由德国工程师鲍斯菲尔德为德国耶纳设计的天文馆，于 1922 年向公众开放。20 世纪 40 年代末，美国建筑师 R. 巴克敏斯特·富勒（R. Buckminster Fuller）独立设计了巨蛋穹顶，并获得了美国专利。美国陆军对这种结构印象深刻，让他监督设计了军事用途的穹顶建筑。除了强度大以外，穹顶设计还有许多优点，因为它们用较小的表面积封闭了更大的体积，这使得它们在节省建筑材料和减少热量损失方面的性能都非常突出。

富勒本人在一个巨蛋穹顶中生活了一段时间。他发现，巨蛋穹顶的低气阻有助于抵御飓风。富勒还是一个梦想家，他制订了一个雄心勃勃的计划，要在纽约市上空设计一个巨蛋穹顶，直径 2 英里（3.2 千米），中心高度达到 1 英里（1.6 千米），这样生活在巨蛋里的纽约居民可以生活在人为控制的天气之下，使人们免受雨雪之害！■

亚历山大带角球

詹姆斯·瓦德尔·亚历山大（James Waddell Alexander，1888—1971）

亚历山大带角球的一部分，由卡梅隆·布朗（Cameron Browne）绘制。它是数学家亚历山大1924年的研究成果，亚历山大带角球是一种分形，由无数对“手指”相扣组成。

若当曲线定理（1905年），安托万的项链（1920年），分形（1975年）

1924年

亚历山大带角球有一个错综复杂的表面，在视觉上很难界定它的内部和外部。这个概念是1924年由数学家亚历山大提出的。亚历山大带角球是一种分形，由一对互锁的“手指”组成，它们不断地长出垂直的，半径减小的圆圈。

虽然很难想象，但是亚历山大带角球的表面（连同它的内部）与三维球是同胚的。（如果一个物体可以经过拉伸和弯曲变形为另一物体，则称它们同胚。）因此，亚历山大带角球可以在不刺穿或弄破它的前提下伸展变形成一个球。加德纳写道：“层层缩小，环环相扣的犄角形状，直到极限，这就是拓扑学家所说‘野蛮内生结构’……虽然它同胚于一个球的单连通表面，但它界定的区域却不是一个单连通区域。因为一个有弹性的环绕犄角底部的橡皮圈即使在取极限的情况下也不能从结构中取出来。”

亚历山大带角球不仅是一个难以想象的新奇物体，它还是若当—舍恩弗利斯定理不能扩展到更高的维度的一个具体而重要的证例。若当—舍恩弗利斯定理说：简单封闭曲线将平面（即二维空间）分隔成一个内部有界区域和一个外部无界区域，并且这两个区域与圆周的内外部是同胚的。亚历山大带角球证明这个定理在三维空间不能成立。■

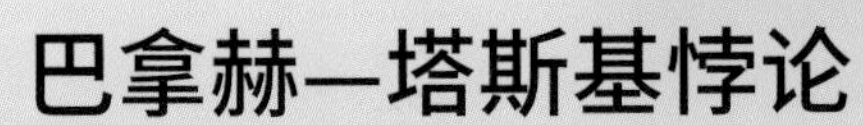

巴拿赫—塔斯基悖论

斯特凡·巴拿赫（Stefan Banach，1892—1945）
阿尔弗雷德·塔斯基（Alfred Tarski，1902—1983）

巴拿赫—塔斯基悖论展示了如何将一个数学表示的球分解成若干碎片，然后将这些碎片重新组装，制作出两个与原来的球一样大的副本。

芝诺悖论（约公元前 445 年），亚里士多德的轮子悖论（约公元前 320 年），圣彼得堡悖论（1738 年），理发师悖论（1901 年），策梅洛的选择公理（1904 年），豪斯多夫维度（1918 年），希尔伯特旅馆悖论（1925 年），生日悖论（1939 年），海岸线悖论（1950 年），纽科姆悖论（1960 年），帕隆多悖论（1999 年）

1924 年

著名的巴拿赫—塔斯基悖论（以下简称为 BT 悖论）看起来很古怪，它是在 1924 年由波兰数学家巴拿赫和塔斯基首次提出的。BT 悖论（实际上是一个证明）展示了它如何将一个数学上定义的球分成若干块碎片，然后重新组装这些碎片，组成两个与原来的球大小相同的副本。更有甚者，它还展示了如何肢解一个豌豆大小的球，然后重新组装碎片形成另一个月亮大小的球！[1947 年，鲁宾逊（Robinson）证明，这种操作至少要分成 5 块碎片。]

这一悖论建立在豪斯多夫早期著作的基础之上，它表明当定义一个数学上的球，作为一个无限的点集被切成碎片，进行平移和旋转，并以不同的方式重新组装以后，我们的物理世界中可以测量的物理量的种类并不一定保留得下来。

在 BT 悖论中，所涉及的不可测子集（碎片）非常烦琐而复杂，在物理世界中缺乏与它们的边界和体积直接对应的子集。悖论在二维空间并不成立，但在高于二维的所有空间都能成立。BT 悖论的构造过程依赖于策梅洛的选择公理。因为 BT 悖论结果看起来是如此的违反直觉而有悖常理，一些数学家反而因此指责选择公理一定是错误的。

但另一方面，选择公理在数学的许多分支中都太好用了，以至于数学家们私下仍然接受并使用选择公理，继续用它来的证明定理。1939 年，才华横溢的巴拿赫当选为波兰数学学会的主席，但没几年后，在纳粹占领期间，巴拿赫被德国人强迫用自己的血喂虱子，以进行传染病研究。塔斯基则在 1939 年移居美国，一直任教于加利福尼亚大学伯克利分校。■

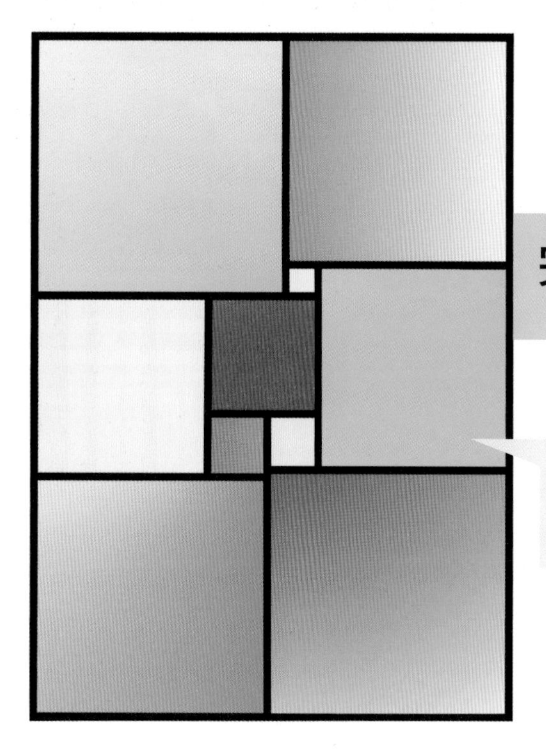

完美矩形和完美正方形

兹比格涅夫·莫伦（Zbigniew Moroń，1904—1971）

波兰数学家莫伦发现了这个 65×47 的完美矩形，它可以用边长分别为 3，5，6，11，17，19，22，23，24 和 25 的 10 个正方形瓷砖镶嵌而成。

壁纸群组（1891 年），万德伯格镶嵌（1936 年），彭罗斯镶嵌（1973 年）

1925 年

完美矩形和完美正方形问题困扰了数学家至少一百年之久。这个谜题要求将一个整数边长的矩形或正方形分为一系列不同大小的整数边长的正方形，或者说使用不同大小的整数边长的正方形瓷砖，来镶嵌成大的矩形或正方形，这样的矩形或正方形称为“完美矩形”或“完美正方形”。这听起来好像很容易，你甚至会产生马上拿起铅笔和方格纸来尝试的冲动。但事实证明，只存在不多的几种方案。

第一个完美矩形是 1925 年由波兰数学家莫伦发现的。莫伦发现了一个 33×32 的矩形，它可以用 9 个不同的边长为 1，4，7，8，9，10，14，15 和 18 的正方形拼成。他还发现了一个 65×47 的完美矩形，可分成边长分别为 3，5，6，11，17，19，22，23，24 和 25 的 10 个正方形（如上图）。但长久以来，数学家们都以为完美正方形的剖分是不存在的。

剑桥三一学院有四名学生：R.L. 布鲁克斯（R. L. Brooks）、C.A.B. 史密斯（C. A. B. Smith）、A.H. 斯通（A. H. Stone）和 W.T. 图特（W. T. Tutte），他们痴迷于这个谜题，不断努力研究，终于在 1940 年，这四位数学家发现了第一个完美正方形，由 69 个（整数边长的）方块组成！经过进一步的努力，布鲁克斯把方块的数量减少到 39 块。1962 年，A.W.J. 杜伊维斯廷（A. W. J. Duivestijn）证明，任何完美正方形至少含有 21 个方块，在 1978 年，他真的找到了这个完美正方形，并证明它是唯一的 21 块完美正方形。1993 年，S.J. 查普曼（S.J.Chapman）发现莫比乌斯带只用 5 块不同的方砖就可以铺装完成；一个圆柱面也可以用不同大小的整数正方形镶嵌，但至少需要 9 块方形瓷砖。■

希尔伯特旅馆悖论

大卫·希尔伯特（David Hilbert，1862—1943）

希尔伯特的旅馆已经满员了，但是侍者说还可以给你腾出一个房间。你知道这是怎么办到的吗？

芝诺悖论（约公元前 445 年），康托尔的超限数（1874 年），皮亚诺公理（1889），希尔伯特的 23 个问题（1900 年）

1925 年

想象一个普通的 500 个房间的旅馆，所有的房间都被客人住满了。当你下午到达时被告知没有空房，你只好无助地离开，这一切都很正常。但接下来，让我们想象有一家酒店，它有无穷多的房间，虽然每个房间都住人了，但店员仍然可以给你一个房间，这是怎么回事呢？更精彩的是，同一天晚些时候，一大批源源不断的会议人员到来，店员居然能够给他们所有的人都腾出房间，让他们住下，狠狠地赚了一大笔钱！

德国数学家希尔伯特在 20 世纪 20 年代提出了这个悖论，用以说明无穷大的神秘性质。那么你是如何在希尔伯特的旅馆得到一个房间的呢？当你一个人来的时候，店员把 1 号房间的客人搬到 2 号房间，然后把 2 号房间的客人搬到 3 号房间⋯⋯以此类推。1 号房现在空着，你就可以入住了。如果为了容纳源源不断的客人（无穷多的客人），可以把目前的入住旅客都搬进偶数号的房间，比如把 1 号房间的客人搬到 2 号房间，2 号房间原来的客人搬进 4 号房间，3 号房间客人搬进入 6 号房间⋯⋯以此类推。店员现在只要把新来的无穷多的客人安排到空着的奇数号房间里去就行了。

希尔伯特旅馆悖论可以用康托尔的超限数理论来解释。在普通酒店中，奇数号房间的数量小于总房间数量。但在希尔伯特的无穷多房间的旅馆里，奇数号码房间的“数量”并不小于旅馆房间的总“数量”。■

门格尔海绵

卡尔·门格尔（Karl Menger，1902—1985）

图中，一个孩子在门格尔海绵里面探索它那无穷多的孔洞。这是分形爱好者盖拉·钱德勒（Gayla Chandler）和保罗·鲍克（Paul Bourke）合作，利用计算机生成的门格尔海绵，它与人类孩子的形象合成为一体。

帕斯卡三角形（1654 年），鲁珀特王子的谜题（1816 年），豪斯多夫维度（1918 年），安托万的项链（1920 年），福特圆圈（1938 年），分形（1975 年）

1926 年

门格尔海绵是一种分形物体，它就像有无穷多蛀孔的蛀牙，在任何牙医看来都是绝望的噩梦。这个物体是由奥地利数学家门格尔在 1926 年首次提出来的。为了构造门格尔海绵，我们从一个“母立方体”开始，并将它用每条边三等分的方式，均匀分为 27 个相同的小立方体。然后我们去除最中心的小立方体和与它共面的六个小立方体，这样我们的结构还剩 20 个小立方体；我们继续在这剩下的小立方体上重复这一操作，不断继续下去…… 当对母立方体执行 n 次迭代后，小立方体的数量会增加 20^n 个，比如第二次迭代后我们会有 400 个小立方体，当我们进入第六次迭代后，我们会有 64 000 000 个更小的立方体。

门格尔海绵的每一面都被称为“谢尔宾斯基地毯”。基于谢尔宾斯基地毯形状的分形天线已经被应用到高效的电磁波接收器上。这种“地毯”和“海绵状”的整个立方体都具有迷人的几何性质。例如，门格尔海绵具有无限的表面积，但它包围的体积却为 0。

根据计算研究所的说法，随着一次次的迭代，谢尔宾斯基地毯表面“不断溶解，逐渐变成虚无的泡沫”，其最终结构具有无限的周长，但没有包括任何区域。就像一只只剩下骨架的野兽，血肉已经完全消失，它最后的形状是没有实体物质的。虽然它占据了平面上一块表面，但不能充满它。我们知道一条曲线是一维的，而平面是二维的，但谢尔宾斯基地毯的“分数维度”为 1.89。门格尔海绵也有分形维度，大约为 2.73（请参阅条目：豪斯多夫维度），介于平面和立体之间，它常被用来作为泡沫状时空的可视化模型。简尼·马塞利博士（Dr. Jeannine Mosely）曾经用了 65 000 多张名片来制作门格尔海绵的模型，重达 70 千克。■

微分分析机

范纳瓦尔·布什（Vannevar Bush，1890—1974）

这是在 1951 年拍摄的刘易斯飞行推进实验室的微分分析机。该分析机是首批用于炸弹设计等实际应用的先进计算设备之一，美国在第二次世界大战期间曾用它设计炸弹来摧毁德国人的水坝。

算盘（约 1200 年），贝塞尔函数（1817 年），谐振记录仪（1857 年），谐波分析仪（1876 年），ENIAC（1946 年），科塔计算器（1948），池田吸引子（1979 年）

1927 年

微分方程在物理、工程、化学、经济学和许多其他学科中起着至关重要的作用。微分方程是关于连续变化的函数和它的变化率，即导数之间关系的方程。但只有最简单的微分方程才能得到用紧凑的显式公式，或者有限个基函数（如正弦函数和贝塞尔函数）的组合来表示的解析解。

1927 年，美国工程师布什和他的同事开发了一种微分分析仪，这是一种带有轮子和圆盘组件的模拟计算机，可以通过积分的方法来求解具有多个自变量的微分方程问题。微分分析机是第一批投入实际应用的先进计算设备。

这类设备的早期版本起源于开尔文勋爵和他的谐波分析仪（1876 年）的工作。在美国莱特—帕特森空军基地的研究人员和宾夕法尼亚大学摩尔电气工程学院在 ENIAC（电子数字积分计算机）发明之前就急于建造微分分析机，部分原因是因为要计算火炮弹道参数表。

微分分析机的应用范围越来越广，从土壤侵蚀研究、建造水坝蓝图到设计“二战”期间用来摧毁德国人水坝的炸弹。这些设备甚至成了科幻电影中的角色，如 1956 年经典电影《飞碟入侵地球》!

在 1945 年的一篇题为《诚如所思》（*As We May Think*）的文章中，布什描述了他对 memex（记忆扩展器）的看法，他说：“这是一种未来主义的机器，它可以通过允许人类存储和检索链接信息的方法，从而增强人类的记忆能力……”当时他已经提出了类似于今天互联网和超文本的概念。他还写道：“这种设备会远远超越算盘和带有键盘的计算器，这将会是一个自动执行算法步骤的未来机器。它必将简化高等数学令人望而却步的烦琐步骤，从而解放人类的心智。

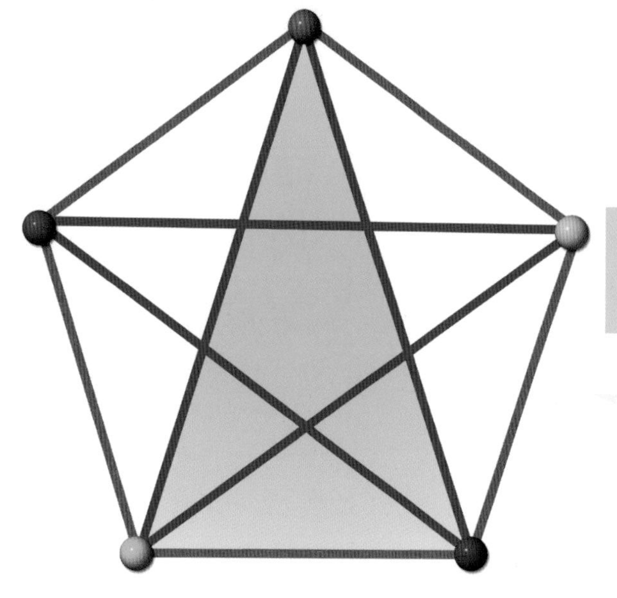

拉姆齐理论

弗兰克·普兰普顿·拉姆齐（Frank Plumpton Ramsey，1903—1930）

用红色或蓝色的直线互相连接的 5 个点。在这种情况下，5 个点之间不可能出现全红色或全蓝色三角形。至少需要 6 个点才能确保出现一个这样的三角形。

阿基米德的谜题：沙子、群牛和胃痛拼图（约公元前 250 年），欧拉的多边形分割问题（1751 年），三十六名军官问题（1779 年），鸽笼原理（1834 年），生日悖论（1939 年），塞萨多面体（1949 年）

拉姆齐理论涉及在系统中寻找秩序和模式。作家霍夫曼（Hoffman）写道："拉姆齐理论背后的思想是：完全无序是不可能的。如果在一个足够大的宇宙中寻找，一定可以找到具有任何属性的数学上的'对象'。研究拉姆齐理论的专家们想知道，能保证包含某一事物的最小的宇宙是什么。"

拉姆齐理论是以英国数学家拉姆齐的名字命名的。1928 年，他在探索逻辑问题的同时，开创了这一数学分支。正如霍夫曼所说，拉姆齐理论家经常寻求，系统要具备某特定属性所需的元素的最小数量。在这期间，除了艾狄胥做过一些有趣的工作外，直到 20 世纪 50 年代末拉姆齐理论才得到充分的研究，并开始取得快速进展。

一个最简单的应用的例子涉及鸽笼原理，该原理指出，我们有 m 个鸽笼和 n 个鸽子，如果 $n > m$，我们可以肯定至少有一个鸽笼必须住进不止一只鸽子。对于一个更复杂的例子，考虑 n 个点散布在纸上，每个点都用红色或蓝色的直线连接到每个其他点。根据拉姆齐定理（这是在组合数学和拉姆齐理论中一个最基本的结论），n 必须大于等于 6，才能确保纸上出现蓝色三角形或红色三角形。

另一种关于拉姆齐理论的思考涉及所谓的政党问题。例如，保证至少有 3 名成员相互不认识（或者相互认识）的最小的社交圈子的人数是多少？答案也是"至少是 6"。如果要知道确保至少 4 个人相互不认识（或者相互认识）所需的聚会规模就非常困难了，而更高阶的政党规模可能永远不会有人知道！■

哥德尔定理

库尔特·哥德尔（Kurt Gödel，1906—1978）

爱因斯坦和哥德尔的合影，这张照片出自奥斯卡·摩根斯坦（Oskar Morgenstern）之手，拍摄于20世纪50年代，拍摄地点为普林斯顿高等研究所。

亚里士多德的《工具论》（约公元前350年），布尔代数（1854年），文氏图（1880年），《数学原理》（1910—1913年），模糊逻辑（1965年）

奥地利数学家哥德尔是一位杰出的数学家，也是20世纪最杰出的逻辑学家之一。他的不完全性定理的意义非常广泛，不仅适用于数学，也适用于计算机科学、经济学和物理学等领域。哥德尔在普林斯顿大学工作时，爱因斯坦是他最亲密的朋友之一。

哥德尔定理发表于1931年，它可以说是向逻辑学家和哲学家注入了一剂清醒剂。因为它指出在任何严格逻辑化的数学体系中，都存在一些命题或问题，根据该系统内的公理既不能证明它们也不能否定它们，因此算术的基本公理有可能产生矛盾。这就导致了数学具有本质上的“不完备性”的结论，这一事实导致了持续的影响和争论。此外，哥德尔定理还结束了人们几个世纪以来试图建立能够在所有的数学领域提供严格基础的公理体系的尝试。

王浩*在他的著作《对哥德尔的反思》中就这一话题作了如下论述：“哥德尔的科学思想和哲学猜想的影响一直在增加，他的潜在影响的价值可能还会继续增加。可能要花几百年的时间才能对他的一些更大胆的猜想作出更明确的确认或反驳。”道格拉斯·霍夫施塔特（Douglas Hofstadter）也指出，哥德尔的第二定理明白地指出了数学系统的内在局限性，并“意味着唯一主张自身一致性的形式化数论版本，其一致性其实也是不存在的”。

1970年，哥德尔关于上帝存在的数学证明开始在他的同事中流传。证明不到一页长，却引起了相当大的轰动。在生命的尽头哥德尔变得很偏执，老是觉得人们想毒死他，深受精神分裂症和抑郁症的折磨。最终在1978年因拒绝进食而死。

* 王浩（1921—1995），美藉华裔哲学家、数理逻辑学家。

钱珀瑙恩数

大卫·加文·钱珀瑙恩（David Gawen Champernowne，1912—2000）

本图改编自阿德里安·贝尔肖（Adrian Belshaw）和皮特·博尔文（Peter Borwein）的作品，取二进制数位的钱珀瑙恩数的前 10 万位二进制数，将序列中的 0 改写为−1，得到一系列的数字对（±1，±1）。在平面坐标上移动（±1，±1）步得到的图形。该图的 x 轴范围为（0，8400）。

超越数（1844 年），正规数（1909 年）

如果你把正整数 1，2，3，4，… 连接在一起，前面加上一个小数点，我们就会得到钱珀瑙恩数：0.123 456 789 101 112 131 4…。就像 π 和 e 一样，钱珀瑙恩数是超越数——也就是说，它不是任何整数系数多项式的根。

我们还知道这个数字以 10 为基底时是“正规数”，这意味着在它的无穷序列中出现任何有限的数字模式的概率，都会与一个完全随机序列中发生的概率一样。钱珀瑙恩展示了这个数字是正规数，因为在它的序列中，不仅是数字 0 到 9 会以 10% 的频率出现，而且每个可能的“两位数段”都会以 1% 的频率出现，每个“三位数段”将以 0.1% 的频率发生……以此类推。

密码学家指出，钱珀瑙恩数并不能触发一些最简单而传统的非随机统计指标。换句话说，简单的计算机程序试图在钱珀瑙恩序列中找到任何规律性，可能都只会无功而返。这一失败强化了这样一种观念，即统计学家在宣布某序列完全随机，无规律可循时必须非常谨慎。

钱珀瑙恩数是第一个人工构造的正规数的例子。它是 1933 年由钱珀瑙恩构造的，当时他还是剑桥大学的本科生。在 1937 年，德国数学家库尔特·马勒（Kurt Mahler）证明了钱珀瑙恩数是超越数。今天，我们还知道二进制数（0 和 1）组成的二进制钱珀瑙恩数是一个以 2 为底的正规数。

汉斯·冯·拜耶尔（Hans Von Baeyer）指出，将二进制钱珀瑙恩数中的 0 和 1 翻译成莫尔斯密码，那么“每一个可以想象得到的有限序列的单词都隐藏在这个冗长无聊的‘长篇大论’的字符串中的某个地方……无论谁写过的每一封情书，或者每一本小说都在里面……虽然你可能要沿着序列走上几十亿光年才能找到它们，但它们一定在序列的某个地方”。■

布尔巴基学派

亨利·嘉当（Henri Cartan，1904—）
克劳德·谢伐利（Claude Chevalley，1909—1984）
索莱姆·门德勃罗（Szolem Mandelbrojt，1899—1983）
安德烈·韦伊（André Weil，1906—1998）和其他人

这是第一次世界大战后法国凡尔登附近的墓地。大量学生和青年教师在战争中死亡，这是一些年轻的巴黎数学学生创建布尔巴基学派的动机之一。

《数学原理》（1910—1913 年）

科学史学家阿米尔·阿泽尔（Amir Aczel）曾写道，尼古拉斯·布尔巴基（Nicolas Bourbaki）是"20 世纪最伟大的数学家"，他"改变了我们对数学的思考方式，他促成'新数学'在 20 世纪中叶风靡了美国教育界"。他的著作"成了许多高耸入云的现代数学的基础……今天没有哪一位数学家的工作不受到布尔巴基开创性工作的影响"。

然而，布尔巴基这位天才数学家，数十部著名作品的作者，却从未存在过！布尔巴基不是一个人，而是一群数学家的秘密社团，成立于 1935 年，成员几乎全是法国人。这群人试图用一种完全独立的而且极端逻辑化方法，对所有基本的现代数学——从头到尾——包括集合论、代数、拓扑学、函数论、积分学等等重新进行严格的处理，重新出版一套书籍。秘密团体的创始成员包括杰出的数学家嘉当、让·库朗（Jean Coulomb）、让·戴尔萨特（Jean Delsarte）、谢伐利、让·迪奥多内（Jean Dieudonné）、查尔斯·埃瑞斯曼（Charles Ehresmann）、勒内·德·波塞尔（René de Possel）、门德勃罗和韦伊。成员们认为年长的数学家常常固执于旧观念，因此，布尔巴基的成员应该在 50 岁前退出社团。

在撰写他们的共同著作时，任何成员都有权否决任何他认为不适当的内容，在讨论中常发生激烈的争吵。在每次会议上，作品都会被大声朗读并逐行仔细检查。1983 年，布尔巴基出版了最后一部专著——《谱理论》（*Spectral Theory*）。但直到今天，该协会仍然每年组织专题研讨会。

作家莫里斯·马夏尔（Maurice Mashaal）写道："布尔巴基从未发明出革命性的技术，也没有证明过宏伟的定理，它也从不做这些工作。这群人带来的……是一部全新的视角的数学，是对数学的深刻重组，对其组成部分重新进行整理和澄清，它重新定义了清晰的术语和符号，具有自己独特的风格。"■

菲尔兹奖有时被称为“诺贝尔数学奖”；不过菲尔兹奖章只授予 40 岁以下的数学家。

菲尔兹奖章

约翰·查尔斯·菲尔兹（John Charles Fields，863—1932）

阿基米德的谜题：沙子、群牛和胃痛拼图（约公元前 250 年），庞加莱猜想（1904 年），朗兰兹纲领（1967 年），突变理论（1968 年），怪兽群（1981 年）

菲尔兹奖是数学界最著名和最有影响力的奖项。就像其他领域成就的诺贝尔奖一样，菲尔兹奖是一种将数学提升到超越国家层面的奖项。该奖章每四年颁发一次，奖励过去的成就并激励未来的研究。

这个奖项有时被称为“诺贝尔数学奖”，因为没有真正的诺贝尔数学奖；然而，菲尔兹奖章只授予年龄 40 岁以下的数学家，而且奖金数额相对较小，例如 2006 年的奖金额度仅为 13 500 美元，与当年诺贝尔奖一百多万美元相比就少得多了。这个奖项由加拿大数学家菲尔兹设立，并于 1936 年首次颁发奖章。菲尔兹去世后，他的遗嘱明确规定，将 47 000 美元追加到菲尔兹奖基金中。

菲尔兹奖章的正面是希腊几何学家阿基米德的头像，而背面的拉丁文则可翻译为“来自世界各地的数学家因其杰出的研究成果而获颁此奖”。

2006 年，俄罗斯数学家格里戈里·佩雷尔曼（Grigori Perelman）因“他对几何学的贡献和他对‘里奇流’的分析和几何结构的革命性见解”而被授予菲尔兹奖章时，他拒绝领奖（他对“里奇流”的研究实际上证明了庞加莱猜想）。因为他认为这个奖项与他的工作毫无关系。

有趣的是，大约 25% 的菲尔兹奖得主是犹太人，将近一半的获奖者任职于普林斯顿高等研究所。发明炸药的瑞典化学家阿尔弗雷德·诺贝尔（Alfred Nobel，1833—1896），创立了诺贝尔奖；然而，由于他是发明家和实业家，很少涉足数学或理论科学领域，因此没有设立诺贝尔数学奖。■

图灵机

艾伦·图灵（Alan Turing，1912—1954）

这是一台“庞贝机”的复制品。图灵发明了这台机电设备，用来破译恩尼格玛密码机生成的纳粹密码。

ENIAC（1946 年），信息论（1948 年），公钥密码学（1977 年）

艾伦·图灵是一位杰出的数学家和计算机理论家。他曾经被迫接受药物治疗来“逆转”他的同性恋倾向。尽管他的密码破译工作缩短了第二次世界大战的进程，并因此获得大英帝国勋章，他还是没能逃过这场灾难。

当图灵打电话给警察要求调查他在英国家中的一起入室盗窃案时，一名高度恐惧同性恋的警官怀疑图灵是同性恋。图灵被迫选择要么坐牢一年，要么接受实验性药物治疗。为了避免入狱，图灵同意接受为期一年的雌激素注射治疗实验。离他被指控仅仅两年后，年仅 42 岁的图灵去世，这对他的朋友和家人都是巨大的打击。图灵被发现躺在床上，尸检显示氰化物中毒，也许他是自杀的。但图灵真正的死亡原因到目前为止也无定论。

许多历史学家认为图灵是“现代计算机科学之父”。在他 1936 年撰写的标志性论文《论数字计算在决断难题中的应用》（*On Computable Numbers，with an Application to the Entscheidungs Problem*）中，他提出的“图灵机”（抽象符号操作设备）将能够解决任何可以想象的、能被表示为一个算法的数学问题。图灵机帮助科学家们更好地理解了计算机能力的极限。

图灵还是著名的“图灵测试”的发明者，使科学家们更清楚地理解所谓的“机器智能”的含义，以及机器是否有一天会“思考”。图灵相信机器最终能够通过测试，证明它们能够以如此自然的方式与人交谈，以至于人们都无法判断自己到底是在与机器还是在与人交谈。

1939 年，图灵发明了一种设备，可以帮助人们破译恩尼格玛密码机生成的纳粹密码。这部被称为“庞贝机”的解码机，经数学家戈登·韦奇曼（Gordon Welchman）改进后，成为破译恩尼格玛密码的主要工具。■

万德伯格镶嵌

亨兹·万德伯格（Heinz Voderberg，1911—1942）

图为一种螺旋形的万德伯格镶嵌，这种铺砖方式全部使用同一种砖面完成镶嵌，因此又被称为单一平面镶嵌。

壁纸群组（1891 年），完美矩形和完美正方形（1925 年），彭罗斯镶嵌（1973 年），三角螺旋（1979 年）

1936 年

镶嵌铺砖法是在平面上的一些较小的形状所组成的集合体，而且在该表面上的所有砖面既没有重叠也不会有缝隙。最常见的应该是正方形或正六边形的瓷砖拼出的地面。六边形瓷砖是蜂窝的基本结构，可能对蜜蜂很“有用”，因为它在同样大小区域上构造格子框架所用的材料最少。在平面上共存在八种不同类型的镶嵌，它们采用两个或两个以上相同的凸正多边形，以相同的顺序包围着每个正多边形顶点。

平面镶嵌在荷兰艺术家埃舍尔的艺术和古代伊斯兰艺术中很常见。事实上，镶嵌艺术已经有几千年的历史，可以追溯到公元前 4000 年苏美尔文明，当时的建筑物墙壁就有用泥版墙砖的装饰设计。

万德伯格于 1936 年发明的万德伯格镶嵌十分特别，因为它是最早发现的平面螺旋形镶嵌。这种吸引人的螺旋形图案是反复使用一种瓷砖铺装而成的，这种不规则形状的多边形是一种凹九边形。当这种九边形反复排列时，它形成一个无限延伸的螺旋臂，而且与另一个螺旋臂嵌合在一起，毫无间隙地覆盖了整个平面。万德伯格镶嵌是一种“单一平面镶嵌”，因为它使用的所有瓷砖都是相同的。

在 20 世纪 70 年代，数学家布兰科·格兰鲍姆（Branko Grünbaum）和杰弗里·C. 谢菲尔德（Geoffrey C. Shephard）讨论了一类奇妙的新型螺旋形镶嵌。他们可以用单臂、双臂、三臂甚至六臂的螺旋形镶嵌铺满整个平面。在 1980 年，马乔里·里斯（Marjorie Rice）和多丽丝·沙特斯奈德（Doris Schattschneider）描述了从五边形瓷砖中产生多条螺旋臂镶嵌的方法。■

考拉兹猜想

洛萨·考拉兹（Lothar Collatz，1910—1990）

图为根据考拉兹猜想画出的分形图形。虽然通常研究 $3n+1$ 数列的行为只涉及整数，但可以用数学映射将其扩展到复数，在复平面上通过着色，表现出复杂的分形图案。

群策群力的艾狄胥（1971 年），池田吸引子（1979 年），整数数列在线大全（1996 年）

1937 年

想象一下，你行走在一场令人眼花缭乱的冰雹中，冰雹在狂风和气旋中上下漂移。有时，冰雹会在你目力所及的范围向上飞起，但终将会像小陨石那样落下，砸到地上。

几十年来，“冰雹猜想”问题一直吸引着数学家，因为它的计算看起来非常简单，但显然很难解决。冰雹猜想问题也称为 $3n+1$ 数字猜想，从任意的正整数开始，计算出一个数字序列。如果你选择的数字是偶数，则除以 2；若为奇数，则乘 3 加 1，按此规则进行下去。例如，数字 3 的冰雹序列为 3，10，5，16，8，4，2，1，4，…，（如果序列进入 4，2，1，4，2，1，…，将永远循环下去）。

这就像冰雹从天空中通过风暴云落下来一样，这一数列会上下浮动，有时似乎是进入杂乱无章的模式，但最终似乎总会像冰雹一样，冰雹数序列最终总是会落到“地面”上（回到整数“1”）。

1937 年德国数学家考拉兹提出了以他名字命名的考拉兹猜想，他认为对任何开始的正整数，这个过程最终都会下降到 1。到目前为止，虽然在计算机已经验证了对所有初始值小于 $19 \times 2^{58} \approx 5.48 \times 10^{18}$ 的数字时考拉兹猜想都正确，但数学家们还是没有找到证明这一猜想的方法。

大数学家艾狄胥评论了 $3n+1$ 数列的复杂性，他甚至说“数学上还没有为这样的问题做好准备”。考拉兹是一位和蔼可亲、谦虚谨慎的数学家，曾因其对数学的贡献而获得过许多荣誉，1990 年他在保加利亚出席一次有关计算机算法的数学会议时去世。■

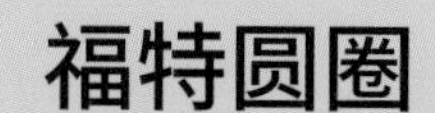

福特圆圈

莱斯特·兰道夫·福特
（Lester Randolph Ford，1886—1975）

福特圆圈，由莱斯绘制。图像旋转了 45°，使 x 轴从左下向右上延伸。在大圆圈之间的小圆圈变得越来越小，却还是会塞满大泡泡之间的空隙。

康托尔的超限数（1874 年），门格尔海绵（1926 年），分形（1975 年）

1938 年

想象一杯泡沫奶昔里面有无数个大小不同的气泡，它们彼此接触但不相互贯通。就算泡泡越变越小，也还是会塞满所有大气泡之间的空隙。数学家福特在 1938 年讨论了这种神秘泡沫的一种形式。事实证明，它们表达了我们“有理数”系统的特征（有理数就是可以表示为如 1/2 之类分数的数）。

要画出福特圆圈，首先选择任意两个整数 h 和 k，以（h/k，$1/(2k^2)$）为圆心画一个半径为 $1/(2k^2)$ 的圆。例如，选择 $h=1$，$k=2$，则画一个以（0.5，0.125）为圆心，半径为 0.125 的圆。继续为所有不同的 h 和 k 值设置无穷多的圆圈，你的图片中圆圈就会变得越来越密集，你会注意到这些圆圈中都不相交，其中有些会彼此相切。你还会发现任何圆圈都有无穷多的圆圈和它相切。

考虑在平面坐标系中有一个神箭手高踞于福特泡沫之上，高度是一个适当大的 y 值。为了模拟箭的射击，从弓箭手的位置画一条垂直线（例如 $x=a$）垂直向下到 x 轴。如果 a 是一个有理数，直线必须在穿过若干个福特圆圈后，恰好在某个圆圈与 x 轴的切点上击中水平的 x 轴。然而，当弓箭手的位置 a 是一个无理数（一个无限不循环的十进制小数，如 $\pi = 3.141\,5\cdots$）时，这条垂直线进入一个圆圈再出来，必须再次进入另一个圆圈……在与 x 轴相交之前，它将穿过无穷多的圆圈！对福特圆圈更深入的数学研究表明，它们还可以为我们理解不同层次的康托尔的超限数提供极好的可视化方式。■

随机数发生器的诞生

威廉·汤姆森，即开尔文勋爵（William Thomson，Baron Kelvin of Largs，1824—1907）
莫里斯·乔治·肯德尔（Maurice George Kendall，1907—1983）
伯纳德·巴宾顿·史密斯（Bernard Babington Smith，1993—）
莱昂哈德·亨利·蒂皮特（Leonard Henry Tippett，1902—1985）
弗兰克·耶茨（Frank Yates，1902—1995）
罗纳德·艾尔默·费舍尔（Ronald Aylmer Fisher，FRS，1890—1962）

熔岩灯内蜡滴的复杂而不可预测的运动已被用作随机数的来源。在 1998 年美国专利 5732138 号中提到了这种随机数生成系统。

骰子（约公元前 3000 年），布丰投针问题（1777 年），冯·诺依曼的平方取中伪随机数（1946 年）

在现代科学中，随机数生成器在模拟自然现象和数据抽样方面是非常有用的。在现代电子计算机兴起之前，研究人员必须自己设计有创意的方法来获得随机数。例如，1901 年开尔文勋爵就用从碗中抽取的小纸条上写的数字来生成随机数字。然而，他发现这种方法“不能令人满意”，因为无论如何混合，也不能确保每张纸片被抽中的概率是一样的。

1927 年，英国统计学家蒂皮特向研究人员提供了一张 41 600 个随机数的数值，这些随机数来自英国的各教区面积值中间的那个数字。1938 年英国统计学家费舍尔和耶茨公布了 15 000 个增补的随机数字，他们使用了两副扑克牌在对数表中来抽选数字。

在 1938 年和 1939 年，英国统计学家肯德尔与英国心理学家史密斯合作进行研究，通过机器产生随机数。他们的机器是第一个机械随机数发生器，产生了一张 10 万个随机数字的表格。他们还设计了一系列严格的测试，以确定数字是否确实在统计上是随机的。肯德尔和史密斯的数字表使用得很广泛，一直用到兰德公司在 1955 年出版了以十万为标准差的百万个随机数字的《百万乱数表》（*A Million Random Digits with 100 000 Normal Deviates*）后才被替代。兰德公司使用了类似于肯德尔和史密斯的轮盘赌机器，并使用类似的数学测试验证了数字确实在统计上是随机的。

肯德尔和史密斯用的是一台马达连接到一块直径约为 25 厘米的圆形纸板。圆盘被分成“大小尽可能相等”的 10 个部分，连续编号从 0 到 9。一个充电的电容器控制霓虹灯产生闪光效果，照亮了圆盘上的某个部位，随机数发生器的操作者就会看到一个数字，然后将它记录下来。■

1938 年

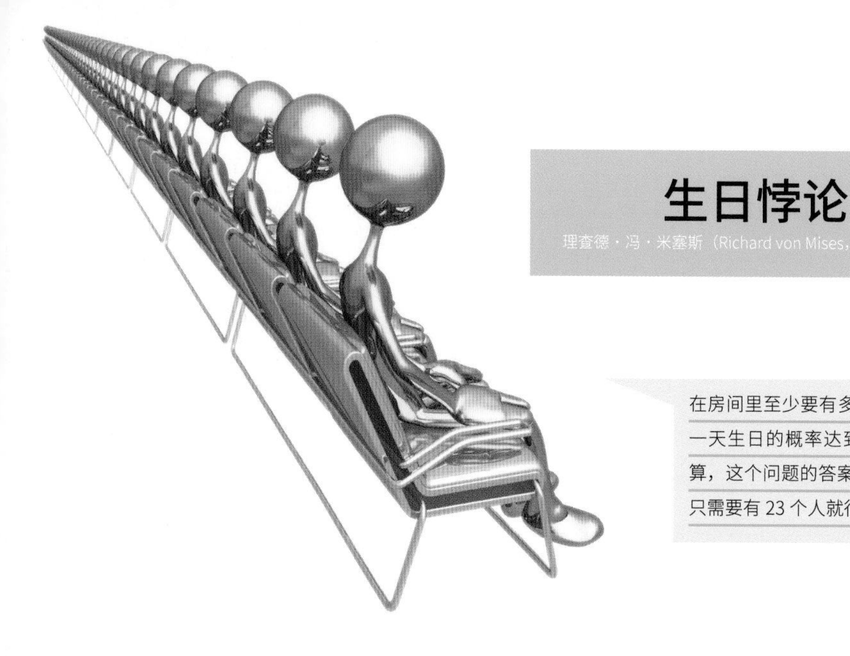

生日悖论

理查德·冯·米塞斯（Richard von Mises，1883—1953）

在房间里至少要有多少人，才能令其中任意两人同一天生日的概率达到50%？假设每年以365天计算，这个问题的答案出人意料而且完全违反直觉：只需要有23个人就行了！

芝诺悖论（约公元前445年），亚里士多德的轮子悖论（约公元前320年），大数定律（1713年），圣彼得堡悖论（1738年），鸽笼原理（1834年），理发师悖论（1901年），巴拿赫—塔斯基悖论（1924年），希尔伯特旅馆悖论（1925年），拉姆齐理论（1928年），海岸线悖论（1950年），纽科姆悖论（1960年），帕隆多悖论（1999年）

加德纳写道："有史以来，一些不寻常的巧合不断强化人们对神秘力量的信念，对我们的生活产生着巨大的影响。这些奇迹般地违反了概率原理的事件，似乎都被归因于神仙或魔鬼、上帝或撒旦的意志，或者至少归因于科学和数学所不能解释的神秘规律。"生日悖论就是引起神秘事件研究者兴趣的问题之一。

假设人们正在不停地进入你所在的客厅。你可能会想，房间里必须要有多少人，才能令其中任意两人同一天生日的概率达到50%？这个问题是由奥地利出生的美国数学家米塞斯在1939年最先提出的。因为大多数人都认为它的答案完全违背了人们的直觉，还因为生日问题的变化模型在分析生活中发生的惊人巧合时十分有用，所以它成了今天在课堂上讨论得最多的概率问题之一。

假设每年以365天计算，生日问题的答案是：只需要有23人。换句话说，如果房间里至少有23个随机选择的人，那么其中两人同一天生日的概率超过50%。如果房间里至少有57人，这个概率将会上升到99%以上……但如果要想使这个概率达到100%，那么根据鸽笼原理，房间里至少要有366人。假设365天中出现某人生日的可能性完全相等，且不考虑闰年，那么计算n个人中至少两个人同一天生日的概率的公式是$1-\{365!/[365^n(365-n)]!\}$，可以近似地用公式$1-e^{-n^2/2\times365}$计算。

答案是只需要23人，可能比你预想的要少，这是因为我们并没有要求某两个特定的人同一天出生，也没要求他们一同在特定的某日出生。任何两个人在任何日期同日出生都是满足要求的。实际上，在23人中可以两两结合出253个不同配对，其中任何一个配对都可能同日出生。■

圆和多边形的嵌套

爱德华·卡斯纳（Edward Kasner，1878—1955）
詹姆斯·罗伊·纽曼（James Roy Newman，1907—1966）

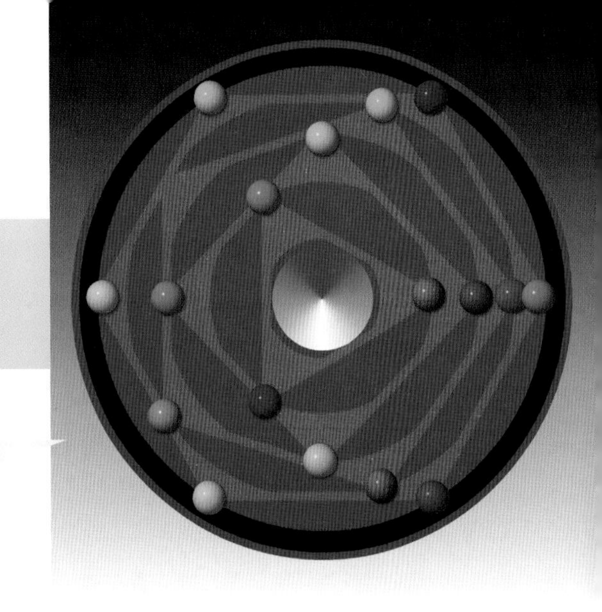

一个半径为 1 英寸的中心圆如本文中描述的那样交替地被多边形和圆周包围（为加强艺术效果，插图中多边形的红色边被加粗）。有没有可能使图案成长得像成人自行车轮子一样大？

芝诺悖论（约公元前 445 年），棋盘上的麦粒（1256 年），发散的调和级数（约 1350 年），发现 π 的级数公式（约 1500 年），布朗常数（1919 年）

画一个半径为 1 英寸（约 2.5 厘米）的圆，然后用一个（外切的）等边三角形包围这个圆，再用另一个（外接）圆包围这个等边三角形，接下来用（外切的）正方形包围第二个圆，继续用第三个（外接）圆包围正方形，然后用一个（外切的）正五边形包围第三个圆……每次将正多边形的边数加一，无限地继续这个过程，这样整个图形的大小会不断增长。如果你每次增加一个多边形和一个圆周需要用一分钟的时间，那么要使最大的圆的半径等于我们太阳系的半径需要多长时间？

通过不断地用圆圈和多边形反复包围，似乎最外面的圆半径应该越来越大，随着我们继续这个过程，似乎会变得无限大。然而，这种圆和多边形的嵌套组装形状永远不会生长到太阳系那样大，也永远不会生长到地球一样大，甚至长不到典型的成人自行车轮子那样大。

虽然在过程刚开始时，外面的圆的尺寸增长很快，但增长速度会逐渐减慢，由此产生的圆的半径会趋近于无限乘积：$R=1/[\cos(\pi/3)\times\cos(\pi/4)\times\cos(\pi/5)\times\cdots]$ 所给出的极限值。

也许最有趣的是关于 R 的极限值的争论，它的计算似乎很简单。数学家卡斯纳和纽曼在 20 世纪 40 年代首次报告了 R 的值，他们说：R 约等于 12。直到 1964 年发表的一篇德国论文中也还在说 R 的值是 12。

然而，数学家克里斯多夫·J. 鲍肯普（Christoffel J.Bouwkamp）在 1965 年发表了一篇论文，报告了 R 真正的值是 8.700 0。令人奇怪的是，为什么直到 1965 年之前数学家们仍然以为 R 的值是 12。现在知道 R 的 17 位正确值为：8.700 036 625 208 194 5…。

六贯棋

皮特·海因（Piet Hein，1905—1996）
约翰·福布斯·纳什（John Forbes Nash，1928—）

六贯棋游戏在六角形网格上对弈。红方的目标是把棋盘上两个对边用一条红色的路径连接起来，蓝方的目标是用蓝线连接另外两边。在这局游戏中红方胜出。

布劳威尔不动点定理（1909 年），小猪游戏策略（1945 年），纳什均衡（1950 年），瞬时疯狂方块游戏（1966 年）

1942 年

六贯棋是一种在六角形网格上两人玩的棋盘游戏，通常棋盘形状为 11×11 的菱形。它由丹麦数学家和诗人海因于 1942 年发明；后来在 1947 年由美国数学家纳什独立地发明出这个游戏。纳什是一位诺贝尔奖得主，好莱坞电影《美丽心灵》（*A Beautiful Mind*）就是以他为男主角的原型。该片突出了他的数学才能和患精神分裂症的经历，纳什也因此闻名于世。根据电影原著小说的说法，纳什认为 14×14 才是六贯棋棋盘的最佳尺寸。

玩棋双方使用不同颜色（例如红色和蓝色）的棋子，将它们下在六角形格子中。红方的目标是形成一条红色的路径去连接棋盘相对的两条边，蓝方则尽力用蓝色棋子将另外两条边连接起来，菱形棋盘的四个角两边都可以使用。纳什发现，这种比赛永远不可能出现平局，而且比赛有利于先走的一方，先手方有一种必胜的策略。为了使游戏更公平，一种方法是允许后手方在先手方下第一步（或前三步）后，有权重新选择棋子的颜色。

1952 年，帕克兄弟公司向公众推出了六贯棋的游戏版本，还介绍了几种不同尺寸的棋盘的“先手必胜”策略。虽然这个游戏看起来很简单，但数学家已经把它用于更深刻的应用之中，比如用来证明布劳威尔不动点定理。

海因以他的设计作品、诗歌和数学游戏而闻名于世。1940 年德国入侵丹麦时，担任反纳粹团体领导的他不得不潜入地下。1944 年他对他的创造性方法作了如下解释：“所谓艺术，就是对那些在解决之前无法明确表述的问题的解决方案。”■

小猪游戏策略

约翰·斯卡恩（原名卡梅尔·斯卡内奇亚，
John Scarne，Carmelo Scarnecchia，1903—1985）

小猪游戏看似很简单，却有复杂到难以想象的游戏策略和分析方法。1945 年，美国魔术师和发明家斯卡恩首次用文字描述了小猪游戏。

骰子（约公元前 3000 年），纳什均衡（1950 年），囚徒困境（1950 年），
纽科姆悖论（1960 年），瞬时疯狂方块游戏（1966 年）

小猪游戏规则很简单，但却有复杂到难以想象的游戏策略和分析。这个游戏正像许多看起来很简单的数学问题那样，启发了丰富多彩的数学研究。许多教育工作者用它作为教学范例来讨论游戏策略。

小猪游戏是 1945 年由斯卡恩首次在出版物中描述的。斯卡恩是著名的美国魔术师、游戏专家、玩牌高手和发明家，但这个游戏却是来源于古老的“民间游戏”，有几种不同的版本。典型的玩法是：两个赌徒（小猪）参赌，先手一位不停地掷一枚骰子，直到掷出 1 点，或者他自己“终止”。如果他掷出 1 点，那前面掷出的点数都不算，得到 0 分，将骰子交给对手；如果自己“终止”，则计算他在前面几次掷出的点数的总和作为他的得分，也将骰子交给对手。率先获得 100 分或以上的一方获胜。例如：你先掷出一个 3，你决定再掷一次，结果掷出一个 1，因此，你增加的分数是 0，把骰子交给对手；对手连续三次掷出 3-4-6 后，决定“终止”，因此他增加了 13 分，并把骰子交还给你，继续玩下去。

小猪游戏被认为是一种典型的“风险游戏”，因为玩家面对“可能获得额外的收益”和“丧失已经得到的收益”这两种不确定而且截然相反的后果，必须决定是否应该继续游戏。2004 年，宾夕法尼亚州葛底斯堡学院的两位计算机科学家托德·W. 奈勒（Todd W. Neller）和克利夫顿·普雷舍尔（Clifton Presser）分析了小猪游戏，阐明了最佳游戏策略。他们利用数学和计算机图形学，找到了一个错综复杂的而又违背直觉的获胜策略，并指出为什么每个回合分数的最大化并不是整个游戏的取胜之道。面对自己发现的可视化的最优策略，他们诗意大发地感叹道：“当看到这一最佳策略的‘直观景象’，就像第一次敏锐而清晰地看到了遥远星球表面的美丽风光那样，而在过去我们看到的只是一片朦胧。”

1945 年

ENIAC

约翰·莫克利（John Mauchly，1907—1980）
J. 普斯珀·埃克特（J. Presper Eckert，1919—1995）

美国陆军拍摄的 ENIAC 照片。这是第一台可编程电子数字计算机，可用于解决大规模计算问题。它的第一个重要应用涉及氢弹研制。

算盘（约 1200 年），计算尺（1621 年），巴贝奇的机械计算机（1822 年），微分分析机（1927 年），图灵机（1936 年），科塔计算器（1948 年），HP-35：第一台袖珍科学计算器（1972 年）

1946 年

世界上第一台可编程电子数字计算机是由美国科学家莫克利和埃克特在宾夕法尼亚大学建造的，它被简称为 ENIAC。它可用于解决大量计算问题。设计 ENIAC 的最初目的是计算美国陆军火炮射击参数表；然而，它建成后的第一个重要应用却是氢弹的设计计算。

ENIAC 于 1946 年问世，耗资近 50 万美元，一直使用到 1955 年 10 月 2 日才关闭。这台机器有 17000 多个真空管和围绕它们的 500 万个手工连接的插口，采用 IBM 的读卡机和卡片穿孔机进行输入和输出。1997 年，由扬·范·德·斯皮格尔（Jan Van der Spiegel）教授领导的一个工程系学生团队将这个“30 吨重的 ENIAC”复制到了一块单一的集成电路板上！

尽管在 20 世纪 30 年代和 40 年代出现过一些其他重要的电子计算机：包括美国阿塔纳索夫—贝里计算机（Atanasoff-Berry，1939 年 12 月展示）、德国 Z3（1941 年 5 月展示）和 英国“巨人”计算机（Colossus，1943 年展示），然而，这些机器要么不完全是电子的，要么不是通用计算机。

ENIAC 专利文档（专利编号为 3120606，1947 年建档）的作者在专利申请文件中写道：“随着每天都要处理大量复杂运算的时代降临，这种高速运算的速度变得至关重要，以至于今天市场上没有一台机器能够满足现代计算方法的全部需求。本发明的目的，就是将如此冗长烦琐的计算时间大大缩短到以秒计数的程度。”

今天，计算机的使用已经渗透到数学的大多数领域，包括数值分析、数论和概率论。当然，数学家在他们的研究中也越来越多地使用计算机。他们在教学中，常常使用计算机图形来启发师生的洞察力。一些著名的定理的数学证明也是借助计算机才获得了成功。■

冯·诺依曼的平方取中伪随机数

约翰·冯·诺依曼（John von Neumann，1903—1957）

冯·诺依曼在 20 世纪 40 年代发明了“平方取中法”，这是早期一种以计算机为基础的随机数发生器。

骰子（约公元前 3000 年），布丰投针问题（1777 年），随机数发生器的诞生（1938 年），ENIAC（1946 年）

1946 年

科学家常常需要使用随机数生成器来模拟并解决各种问题，如开发密码、模拟原子的运动以及进行更准确的调查统计等。伪随机数生成器（PRNG）是一种产生能“模拟随机数的统计性质的”数字序列的算法。

由数学家冯·诺依曼于 1946 年发明的“平方取中法”是最著名的基于计算机的早期 PRNG 之一。其方法如下：任取一个数字，例如从 4 位数 1946 开始，把它平方起来得到 3786916，前面补 0 到 8 位数，写成 03786916，然后取出中间的 4 位数 7869，继续进行：平方，补位到八位（如果需要），取中间 4 位数字的过程……在实际操作中，冯·诺依曼使用的是 10 位数，遵循以上同样的规则来产生伪随机数序列。

冯·诺依曼因其参与氢弹的热核反应的合作研究而闻名于世，他很明白他这种简单的随机化方法有缺陷，甚至在某些极端情况下序列会出现重复，但他的这种方法在许多应用中基本上令人满意。1951 年，冯·诺依曼警告这种方法的使用者说：“任何希望用算术方法产生随机数字的人都必须知道其中的风险。”然而，他本人却很喜欢这种方法。无论如何，冯·诺依曼年代的计算机没有足够的计算机内存来存储那么多“随机数”值，因此更好的基于硬件的随机数生成器，无法记录下它们产生的随机数，更无法再次读取，因此很难重复实验的过程，以查找出研究中出现的问题。事实上，他的平方取中法非常简单，在 ENIAC 计算机上可以很快产生数百个随机数字，比从穿孔卡片上读取数字快得多。

现在更好更常用的 PRNG，使用了形 $X_{n+1}=(aX_n+c) \bmod m$ 的线性同余法。这里，$n \geqslant 0$，a 是乘数，m 是模数，c 是增量，X_0 是初始值。此外由松本真（Makoto Matsumoto）和西村拓士（Takuji Nishimura）于 1997 年开发的梅森旋转 PRNG 算法应用也很广。■

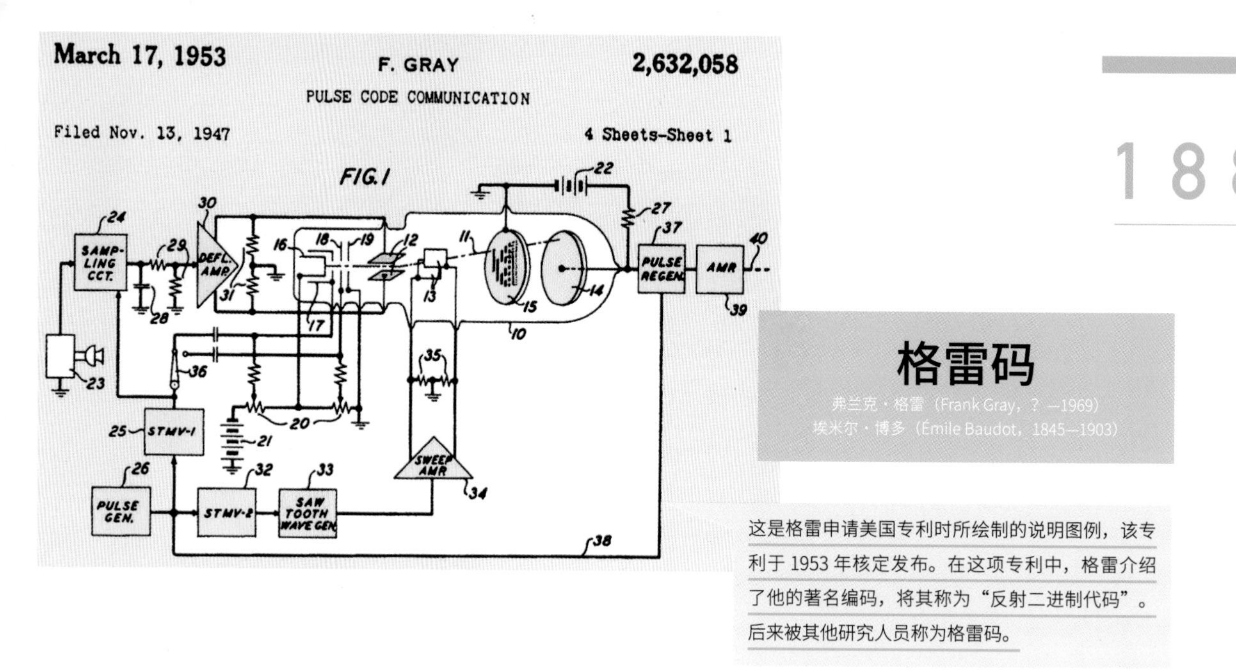

格雷码

弗兰克·格雷（Frank Gray，？—1969）
埃米尔·博多（Émile Baudot，1845—1903）

这是格雷申请美国专利时所绘制的说明图例，该专利于 1953 年核定发布。在这项专利中，格雷介绍了他的著名编码，将其称为“反射二进制代码”。后来被其他研究人员称为格雷码。

布尔代数（1854 年），格罗斯的《九连环理论》（1872 年），河内塔（1883 年），信息论（1948 年）

1947 年

格雷码是指数字中某个位置的数码相差 1 的编码。即当数字按计数顺序排列时，任何相邻的两个数字只在某个位数上相差 1 的编码。例如，182 和 172 就是十进制格雷码中相邻的两个数字（中间数位相差 1），但 182 和 162 就不是（没有数位相差 1），182 和 173 也不是（有两个数位相差 1）。

“二进制反射格雷码”是一种简单、著名且用途广泛的格雷码，它只由 0 和 1 组成。加德纳解释说，可以将一个标准二进制数用反射转换为等效的格雷码：从二进制数最右边的数字开始，然后依次向左检查每个数字。如果一个数字左边的数字是 0，这个数字保持不变；如果左边的数字是 1，则更改原来的数字，即将 0 改为 1，1 改为 0。对最左边的数字则假设左边是 0，因此保持不变。例如，将此转换应用于数字：110111，可以得到格雷码为：101100。然后，我们可以转换所有标准二进制数来创建开始的几个二进制数为：0，1，11，10，110，111，101，100，1100，1101，1111 的格雷码序列。

二进制反射格雷码设计的初衷是为了更容易防止机电开关的错误输出。它使在应用程序中，偶然发生的轻微错误只影响一个位置的数字。今天，格雷码被广泛用于数字通信（例如电视信号传输）中的纠错，使传输系统不那么容易受到噪声的影响。法国工程师博多早在 1878 年的电报工程中就使用过格雷码。但该代码现在是以贝尔实验室研究物理学家格雷的名字命名的，他为这种代码申请了工程专利，并大大扩展这种代码的使用范围。格雷还发明了一种利用真空管将模拟信号转换为二进制格雷码的方法（见上图）。今天，格雷码在图论和数论中也有重要的应用。■

信息论

克劳德·艾尔伍德·香农
(Claude Elwood Shannon，1916—2001)

信息论能帮助技术人员了解各种系统的存储、传输和处理信息的能力。信息论在计算机科学到神经生物学等领域有着广泛的应用。

布尔代数（1854 年），图灵机（1936 年），格雷码（1947 年）

1948 年

当今世界，青少年看电视、上网、播放 DVD、在电话里没完没了地聊天，他们通常都没有意识到，这个信息时代的基础，是由美国数学家香农在 1948 年发表的《通信的数学原理》(*A Mathematical Theory of Communication*) 一书所奠定的。信息论（Information theory）是应用数学中关于数据量化的一门学科，它有助于科学家们了解各种系统的存储、传输和处理信息的能力。

信息论还涉及数据压缩，以及如何减少信息噪声和错误率，以使尽可能多的数据能够可靠地存储和在信道上传输。信息的度量称为信息熵，通常用存储或通信所需的平均位数来表示。信息理论背后的大部分数学知识是由两位物理学家路德维希·波尔兹曼（Ludwig Boltzmann）和 J. 威拉德·吉布斯（J. Willard Gibbs）在热力学领域建立的。图灵在第二次世界大战期间破解德国密码时也用到了类似理论。

信息论的影响遍及各个领域，从数学、计算机科学到神经生物学、语言学和黑洞研究。信息论有许多实际应用，如破解密码，还能恢复由于划痕等原因在 DVD 电影光盘读取中产生的错误。1953 年，《财富》杂志的一篇文章这样写道：“可以毫不夸张地说，人类的无论是选择和平进程或是在战争得以幸存，都更多地取决于信息论的富有成效的应用，而不是它的物理原理。就像爱因斯坦著名的质能方程一样，无论用来制造核弹还是在建设核电厂都是行之有效的。”

2001 年，长期饱受阿尔茨海默病折磨的香农去世，享年 84 岁。他曾经是一个优秀的杂技演员、独轮车高手和优秀的棋手。可叹的是，由于晚年生活在病痛折磨之中，他无法亲自观察他帮助创造的信息时代。

科塔计算器

科塔·赫兹斯塔克（Curt Herzstark，1902—1988）

科塔计算器（Curta Calculator）可能是第一款在商业上获得成功的便携式机械计算器。这个手持设备是由赫兹斯塔克在布痕瓦尔德集中营当囚犯时开发的。纳粹曾打算把这个装置作为礼物送给希特勒。

算盘（约 1200 年），计算尺（1621 年），巴贝奇的机械计算机（1822 年），里蒂 I 型收银机（1879 年），微分分析机（1927 年），HP-35：第一台袖珍科学计算器（1972 年）

1948 年

科塔计算器被许多科学史学家认为是第一个在商业上获得成功的便携式机械计算器。奥地利犹太人赫兹斯塔克是布痕瓦尔德集中营中的囚犯，在集中营关押期间开发了这款计算器。手持的科塔计算器可以执行加减法和乘除法。科塔计算器的圆柱形机身通常握在左手中，上面有八个滑轮用来输入数字。

1943 年，赫兹斯塔克被指控“帮助犹太人”和“对雅利安妇女的无礼行为”的罪名被关进了布痕瓦尔德集中营，那里的纳粹分子知道了他的技术专长和关于计算器的构思后，便要求他绘制出计算器的设计图纸，他们打算在战争结束后把这个装置作为礼物送给他们的元首希特勒。

而在 1946 年战争结束后，赫兹斯塔克应列支敦士登王子的邀请，在那里成立了一家制造这款设备的工厂，科塔计算器于 1948 年广泛地向公众推出。直到 20 世纪 70 年代电子计算器兴起之前的相当长时间内，科塔都是最佳便携式计算器之一。

第一代的科塔 I 型计算器能输出 11 位数的计算结果，稍大一点的科塔 II 型计算器在 1954 年推出，有 15 位数的输出结果。在大约 20 年的时间里，一共生产了约 8 万只科塔 I 型计算器和 6 万只科塔 II 型计算器。

天文学家和作家斯托尔写道：“开普勒、牛顿和开尔文勋爵都抱怨他们不得不把时间浪费在简单的算术运算上……太神奇了！一个袖珍计算器，可以加减乘除，能够读出和记忆数字结果，使用简单，只用手指即可轻易操作……但要等到 1947 年之后你才能拥有。在最近四分之一世纪以来，世界上最好的袖珍计算器来自列支敦士登。在这片阿尔卑斯山区的美丽风景之中，有避税天堂之称的小国土地上，赫兹斯塔克用他优雅灵巧的工程师之手，制作了有史以来最巧妙的计算设备：科塔计算器。”■

塞萨多面体

阿科斯·塞萨（Ákos Császár，1924—）

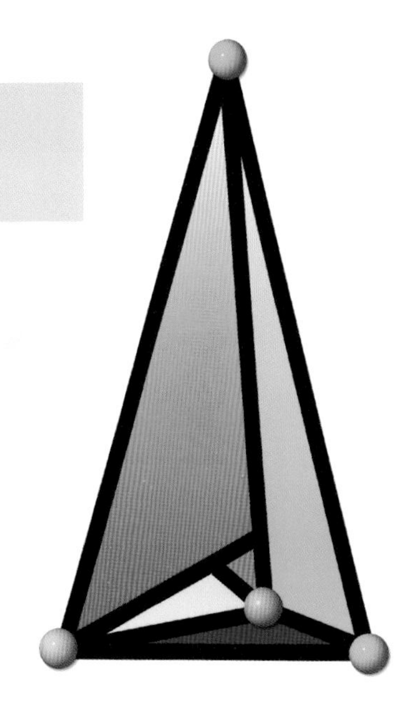

塞萨多面体是除了四面体之外，唯一已知的没有对角线的多面体，其中“对角线”的定义是连接多面体的任意两个顶点，但又不是多面体的边的线段。

柏拉图多面体（约公元前350年），阿基米德的半正则多面体（约公元前240年），欧拉的多面体公式（1751年），环游世界游戏（1857年），皮克定理（1899年），巨蛋穹顶（1922年），拉姆齐理论（1928年），西拉夕多面体（1977年），三角螺旋（1979年），破解极致多面体（1999年）

1949年

多面体是由其边缘互相连接的多边形组成的空间形体。有多少种多面体的每对顶点间的连线都是一条边呢？回答是：只有两种，除了四面体（三角形金字塔）之外，塞萨多面体被认为是唯一已知的没有对角线的多面体。其中“对角线”被定义为连接任何两个顶点而又不是由边的线段。注意，四面体有四个顶点、六条边、四个面而且没有对角线，每一条边都参与组成了一对顶角。

塞萨多面体是1949年由匈牙利数学家塞萨首次描述的。运用组合数学（研究从集合中选择和排列元素的方式的数量的数学学科）的理论，数学家现在知道，除了四面体之外，任何其他无对角线的多面体都必须至少有一个孔（隧道）。

塞萨多面体有一个孔（没有模型很难可视化），它在拓扑上同胚于圆环（甜甜圈）。这个多面体有7个顶点、14个面和21条边，和西拉夕多面体互为“对偶多面体”。所谓对偶多面体，是指一个多面体的顶点对应于另一个多面体的面。

达林写道：“我不知道是否还有其他多面体，其中每对顶点都只能由边连接。下一个可能的形体应该有12个面、66条边、44个顶点和6个洞，但这似乎是一个不太可能存在的形体，更不要说这个奇怪的多面体家族中更大更复杂的成员是否存在了。”

加德纳谈到了塞萨多面体和其他数学问题的广泛联系：“在研究这种骨骼状的奇异形体的结构时……我们发现它与圆环面上的7色地图问题、最小的‘有限射影平面’问题、七女孩三胞胎的古老谜题、八个队之间桥牌比赛问题以及一种称为‘房间幻方’的新幻方问题都是显著同构的。”■

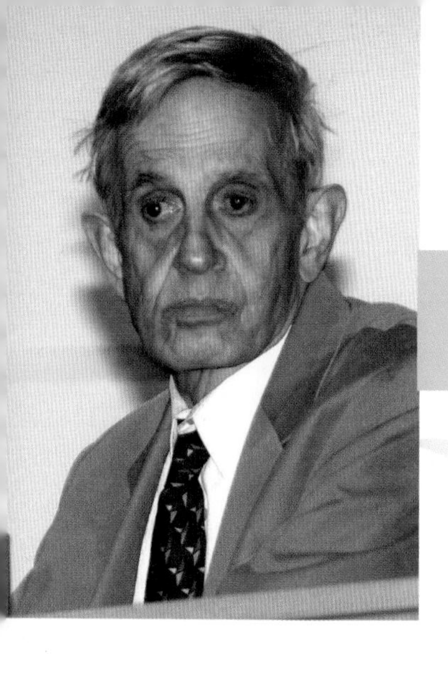

纳什均衡

约翰·纳什（John Nash，1928—2015）

上图：诺贝尔奖得主纳什。这张照片是2006年在德国科隆大学的博弈论研讨会上拍摄的。下图：博弈论的数学模型可以用来模拟从社会科学、国际关系到生物学等领域的现实场景。最近的研究将纳什均衡应用于蜜蜂为争夺领地资源而分群的问题的建模。

六贯棋（1942年），小猪游戏策略（1945年），囚徒困境（1950年），纽科姆悖论（1960年），破解西洋跳棋（2007年）

1950年

美国数学家纳什获得了1994年诺贝尔经济学奖。令他获奖的成就却是在将近半个世纪前他写的27页的博士论文，那时他才21岁。

在博弈论中，纳什均衡涉及两个或多个当事人的博弈，在这种博弈中，没有一方当事人可以通过改变自己的策略来获得任何东西。如果每个当事人都已经选择了自己的策略，没有哪一方可以在其他方面的策略保持不变时，通过改变他的策略而受益，那么当前的一组策略选择就是纳什均衡的一部分。1950年，纳什第一个在他的论文《非合作博弈》（*Non-Cooperative Games*）中提出，“混合策略的纳什均衡”必然存在于所有具有任意数量玩家的有限博弈之中。

博弈论在20世纪20年代已经取得了长足的发展，当时冯·诺依曼的工作达到了顶峰，他与奥斯卡·摩根斯坦（Oskar Morgenstern）合写了著作《博弈论和经济行为》(*Theory of Games and Economic Behavior*)，他们的研究更多地聚焦于那种双方利益截然对立的“零和博弈”。今天，博弈论在研究人类冲突和议价行为以及动物种群行为方面具有重要意义。

关于纳什，1958年《财富》杂志专门挑选了他在博弈论、代数几何和非线性理论方面的成就，称他是年轻一代最聪明的数学家，他似乎注定要继续取得成就。但在1959年他被迫强制住院治疗，并被诊断为精神分裂症。他相信外星人会拥立他成为南极洲之王，他总是固执地认为一件普通的事情，譬如报纸上的一句话，都可能是一种隐藏着的无比重要的隐喻或信息。纳什有一次曾说道：“我不敢说数学和疯狂之间有直接的关系，但毫无疑问，伟大的数学家大多有精神分裂症的症状，受困于疯狂谵妄和精神错乱。”

海岸线悖论

刘易斯·弗莱·理查森（Lewis Fry Richardson，1881—1953）
贝诺瓦·曼德布洛特（Benoit Mandelbrot，1924—）

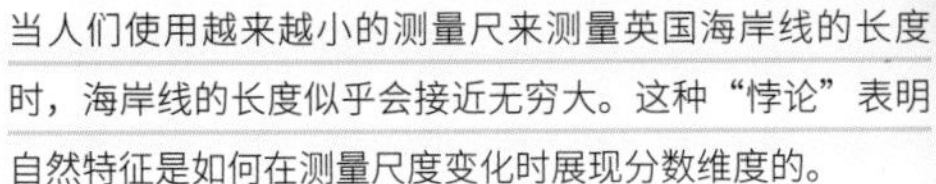

当人们使用越来越小的测量尺来测量英国海岸线的长度时，海岸线的长度似乎会接近无穷大。这种“悖论”表明自然特征是如何在测量尺度变化时展现分数维度的。

魏尔斯特拉斯函数（1872 年），科赫雪花（1904 年），豪斯多夫维度（1918 年），分形（1975 年）

1950年

如果一个人试图测量一条海岸线或两个国家之间边界的长度，他会发现测量的数值将取决于使用的测量工具的尺度。当测量尺的长度减小时，测量会对边界的微小弯曲摆动变得越来越敏感，理论上说，当尺子的长度接近零时，测出海岸线的长度会接近无限大。英国数学家理查森在研究国界特性与国家间兵戎相向有何关联时，就考虑了这一现象（他发现，涉及一个国家的战争数量与它毗邻的国家数量成正比）。法裔美国数学家曼德布洛特在理查森工作的基础上继续研究表明，测量尺的长度 ε 与海岸线宏观总长度 L 之间的关系可以用参数 D 表示，D 表示分形维度。

通过研究测得的测量尺次数 N 与测量尺长度 ε 的关系，就可以得到 D 。对光滑的曲线，如圆周，我们有如下关系式 $N(\varepsilon)=c/\varepsilon$ ，其中 c 是常数。但是，分形曲线就像海岸线一样，这种关系变成 $N(\varepsilon)=c/\varepsilon^D$。 如果我们把公式的两边乘以 ε，这种关系可以用测量尺长度的函数来表示：$L(\varepsilon)=\varepsilon/\varepsilon^D$。

D 也就对应于我们传统的维度概念（线是一维的，平面是二维的），但在这里 D 可以是一个分数。因为海岸线在不同尺度上弯转曲折，它稍微地填充了一部分表面，它的维度介于一条线和一个平面之间。分形结构意味着它的图形在反复放大后会显示出更精细的局部结构。曼德布洛特还据此算出了英国海岸线的维度 $D = 1.26$。当然，在现实世界中，我们永远不可能使用无限小的测量尺，但这种“悖论”表明了自然特征是如何在测量尺度变化时展现分数维度的。■

囚徒困境

梅尔文·德雷希尔（Melvin Dresher，1911—1992）
美林·米克斯·弗勒德（Merrill Meeks Flood，1908—）
阿尔伯特·W. 塔克（Albert W. Tucker，1905—1995）

"囚徒困境"一词是 1950 年由德雷希尔和弗勒德两人首次正式提出的。这一困境有助于研究人员了解"非零和博弈"的困难程度。在这种博弈中，一个人的胜利不见得是另一个人的失败。

芝诺悖论（约公元前 445 年），亚里士多德的轮子悖论（约公元前 320 年），圣彼得堡悖论（1738 年），理发师悖论（1901 年），巴拿赫-塔斯基悖论（1924 年），希尔伯特旅馆悖论（1925 年），生日悖论（1939 年），小猪游戏策略（1945 年），纳什均衡（1950 年），纽科姆悖论（1960 年），帕隆多悖论（1999 年）

一位天使在审问两个囚徒——该隐和亚伯兄弟俩，他们被怀疑非法潜入伊甸园。但天使对其中任何一人都没有足够的证据。如果两人都坚决不承认罪名，天使就只能降低惩罚力度，两兄弟将只被轻判在沙漠中流浪六个月；如果两兄弟中有一个人认罪，那么认罪者将会无罪释放，另一个将被判重罪，在沙漠里蹒跚爬行、吃沙砾尘土为生达三十年之久；如果该隐和亚伯都认了罪，则每个人都会被减刑为五年的沙漠流浪。天使将该隐和亚伯分开，使他们无法沟通。那么该隐和亚伯该怎么办?

事情似乎很清楚，解决办法也很简单：该隐和亚伯都不应该承认，这样他们都会得到最低限度的惩罚，在沙漠流浪六个月。不过很有可能会发生如下情况：如果该隐希望两人配合都不承认，那么亚伯很可能在最后一刻被诱惑而出卖该隐，从而使自己获得最好的结果——自由。一个重要的博弈论方法表明，这种情况会导致每个嫌疑人倾向招供，尽管它会带来比都不招供的策略更严厉的惩罚。该隐和亚伯的困境探讨了个人利益与群体利益之间的冲突。

1950 年，德雷希尔和弗勒德首次正式提出"囚徒困境"一词。后来塔克研究了这一案例，理解和阐明了分析"非零和博弈"的困难程度。在这种困境中，一个人的胜利不见得是另一个人的失败。从那时起，塔克的工作引起了人们的关注，激发了大量的研究，产生了从哲学、生物学到社会学、政治学和经济学等学科领域的大量相关文献。■

195

元胞自动机

约翰·冯·诺依曼（John von Neumann，1903—1957）
斯坦尼斯瓦夫·马尔辛·乌拉姆（Stanisław Marcin Ulam，1909—1984）
约翰·霍顿·康威（John Horton Conway，1937—）

这种锥壳蜗牛的外壳上就存在元胞自动机模式，这是因为一个细胞可以激活或抑制邻近的色素细胞。这种模式类似于一维元胞自动机的输出，被称为“规则 30 元胞自动机”。

图灵机（1936 年），数学宇宙假说（2007 年）

1952 年

元胞自动机是一类简单的数学系统，可以对具有复杂行为的各种物理过程进行建模。其应用包括植物群落扩散、藤壶等动物的繁殖、化学反应的振荡以及森林火灾的蔓延等。

经典的元胞自动机包括一个细胞网格，其中的单元格只存在两种状态，占用或未占用。一个单元格是否占用是通过它的相邻单元是否被占用的状况的简单数学分析来确定的。数学家只需定义规则，设置棋盘，然后放手让游戏规则在棋盘世界上自动发挥。

虽然控制元胞自动机的规则很简单，但它们产生的图形模式却非常复杂，有时看起来几乎是随机的，就像混乱的湍流或某种密码系统的输出图案。

这方面的早期工作始于 20 世纪 40 年代的乌拉姆的研究，当时他用一个简单的晶格来模拟晶体的生长。乌拉姆建议数学家冯·诺依曼采用类似的方法来模拟自复制系统，譬如可以制造其他机器人的机器人。1952 年左右，冯·诺依曼创造了第一个二维元胞自动机，每个单元有 29 种状态。冯·诺依曼在数学上证明了，一个特定的模式可以在给定的细胞宇宙中复制自己的无穷无尽的副本。

最著名的二维元胞自动机是康威发明的“生命游戏”，这款游戏由加德纳通过《科学美国人》推广，流行甚广。尽管它的规则很简单，但是却产生了多种多样的行为模式，包括“滑翔者”，也就是说，一种细胞的阵列可以在变化中整体移动跨越空间，甚至可以相互作用，执行计算，产生出新的图案模式。2002 年，斯蒂芬·沃尔夫拉姆（Stephen Wolfram）在此基础上创立并发表了一个新的科学门类，强化了元胞自动机在几乎所有科学学科中都有意义的观点。■

马丁·加德纳的数学游戏

马丁·加德纳（Martin Gardner，1914—2010）

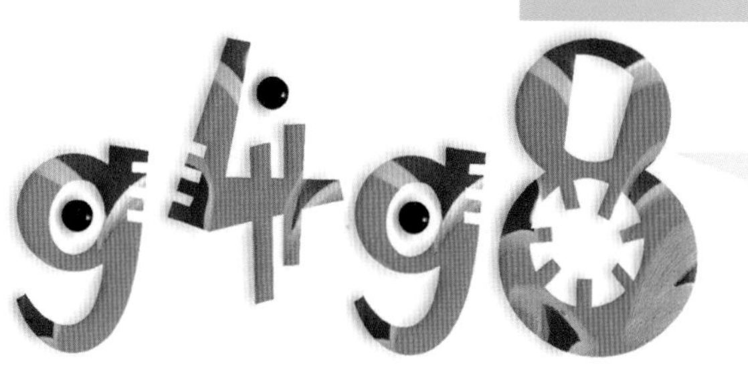

左图：2008 年“加德纳聚会”的一个会标，这个标志是由克拉塞克设计的。半年一次的“加德纳聚会”是为了向马丁·加德纳致敬，以促进趣味数学、魔术、拼图、艺术和哲学等新思想的展示。

下图：马丁·加德纳和他的作品在一起。六个书架上都是他的出版作品，最早的可以追溯到 1931 年。这张照片是 2006 年 3 月在他的俄克拉荷马州家中拍摄的。

六贯棋（1942 年），元胞自动机（1952 年），彭罗斯镶嵌（1973 年），分形（1975 年），公钥密码学（1977 年），《数字追凶》（2005 年）

“也许是上帝的一位天使仔细观察了这片无穷无尽的混沌之海，然后用手指轻轻地拨弄了一下。在这个微小而短暂的平衡旋涡中，我们的宇宙诞生了。”

——马丁·加德纳，《秩序与惊奇》（*Order and Surprise*），1950 年

《数学游戏制胜大全》（*Winning Ways for Your Mathematical Plays*）一书的作者写道，加德纳“给数以百万计的人们带来了比任何人都要多的数学”。《美国数学学报》（*American Mathematics Society*）副主编艾林·杰克逊（Allyn Jackson）写道，加德纳“打开了公众的眼界，让他们尽情地欣赏数学的美丽和魅力，激励了许多人把这门学科作为他们毕生的工作”。事实上，好些数学概念首先是通过加德纳的作品才引起了世界的关注，然后才出现在其他出版物中。

加德纳是一位美国作家，他从 1957 年到 1981 年在《科学美国人》（*Science American*）上主编“数学游戏”专栏。他还出版了超过 65 本书。加德纳就读于芝加哥大学，并获得过哲学学士学位。

他大量的知识积累是通过他广泛的阅读和书信往来获得的。许多当代数学家认为，对于在 20 世纪培养美国很大一部分人的数学兴趣来说，加德纳是最重要的人。道格拉斯·霍夫施塔特（Douglas Hofstadter，他的中文名为侯世达）曾称加德纳为“20 世纪美国最伟大的知识分子之一”。加德纳的“数学游戏”专栏涵盖了诸如折纸游戏、康威的“生命游戏”、多联骨牌、索马立方体、六贯棋、七巧板、彭罗斯镶嵌、公钥密码学、M.C. 埃舍尔的作品和分形艺术，等等。

加德纳在《科学美国人》中的第一篇文章，主题是六面体折纸游戏，发表于 1956 年 12 月。杂志主编把加德纳叫到他的办公室，问他是否有足够的类似资料来制作一个杂志的定期专栏？加德纳回答说，正合我意，下一期，1957 年 1 月就出第一期专栏！

吉尔布雷斯猜想

诺曼·L. 吉尔布雷斯（Norman L. Gilbreath，1936—）

吉尔布雷斯，2007 年拍摄于剑桥大学。伟大的数论学家艾狄胥认为，吉尔布雷斯的猜想是正确的，但可能要到两百年后我们才能完成证明。

质数和蝉的生命周期（公元前 100 万年），埃拉托色尼的筛法（公元前 240 年），哥德巴赫猜想（1742 年），正十七边形作图（1796 年），高斯的《算术研究》（1801 年），黎曼假设（1859 年），质数定理的证明（1896 年），布朗常数（1919 年），乌拉姆螺旋（1963 年），安德里卡猜想（1985 年）

1958 年，美国数学家兼魔术师吉尔布雷斯在餐巾纸上涂鸦后，提出了一个关于质数的神秘假设。吉尔布雷斯在第 1 行写了前几个质数，所谓质数，就是大于 1 的只能被自己或 1 整除的整数，如 5 或 13。接下来，他在第 2 行写下第 1 行的连续项之间的差值（不包括符号）；然后继续在第 3 行写下第 2 行连续项之间的差值（不包括符号），一直继续写下去…… 我们会得到：

2，3，5，7，11，13，17，19，23，29，31，…
1，2，2，4，2，4，2，4，6，2，…
1，0，2，2，2，2，2，2，4，…
1，2，0，0，0，0，0，2，…
1，2，0，0，0，0，2，…
1，2，0，0，0，2，…
1，2，0，0，2，…
1，2，0，2，…
1，2，2，…
1，0，…
1，…

吉尔布雷斯的猜想是：在第 1 行之后，每一行的第 1 个数字总是 1。虽然搜索了数千亿行，但没有人发现例外情况。数学家理查德·盖伊曾经写道：“我们似乎不太可能在不久的将来看到吉尔布雷斯猜想的证明，尽管猜想很可能是真的。”数学家们甚至不能确定猜想是否与质数有特别的关系，他们甚至猜想吉尔布雷斯的方法是否适用于以 2 开头然后是奇数的任何序列，只要这些奇数以足够的增量增加，使它们之间有足够的差距就行。

虽然吉尔布雷斯猜想在历史上并没有这本书中的其他条目那么重要，但它仍然是一个了不起的例子，说明了即使是业余爱好者提出的、各种简单到不能再简单的问题，却可能需要数学家们用好几个世纪来解决。或许当人类更好地理解质数之间的差距的分布时，我们才能拿到解开这个谜题的那把钥匙。■

球面翻转

斯蒂芬·斯梅尔（Stephen Smale，1930— ）
伯纳德·莫林（Bernard Morin，1931— ）

上图：今天，数学家们都清楚地知道如何使球面内部向外翻出来。然而多年来，拓扑学家依然无法展示如何完成这项艰巨的几何任务。
下图：塞奎恩制作的球面外翻过程的某个数学阶段的物理模型。（开始外翻时球面的外面是绿色，里面是红色。）

莫比乌斯带（1858 年），克莱因瓶（1882 年），伯伊曲面（1901 年）

1958 年

拓扑学家多年以来都知道理论上有办法把一颗球的内、外面翻转，可是究竟该如何着手却一点概念也没有，直到研究人员有了计算机绘图这项工具后，数学家尼尔森·马克斯（Nelson Max）才总算用一部动画影片呈现该如何翻转球面。麦克斯这部名为《球面翻转》（*Turning a Sphere Inside Out*）的影片完成于 1977 年，主要素材源自法国失明的拓扑学家莫林于 1967 年所提出的研究成果，整部影片聚焦在如何让一个表面在不打洞、没皱褶的情况下，穿越自己以完成翻转的过程。1958 年以前的数学家们都认为此题无解，直到斯梅尔在那一年提出不同的证明方式，才改变了所有人的看法，但那个时候，还没有图像可以清楚说明整个翻转过程到底是怎么办到的。

我们在此所讨论的翻转球面，可不是把一个扁平的海滩球从充气口翻面后再重新打气进去，相反地，我们探讨的可是一个没有洞的球体。数学家们设法把一颗球体模拟成一片薄膜，用不断延展的方式在不撕破、不扭尖、不弄皱的条件下自体穿越，也就是为了避免这些破坏球面的操作，才使得翻转的过程更加困难。

数学家们在 1990 年下半叶更进一步地发现几何上的“优选”途径——在球面翻转过程中，以最省力的方式扭转整颗球。这个优选的翻转方式已经成为 *Optiverse* 这部彩色计算机动画当中的主题，不过，影片中所陈述的原理无法比照办理地把一颗现实生活中表面封闭的球体内、外翻转，毕竟现实的球体并不是用可自体穿越的材质打造，所以，除了打个洞让球面翻转外，别无他法。■

柏拉图台球路径

刘易斯·卡罗尔（Lewis Carroll，1832—1898）
雨果·斯坦豪斯（Hugo Steinhaus，1887—1972）
马修·胡德尔森（Matthew Hudelson，1962—）

数学家在五种柏拉图多面体内部都发现了“台球路径”。例如，在正二十面体内部存在一条封闭的“台球路径”，台球可以在二十面体内的 20 面墙壁上弹跳，回到起点。

柏拉图多面体（约公元前 350 年），外台球动力学（1959 年）

1958 年

一个多世纪以来，“柏拉图台球路径问题”吸引着数学家，在解决了立方体中的台球路径问题之后，全部五种柏拉图多面体解决方案的实现竟然花了近五十年的时间。

设想一个内部空心的立方体，一个弹性小球（台球）在里面弹跳，忽略摩擦力和重力。我们能不能找到一条路径，让台球在击发后通过弹跳回到起点？这个问题最初是由英国作家和数学家卡罗尔提出的。

1958 年，波兰数学家斯坦豪斯发表了一种解决方案，该方案表明立方体内部存在这样的路径；1962 年数学家约翰·康威（John Conway）和罗杰·海沃德（Roger Hayward）发现了正四面体内的有类似的路径存在。而且在立方体和正四面体的内墙面之间的每一段路径都具有相同的长度。理论上，台球可以永远沿着这种路径反弹。不过，没人确定这种路径在其他的柏拉图多面体内部是否存在。

最后在 1997 年，美国数学家胡德尔森展示了一个台球在其他柏拉图多面体，包括正八面体、正十二面体和正二十面体内壁反弹的有趣路径。这些“胡德尔森路径”与多面体内壁的每一面碰撞，最终返回到它们的起点和路径的起始方向。胡德尔森用电脑帮助他进行研究，考虑到十二面体和二十面体内部存在大量可能的反弹路径，他的挑战显得特别困难。为了直观地表现这些路径的形状，胡德尔森编写了一个程序，产生了 100 000 多个随机的初始弹道方向，研究了那些在十二面体和二十面体内部击中所有内墙面的所有轨迹。■

200

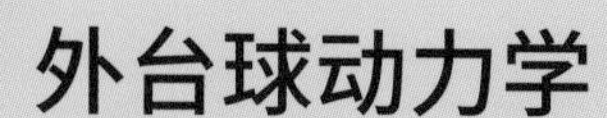

外台球动力学

伯恩哈德·赫尔曼·纽曼（Bernhard Hermann Neumann，1909—2002）
于尔根·莫泽尔（Jürgen Moser，1928—1999）
理查德·埃文·施瓦茨（Richard Evan Schwartz，1966—）

施瓦茨证明，彭罗斯风筝（橙色的中央多边形）周围的外台球动力学可以可视化为一种复杂的镶嵌图案。不同颜色的多边形区域表示当端点落到这些区域时轨迹具有不同的行为。

柏拉图台球路径（1958 年），彭罗斯镶嵌（1973 年）

1959 年

外台球动力学的概念是在 20 世纪 50 年代由德国出生的英国数学家纽曼提出的。20 世纪 70 年代，德裔美国数学家莫泽尔将外台球动力学推广为一种的行星运动的简化模型。如果想要做实验，先画一个多边形，在多边形外放置一个点 X_0，把这个点当作台球的起点，台球沿直线运动只是经过多边形的一个顶点，并继续向前运动到一个新的点 X_1，使刚才经过的顶点在 X_0 和 X_1 之间线段的中点上。然后从 X_1 向顺时针方向的下一个顶点继续这个过程。

纽曼提出的问题是：围绕凸多边形的这样一个轨迹是否会无法封闭，从而使台球永无止境地运动下去？对于正多边形而言，这个轨迹是有界的，不会在多边形外越走越远，而且如果多边形顶点坐标是有理数（即它们都可以用分数表示），则轨迹是有限的而且具有周期性，最终会回到它的起点。

2007 年，布朗大学的施瓦茨终于证明，纽曼的外台球动力学过程可能导致欧几里得平面上的无界轨迹，他使用了一个名为“彭罗斯风筝”的四边形证明了这一点，而彭罗斯风筝四边形出现在彭罗斯镶嵌图案中。施瓦茨还在其中发现了三个大的八角形区域，当端点落入其中后轨迹会周期性地从一个区域跳到另一个区域；而端点落入其他区域的轨迹行为则会收敛到一组点集，从这些点继续的轨迹就会发散到无界。与数学中的其他现代证明一样，施瓦茨的初始证明也依赖于计算机。

纽曼于 1932 年从柏林大学获得博士学位。1933 年希特勒上台时，纽曼意识到身为犹太人的危险性，他逃到阿姆斯特丹，再从那里转往剑桥大学任职。

纽科姆悖论

威廉·A. 纽科姆（William A. Newcomb，1927—1999）
罗伯特·诺齐克（Robert Nozick，1938—2002）

纽科姆悖论由物理学家纽科姆于 1960 年提出。当你知道天使是具有超级智慧的预测者，而且他的预测几乎肯定是正确的之后，你还会把两个盒子都拿走吗？

芝诺悖论（约公元前 445 年），亚里士多德的轮子悖论（约公元前 320 年），圣彼得堡悖论（1738 年），理发师悖论（1901 年），巴拿赫-塔斯基悖论（1924 年），希尔伯特旅馆悖论（1925 年），囚徒困境（1950 年），帕隆多悖论（1999 年）

在你面前是两个密闭的箱子，上面分别标着“1 号箱”和“2 号箱”。一个天使告诉你：1 号箱里是一只价值 1000 美元的金杯，2 号箱要么是一只毫无价值的蜘蛛，要么是价值数百万美元的蒙娜丽莎名画。你有两个选择：把两只箱子都拿走，或只拿走 2 号箱。

但天使的一番话让你感到难以决断：“我已经预测了你将做出的决定，我的预测几乎肯定是对的。如果我预测你会拿走两个箱子时，那我会只放一只蜘蛛在 2 号箱里，而如果我预测你只拿走 2 号箱时，我就会把蒙娜丽莎名画放在里面。至于 1 号箱，不管我预测你会做什么，里面总是装的 1000 美元的金杯。

起初你会认为应该只选择 2 号箱。因为天使是很聪明的预测者，因此你会得到蒙娜丽莎名画。如果你把两个箱子都拿走，天使很可能会预料到你的选择，已经把一只蜘蛛放进 2 号箱了，你只会得到 1000 美元的金杯和一只蜘蛛。

但天使接下来的话让你更加困惑：“我已经在四十天前做出了预测，因此已经把蒙娜丽莎名画或蜘蛛放进 2 号箱了，但我不会告诉你放的什么。”现在你会作何选择呢？

现在可能你会认为应该把这两个箱子都带走。既然东西已经装进箱子了，你只选择 2 号箱似乎很愚蠢，因为如果你这样做，你就不能得到比蒙娜丽莎名画更多的东西。为什么我要放弃那 1000 美元呢？

这就是物理学家纽科姆在 1960 年提出的纽科姆悖论。1969 年，哲学家诺齐克更详尽地表述了这个谜题。这个问题直到现在都没有答案，怎样做才是最好的策略，专家们依然莫衷一是。■

谢尔宾斯基数

瓦茨拉夫·弗朗西塞克·谢尔宾斯基
(Wacław Franciszek Sierpiński，1882—1969)

左图是分布式计算项目“17 or Bust”的徽标，这个项目致力于确定 78 557 是最小的谢尔宾斯基数。多年来，这个项目利用世界各地数百台计算机的计算能力，齐心协力解决谢尔宾斯基问题。

质数和蝉的生命周期（约公元前 100 万年），埃拉托色尼的筛法（约公元前 240 年），哥德巴赫猜想（1742 年），正十七边形作图（1796 年），高斯的《算术研究》（1801 年），质数定理的证明（1896 年），布朗常数（1919 年），吉尔布雷斯猜想（1958 年），乌拉姆螺旋（1963 年），群策群力的艾狄胥（1971 年），安德里卡猜想（1985 年）

1960 年

数学家札吉尔写道：“为什么一个数字是质数，而另一个不是质数，令人百思不得其解。当你凝视着这些数字时，你会感觉自己面临的是造物主创造的令人费解的秘密。”1960 年，波兰数学家谢尔宾斯基证明，有无穷多个奇整数 k，称为谢尔宾斯基数，使得 $k\times2^n+1$ 对任意的正整数 n 都不会是质数。伊瓦尔斯·彼得森（Ivars Peterson）写道：“这是一个奇怪的结果，似乎没有明显的理由说明为什么这个特定的表达式永远不会产生质数。”以此为背景，产生了谢尔宾斯基问题：“最小的谢尔宾斯基数是什么？”

在 1962 年美国数学家约翰·塞尔福里奇（John Selfridge）发现了一个当时最小的谢尔宾斯基数 k=78 557。他特别证明了，当 k=78 557 时，形如 $k\times2^n+1$ 的所有数都有以下数字：3，5，7，13，19，37 或 73 之一作为其约数。

1967 年，谢尔宾斯基和塞尔福里奇都承认 78 557 是最小的谢尔宾斯基数，似乎这就是谢尔宾斯基问题的答案。但今天数学家们仍然怀疑是否还有更小的谢尔宾斯基数没有被发现。如果我们能够扫描 k<78 557 的所有奇数，并为每个值找到一个对应的质数，那么我们就能肯定 78 557 就是最小的谢尔宾斯基数了。截至 2008 年 2 月，还有 6 个候选的奇数未被从谢尔宾斯基数的队伍中排除掉。目前一个分布式计算项目“17 or Bust”正在测试这些剩余的数字。例如，2007 年 10 月，“17 or Bust”就证明了 $33\ 661\times2^{7\ 031\ 232}+1$ 这个 2 116 617 位的数是个质数，从而取消了 33 661 作为谢尔宾斯基数的资格。如果数学家能够排除掉所有剩余的 6 个 k 值，谢尔宾斯基问题就得以解决，将近五十年的探索也就尘埃落定。■

混沌与蝴蝶效应

雅克·所罗门·阿达玛（Jacques Salomon Hadamard，1865—1963）
朱尔斯·亨利·庞加莱（Jules Henri Poincaré，1854—1912）
爱德华·诺顿·洛伦兹（Edward Norton Lorenz，1917—2008）

罗杰·A. 约翰斯顿（Roger A. Johnston）创作的混沌数学图案。虽然混沌行为似乎是“随机的”和不可预测的，但它通常遵循从可以研究的方程中导出的数学规则。初始条件的微小变化可能导致非常不同的结果。

突变理论（1968 年），费根鲍姆常数（1975 年），分形（1975 年），池田吸引子（1979 年）

1963 年

对于古代人类来说，混沌代表着未知的幽灵世界，充满着凶险邪恶的噩梦景象，反映了人类对无法掌控的事物的恐惧，并在想象中给这种未知的恐惧赋予了种种可怕的形状。而在今天，混沌理论则是一个激动人心的不断发展的领域，涉及对初始条件的敏感依赖的众多现象的研究学科。尽管混沌的行为经常被表现出“随机”而不可预测，但它往往遵循着来自数学方程的严格的规则，是可以生成并且进行研究的。计算机图形是研究混沌的重要工具之一。从随机闪烁灯光的玩具到虚无缥缈的香烟的烟雾，混沌行为通常是随机且无序的，其他的例子包括天气模式、某些神经活动和心脏跳动、股票市场波动以及用某些计算机组成的网络。混沌理论也经常广泛地应用于各种视觉艺术之中。

在科学上，也存在各种著名的混沌系统的例子，如流体中的热对流、超音速飞机的面板震颤、振荡的化学反应、流体动力学、人口增长理论、粒子撞击周期振动的表面、各种悬臂和转子的运动轨迹、非线性电路和光束的弯曲等。

混沌理论的早期根源始于 1900 年左右，当时阿达玛和庞加莱等数学家研究了多体问题复杂的运动轨迹。20 世纪 60 年代初，麻省理工学院的气象学家洛伦兹使用一个方程组来模拟大气中的对流。尽管公式十分简单，他还是很快发现产生混沌的标志之一，也就是说，初始条件的极其微小的变化会导致不可预测的完全不同的结果。洛伦兹在他 1963 年的论文中解释说，世界某地的一只蝴蝶扇动翅膀，后来可能会影响到数千英里以外地区的天气。今天，我们就用蝴蝶效应一词来描述这种不可思议的关联性。■

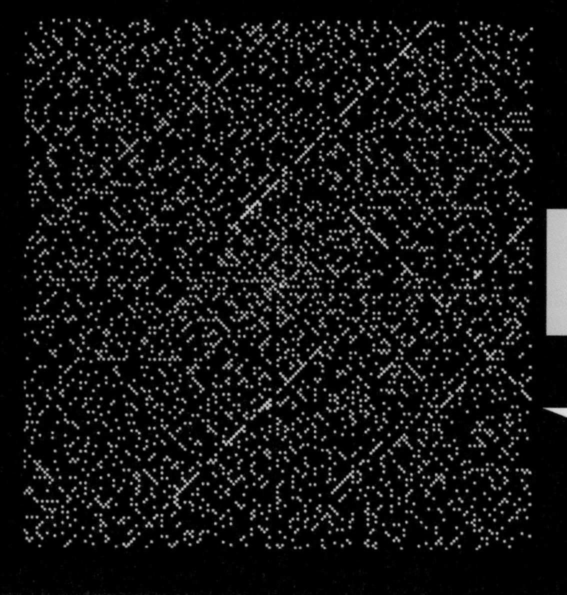

乌拉姆螺旋

斯坦尼斯瓦夫·马尔辛·乌拉姆（Stanisław Marcin Ulam，1909—1984）

这是一幅 200×200 的乌拉姆螺旋图。几个对角线图案用黄色突出表示。乌拉姆螺旋图显示出计算机就像显微镜一样，可以让数学家看到某些特殊结构并提出新的定理。

质数和蝉的生命周期（约公元前 100 万年），埃拉托色尼的筛法（约公元前 240 年），哥德巴赫猜想（1742 年），高斯的《算术研究》（1801 年），黎曼假设（1859 年），质数定理的证明（1896 年），强森定理（1916 年），布朗常数（1919 年），吉尔布雷斯猜想（1958 年），谢尔宾斯基数（1960 年），群策群力的艾狄胥（1971 年），公钥密码学（1977 年），安德里卡猜想（1985 年）

1963 年

1963 年，在一次无聊的会议上，波兰出生的美籍数学家乌拉姆信手涂鸦时，发现了一个惊人的螺旋结构，揭示了质数的一种图形模式（质数是大于 1 的整数，只能被本身或 1 整除，如 5 或 13）。乌拉姆的图案从中心的 1 开始，用逆时针螺旋方式写出连续的自然数，然后他把所有的质数都圈出来。随着螺旋的增大，他注意到质数倾向于形成对角线图案。

正如后来的计算机图形学所清楚地表明的，虽然一些对角线结构可能只是由交替地包含奇数和偶数而产生的，但有趣的是质数往往比其他数字更多地出现在一些对角线上。也许比发现图案更重要的是，乌拉姆螺旋图展现了计算机可以作为一种显微镜来使用，这使得数学家能够用可视化的方法发现新的定理。从 20 世纪 60 年代初到 20 世纪末，这种研究引发了实验数学的爆炸性发展。

加德纳写道：“乌拉姆的螺旋网格为关于质数分布中秩序和偶然的神秘组合增添了一丝幻想色彩，他那不经意的涂鸦为数学禁区带来了不能忽视的一丝微光。也正是他提出的建议，使他和爱德华·特勒（Edward Teller）产生了氢弹的构思，使第一颗热核炸弹得以问世。”

除了数学方面的贡献，乌拉姆还参与了第二次世界大战期间开发第一枚核武器的曼哈顿项目，甚至还为宇宙飞船的动力推进系统做出了巨大贡献。■

不可证明的连续统假设

格奥尔格·康托尔（Georg Cantor，1845—1918）

保罗·约瑟夫·寇恩（Paul Joseph Cohen，1934—2007）

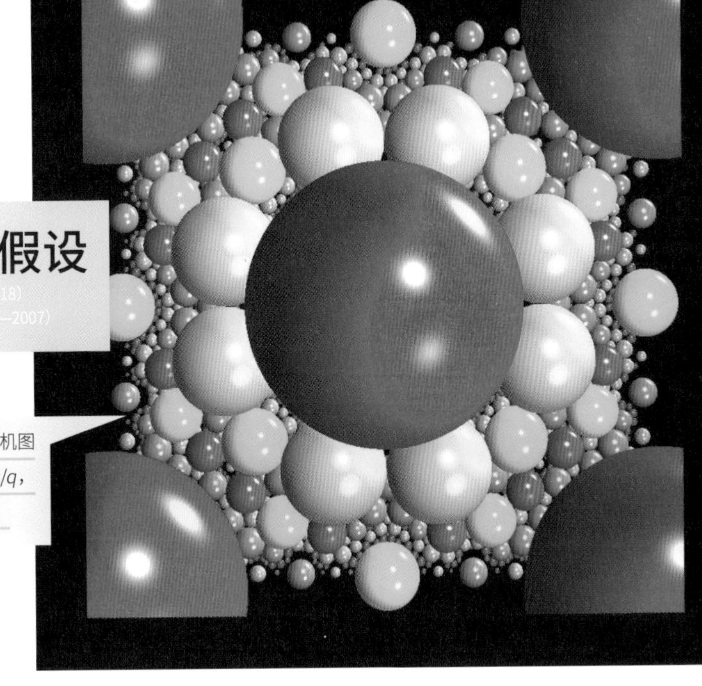

虽然我们很难理解各种无穷大，但可以使用计算机图形来帮助思考，右图中，球体的位置表示复分数 p/q，球体的位置与复平面相切，其半径等于 $1/(2\bar{q}q)$。

亚里士多德的轮子悖论（约公元前 320 年），康托尔的超限数（1874 年），哥德尔定理（1931 年）

在康托尔的超限数的条目中，我们讨论了最小的超限数，称为阿列夫-零，写成 $\aleph_0$，它是整数个数的“基数”。虽然整数、有理数（可以表示为分数的数）和无理数（如 2 的平方根）都是无穷多个，但在某种意义上，无理数的“无穷多”应该大于有理数和整数的“无穷多”。同样，实数（包括有理数和无理数）也比整数要多。

为了表示这种差异，数学家把有理数或整数的无穷大称为 $\aleph_0$，无理数或实数的无穷大定义为 C，并认为 $C=2^{\aleph_0}$。这里，C 是实数集合的“基数”，也被称为连续统。

数学家也考虑定义了更大的无穷大，以 $\aleph_1$，$\aleph_2$ 等符号表示。这里，集合论符号 $\aleph_1$ 表示大于 $\aleph_0$ 的最小无限集合的基数，以此类推。康托尔的连续假设说：$C=\aleph_1= 2^{\aleph_0}$。然而，连续统假设 $C = \aleph_1$ 是否真正成立，在我们目前的集合理论中被认为是不可判定的。

哥德尔等伟大的数学家曾经证明了，如果连续统假设“为真”与集合论的标准公理是相容的；然而，1963 年，美国数学家寇恩却又证明了，如果连续假设“为假”与集合论的标准公理是也相容的！寇恩出生在美国新泽西州朗布兰奇的一个犹太家庭，1950 年毕业于纽约市史岱文森高中。

有趣的是，有理数与整数的“基数”相同，无理数与实数的“基数”相同（数学家讨论超限数的“大小”时通常用“基数”一词）。■

超椭圆体

皮特·海因（Piet Hein，1905—1996）

左图是海因的超椭圆体，放置在丹麦菲英岛克维恩德鲁普的伊埃斯科城堡的护城河对面。该城堡建于15世纪50年代中期，是保存最完好的文艺复兴时期“水上古堡”之一。

星形线（1674年）

约1965年

大约在1965年，丹麦科学家、设计师和发明家海因将超椭圆体（又称超椭球体）作为一种美丽而迷人的造型加以推广，因为它的两端都有惊人的稳定性。这种三维形体是通过公式 $|x/a|^{2.5}+|y/b|^{2.5}=1$ 定义的超椭圆曲线产生，其中 $a/b=4/3$，并将此曲线绕 x 轴旋转而成。一般来说，超椭圆体方程为 $(|x|^{2/a}+|y|^{2/a})^{a/b}+|z|^{2/b}=1$，其中 a 和 b 大于零。

海因的超椭圆体可由各种材料制成，在20世纪60年代作为玩具和新奇物品而受到欢迎。如今，这种造型在各种设计中比比皆是，例如蜡烛杯台、冷却饮料的不锈钢球。海因是在1965年第一次“生出”超椭圆蛋的，当时各种造型相似的超椭圆蛋由丹麦斯基恩镇上的史克鲁德公司（Skjøde）制造和销售。1971年，世界上最大的超椭圆体问世，它由金属制成，重量几乎达到一吨，被放置在格拉斯哥的开尔文大厅外面。

法国数学家加布里埃尔·拉梅（Gabriel Lamé，1795—1870）在海因之前就研究过超椭圆体，但海因是第一个制造出超椭圆体的人，并以在建筑、家具设计甚至城市规划中推广这种造型而闻名于世。

在瑞典的斯德哥尔摩，这种超椭圆体也被用作环形道路的形状。1959年，有关部门征求海因的意见后，斯德哥尔摩市政立即接受了他的以2.5作为指数，$a/b = 6/5$ 的超椭圆形作为其新市中心的基本形状的意见。后来加德纳谈到了斯德哥尔摩的道路：“海因的曲线设计满足了交通要求，它既不太圆，转弯处也比较圆滑，是椭圆和矩形的完美结合。”■

右图：模糊逻辑已被用于高效洗衣机的设计。例如，1999 年发布的美国专利 5897672 号，描述了用模糊逻辑检测洗衣机中不同纤维衣物的相对比例。

模糊逻辑

洛菲·札德（Lotfi Zadeh，1921—）

1965 年

亚里士多德的《工具论》（约公元前 350 年），布尔代数（1854 年），文氏图（1880 年），《数学原理》（1910—1913 年），哥德尔定理（1931 年）

经典的二值逻辑涉及的条件值要么是“真”，要么是“假”；模糊逻辑则允许一个连续的真值范围。模糊逻辑这个概念是由数学家暨计算机科学家札德提出的。札德在伊朗长大，1944 年移民到美国。模糊逻辑有着广泛的实际应用，它是由模糊集合论推导而来的，模糊集合论的关键是对集合的全体成员都赋予了一个称为“隶属度”的函数值（从 0 到 1 的连续函数值）。札德在 1965 年发表了他关于模糊集合的开创性数学论文，1973 年又提出了模糊逻辑的完整论述。

以设备的温度监测系统为例，对冷、温、热的概念可以取一个隶属度函数，测量时可以有一些过渡性的取值，如“不冷”“微温”“微热”等，用来控制设备。札德认为，如果反馈控制器能够被编程使用这种不精确、带噪声干扰的输入数据，它们就会更有效并且更容易实施。在某种意义上，这种方法更接近于人们通常做出决定的方式。

由于模糊逻辑从方法论开始就很不容易理解，札德很难找到一本专业期刊来发表他 1965 年的论文，也许是因为这些刊物不愿意让“模糊”这种概念蔓延到工程领域。作家田中一雄（Kazuo Tanaka）写道：“模糊逻辑的一个转折点出现在 1974 年，当时伦敦大学的亚拉伯罕·曼达尼（Ebraham Mamdani）教授成功地运用模糊逻辑操控了一台蒸汽机。”1980 年，模糊逻辑被用来控制水泥窑。自那时起，许多日本公司都使用模糊逻辑来控制净水工艺和铁路交通系统，模糊逻辑还被用于控制轧钢过程、相机自动对焦、洗衣机、酿造过程、汽车发动机控制、防抱死刹车系统、彩色胶卷的冲洗、玻璃生产流程、金融交易中使用的计算机程序，以及识别文字与语音之间模糊差异的系统。■

瞬时疯狂方块游戏

弗兰克·阿姆布鲁斯特（Frank Armbruster，1929—）

阿姆布鲁斯特和他著名的“瞬时疯狂”方块游戏。连续排列的四个方块有 41 472 种不同的方法，但其中只有两种是正解。仅在 20 世纪 60 年代末售出的这款玩具就超过 1200 万套。

格罗斯的《九连环理论》（1872 年），十五数码游戏（1874 年），河内塔（1883 年），六贯棋（1942 年），魔方（1974 年）

如果一个孩子无法破解“瞬时疯狂”方块游戏，这再正常不过了，因为共有 41 472 种不同的方法将四个方块排列成一排，其中只有两个是符合要求的答案。采用试错的方法是行不通的。

这个谜题看起来很简单：有四个小立方体，每个立方体的六个面上分别涂上了四种颜色之一。游戏的目标是将四个立方体排列成一排，使得这个小柱体的每个侧面都只有同一种颜色出现。因为每个立方体都有 24 个不同方位，这个小柱体最多有 $4! \times 24^4 = 7\ 962\ 624$ 种排列方式。然而这个数字应该减少到 41 472 个，部分原因是方块的排列顺序是可以交换，而不会对解答方案产生影响。

数学家用不同的图表示方块的不同彩色面，以帮助理解解答谜题的有效方法。他们在每个方块中用一个“图”来表示出现在相对表面上的“一对颜色”。按数学记者彼得森的说法：“那些熟悉图论知识的人通常能在几分钟内找出解答方案。事实上，这个谜题是逻辑思维的一个很好的训练。”

教育专家阿姆布鲁斯特将他设计的这款游戏授权给帕克兄弟公司（Parker Brothers）之后，这款游戏掀起了一股热潮，20 世纪 60 年代末，该公司就售出了超过 1200 万套游戏套装。在 1900 年左右，曾经流行过类似的彩色方块拼图也很受欢迎，当时它被称为“强烈诱惑”。阿姆布鲁斯特曾写信告诉我：“当我在 1965 年得到一个‘强烈诱惑’的样本时，我感到它很适合用于辅助组合和排列的教学。我的第一个样品是用上油漆的木块做的，后来销售塑料版本时，包装中排列成已经解答的状态。一个客户建议我用‘瞬时疯狂’（Instant Insanity）来命名这款游戏，我很高兴地采纳了建议并注册了商标。后来，帕克兄弟公司给了我一个难以拒绝的价码取得了我的授权。”■

朗兰兹纲领

罗伯特·菲兰·朗兰兹（Robert Phelan Langlands，1936—）

左图：罗伯特·朗兰兹。

下图：朗兰兹纲领将两个不同的数学分支联系起来，其中涉及的猜想“像一座大教堂”一样，是如此的优雅和谐。朗兰兹纲领被认为试图建立起大一统的数学理论，可能还需要几个世纪才能有完美的诠释。

群论（1832年），菲尔兹奖章（1936年）

1967 年，年仅 30 岁的普林斯顿数学教授朗兰兹给著名的数论学家安德烈·韦伊（André Weil，1906—1998）写了一封信，请教韦伊对一些新的数学思想的看法。“如果你愿意当作纯粹的猜想阅读（我的信），我将不胜感激。”根据科学作家达纳·麦肯齐（Dana Mackenzie）的说法，韦伊从来没有回信，但是朗兰兹的信仍然可以称得上是连接了两个不同数学分支的“罗塞塔石碑”（表示关键线索的意思）。特别是朗兰兹猜想在“伽罗瓦表示”（描述数论中所研究的方程的解之间的关系）与“自守形式”（高度对称的函数，如余弦函数）之间存在着一种等价关系。

朗兰兹纲领是一块丰饶肥沃的土壤，它为耕耘其中的其他数学家带来了两枚菲尔兹奖章。朗兰兹的猜想，在一定程度上来源于寻找如何将整数分解为其他整数的乘积之和的模式的通用方法。

根据《费马日记》（*Fermat Diary*），朗兰兹纲领可能被视为一个伟大的大一统的数学理论，它表明“代数的数学（包括方程）和分析的数学（包括光滑曲线和连续变量的研究）是密切相关的”。朗兰兹纲领中的猜想“就像一座大教堂，它们以一种美妙的方式结合在一起”。然而，这些猜想很难证明，一些数学家认为完全理解朗兰兹纲领可能需要几个世纪。

数学家斯蒂芬·盖尔巴特（Stephen Gelbart）写道：“朗兰兹纲领是古典数论中几个重要主题的整合。而更重要的是，它也是一项未来的研究纲领。他的纲领是在 1967 年左右以一系列猜想的形式出现的。就像自 1948 年以来韦伊在《代数几何基础》中提出的猜想一样，朗兰兹的猜想以同样的方式影响了后来数论的研究。”

1967年

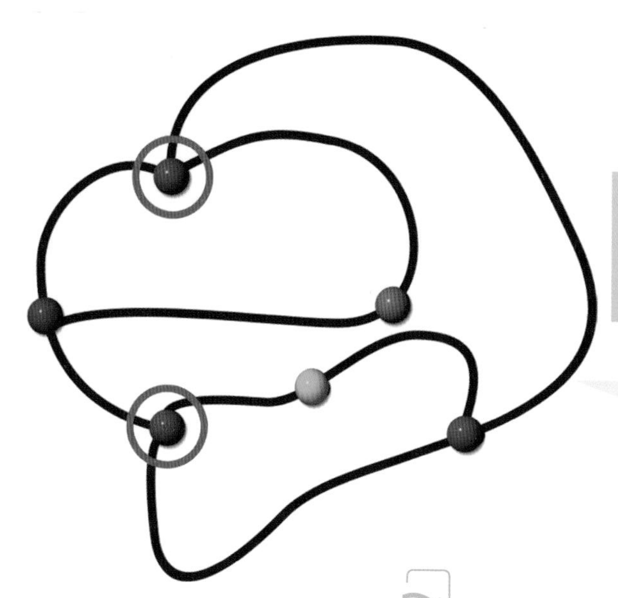

豆芽游戏

约翰·霍顿·康威（John Horton Conway，1937—）
迈克尔·S. 彼得森（Michael S. Paterson，1942—）

在这个豆芽游戏的例子中，纸张上一开始只有两个点（带圈的红点），而且游戏还在进行中。尽管它看起来很简单，但只要起点稍微多一点，就很难分析清楚。

哥尼斯堡七桥问题（1736 年），若当曲线定理（1905 年），破解西洋跳棋（2007 年）

1967 年

豆芽游戏是由数学家康威和彼得森于 1967 年发明的，当时两人都在剑桥大学。这款令人上瘾的游戏有着迷人的数学特性，康威写信给加德纳说：“豆芽游戏出现的第二天，几乎每个人都在玩它……大家都凝视着豆芽在荒谬而神奇地延伸。一些人已经在圆环面、克莱因瓶上尝试这个游戏，并且……思考着更高维度上的游戏版本。”

豆芽游戏有两个玩家，首先在纸面上设置几个起点。轮到的一方在两个点之间画一条曲线，或者从一个点出发画一个圈连回自己也行，画出的曲线不能穿过已有的曲线，也不能穿过它本身，然后在这条曲线上设置一个新的点。双方轮流操作，直到走出最后一步的玩家获胜。每个点最多可以连出三条曲线。

初次接触游戏的人可能会怀疑这个游戏会永远玩下去。然而我们现在知道，当豆芽游戏以 n 个点开始时，游戏将最少可以走动 $2n$ 次，最多可以走动 $3n-1$ 次。如果起点是 3、4 或 5 个，先手玩家总是可以在游戏中获胜。

2007 年，研究人员使用计算机程序帮助确定了 32 个以下起点时哪一方是游戏的赢家。但 33 个以上起点的比赛状况依然未知。豆芽游戏专家朱利安·莱莫因（Julien Lemoine）和西蒙·维诺特（Simon Viennot）写道：“尽管回合次数很少，但要确定是先手还是后手玩家获胜还是很困难的，当然前提是两位玩家都很出色。最好的公开资料和完整的人工证明是由里卡多·佛卡迪（Riccardo Focardi）和弗拉米尼亚·路西奥（Flaminia Luccio）提供的，其中推断出谁是 7 点豆芽游戏的胜方。”记者伊瓦尔斯·彼得森写道：“豆芽游戏会萌生出各种意想不到的成长模式，使得制订获胜策略成为一个棘手的难题。迄今为止还没有人能制订出这款游戏的完整战略。”■

突变理论

勒内·托姆（René Thom，1923—2002）

突变理论是描述剧烈变化的数学理论，例如随着蝗虫种群密度的增加而爆发的飞蝗灾难。研究表明，蝗虫彼此间的后腿在几小时内接触得越频繁就越容易引发这样群聚行为。大规模的蝗虫群数量可以达到数十亿。

哥尼斯堡七桥问题（1736 年），莫比乌斯带（1858 年），菲尔兹奖章（1936 年），混沌与蝴蝶效应（1963 年），费根鲍姆常数（1975 年），池田吸引子（1979 年）

突变理论是描述戏剧性的或突如其来的变化的数学理论。数学家蒂姆·波斯顿（Tim Poston）和伊恩·斯图尔特（Ian Stewart）举了这样一些例子："地震的冲击波；或者种群密度达到临界值造成蝗虫幼虫突然大量地发展成会飞的成虫群；或者一个细胞突然改变了它的增殖节奏，倍增式地分裂，发展成恶性肿瘤。"

突变理论是法国数学家托姆在 20 世纪 60 年代发展起来的。20 世纪 70 年代，日本出生的英国数学家克里斯托弗·塞曼（Christopher Zeeman）进一步发展了这一理论，将该理论应用于行为科学和生物科学等领域。1958 年，托姆因在拓扑学中的研究而获得菲尔兹奖章。

1968 年

突变理论通常涉及描述某些变量（如心脏跳动）依赖于时间的动力系统以及这些系统与拓扑的关系。该理论特别侧重于某些类型的"临界点"，其特征是在这些点上函数的一阶导数或者一个或多个高阶导数为零。达林写道："许多数学家投入了突变理论的研究，在一段时间内形成风潮，但突变理论从未取得如其表亲'混沌理论'那样的成功，因为它未能兑现对灾变提供有用的预测的承诺。"

托姆的诉求是为了更好地理解持续的行为（如监狱或国家之间的平稳运行）是如何突然让位于不连续的变化（监狱骚乱或战争）的。他展示了如何以抽象的数学曲面的形式来描述这些现象，描绘自己心中的景观，并使用了"蝴蝶突变"或"燕尾突变"之类的名称。萨尔瓦多·达利（Salvador Dalí）的最后一幅画作《燕尾》（*The Swallow's Tail*，完成于 1983 年）就描绘了一个灾难的场面。达利还有一幅作品《拓扑绑架欧洲：向勒内·托姆致敬》（*Topological Abduction of Europe:Homage to René Thom*，也是完成于 1983 年），描绘了一派破碎的景象，图中嵌入了阐释灾变的方程。■

托卡斯基的暗房

乔治·托卡斯基（George Tokarsky，1946—）

1995 年，数学家托卡斯基发现了这个不能完全照亮的二十六边形“镜室”。在这个房间某个位置上点亮一根火柴，房间里会有一个点不能被照亮。

射影几何（1639 年），画廊定理（1973 年）

想象一下，我们在一个黑暗的多边形房间里，平滑的墙壁上覆盖着镜子，房间有几个转弯和侧廊。如果我在房间里的某个地方点了根火柴，你站在房间里另一个地方，无论房间的形状如何，还是你站在哪一条通道里，你都能看到火柴光亮吗？我们还可以等价地提出问题，一个台球可以在台球桌周边反弹，这里有一个多边形的台球桌，其中任意两点之间是否存在着反弹路径？

如果我们所在的是一个 L 形的房间，那么无论我站在哪里，你都能看到火光，因为光线可以从不同的墙面上反射到你的眼睛。但我们能否想象出一种足够复杂而神奇的多边形房间，以至于存在着一个光线无法到达的点？（在这个问题中，我们假定人体和火柴都是透明的，不会遮挡光线。）

这个谜题最初是由数学家维克多·克里（Victor Klee）在 1969 年提出的，它甚至可以追溯到 20 世纪 50 年代，当时数学家恩斯特·斯特劳斯（Ernst Straus）也思考了这种问题。令人震惊的是一直没有人能回答。直到 1995 年，阿尔伯塔大学的托卡斯基发现了这样一个不能完全照亮的房间。

他公布的房间平面图有 26 条边，后来托卡斯基又发现了一个 24 条边的房间例子，这个奇怪的房间是目前已知最小的不能完全照亮的多边形房间。 我们不知道是否可能有更少边数的房间具有这样的性质。

类似的问题不胜枚举。1958 年，数学物理学家罗杰·彭罗斯（Roger Penrose）和他的同事指出，在某些有曲边墙面的房间里也可以存在不能照亮的区域。最近这几年，甚至有人发现了一些特殊曲线造型的房间，需要无穷根火柴才能照亮房间内的每一个角落。如果点燃的火柴数量有限的话，这个房间一定存在光线照不到的死角。■

高德纳和珠玑妙算游戏

唐纳德·埃文·克努斯，
又被称为高德纳（Donald Ervin Knuth，1938—）

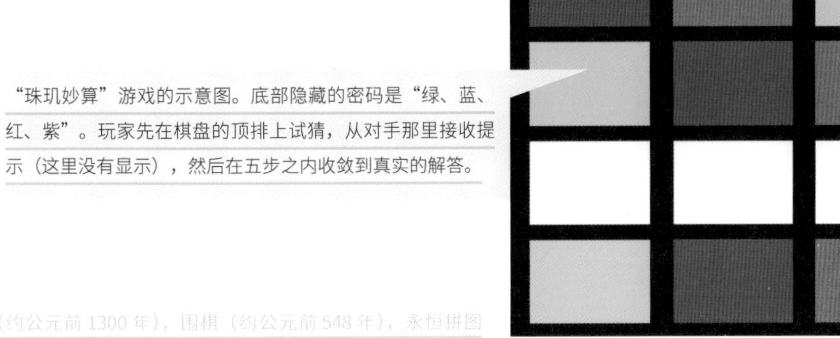

"珠玑妙算"游戏的示意图。底部隐藏的密码是"绿、蓝、红、紫"。玩家先在棋盘的顶排上试猜，从对手那里接收提示（这里没有显示），然后在五步之内收敛到真实的解答。

井字棋（约公元前1300年），围棋（约公元前548年），永恒拼图（1999年），破解阿瓦里游戏（2002年），破解西洋跳棋（2007年）

"珠玑妙算"是1970年由以色列邮政局长兼电信专家梅若维兹（Meirowitz）发明的一种破解密码的棋盘游戏。当时的主流游戏公司都拒绝发行梅若维兹的游戏，于是他只好找了一家小型英国游戏公司"Invicta Plastics"。不料该游戏一举销售超过5000万套，成为20世纪70年代最成功的新游戏。

玩游戏时，加密者选择4种颜色的一个序列，用6种不同颜色的彩色图钉表示。解密者尽可能利用最少的线索猜出加密者的秘密序列。解密者的每次试猜也以4个彩色图钉的序列的形式呈现出来。加密者必须回答这些图钉有多少是"正确的颜色在正确的位置"和有多少是"正确的颜色在错误的位置"。例如，密码是"绿、白、蓝、红"，试猜者猜的是"橙、黄、蓝、白"，加密者必须回答"你有一个正确的颜色在正确的位置"和"一个正确的颜色在错误的位置"，但他不必提到具体的颜色名称。然后解密者继续试猜，比赛继续进行。如果是有6种颜色和4种位置，加密者可以从6^4=1296种可能的排列中选择自己的密码。

"珠玑妙算"之所以重要，部分原因是游戏引发了后续长时间的研究。1977年，美国计算机科学家高德纳找到了一种策略，使解密者能在最多5次试猜后确定密码。这是第一个著名的解决"珠玑妙算"的算法。其后有许多与"珠玑妙算"有关的论文陆续发表。1993年，小山健二（Kenji Koyama）和托尼·W.赖（Tony W. Lai）提出了一种最坏的情况下需要6次、但平均猜测数只有4.340次的战略。在1996年，陈子祥（Zixiang Chen）和他的同事将以前的结果推广到n个颜色和m个位置的情况。这款游戏也被多次用于"遗传算法"（一种技术灵感来自生物进化理论的计算机算法）的研究中。■

1970年

群策群力的艾狄胥

保罗·艾狄胥（Paul Erdös，1913—1996）

艾狄胥大量饮用咖啡和服用安非他明（Benzedrine）来为他那超人般的工作行程补充能量，他认为"数学家是把咖啡变成定理的机器"。他经常每天工作19小时，每周工作7天。

质数和蝉的生命周期（约公元前100万年），埃拉托色尼的筛法（约公元前240年），哥德巴赫猜想（1742年），高斯的《算术研究》（1801年），黎曼假设（1859年），质数定理的证明（1896年），布朗常数（1919年），吉尔布雷斯猜想（1958年），乌拉姆螺旋（1963年）

公众经常认为数学家总是关在自己的房间里，很少和别人交谈，因为他们要工作数天来产生新的定理和解决古老的猜想。对于有些人来说这是对的，但出生于匈牙利的艾狄胥却向数学家们展示了合作和"社会数学"的价值。当他去世时，他发表了大约1500篇论文，比世界上任何数学家发表的论文都要多，艾狄胥曾与511名不同的工作伙伴共事过。他的研究范围涵盖了广泛的数学领域，包括概率论、组合数学、数论、图论、经典分析、近似理论和集合论。

在他83岁的最后一年里，他继续提出理论和演讲，全然无视"数学是一项年轻人的运动"的传统思维。在他所有的工作中，他总是分享他的想法，他更关心的是一个问题解决没有，而不是谁解决了它。作者霍夫曼写道："艾狄胥比历史上任何其他数学家思考得更多，而且能够背诵他写过的大约1500篇论文的细节。泡在咖啡因里的艾狄胥每天花费19小时在数学研究上，当朋友们劝他休息时，他总是用同样的话来回答：'在坟墓里有的是时间休息！'"

从1971年起，他几乎每天服用安非他明来对抗抑郁情绪，才能继续与他人群策群力研究数学。艾狄胥把注意力完全投入在数学上，甚至忽略了感情、性和食物之类的基本需求。

艾狄胥在18岁时就已经在数学上做出了了不起的成就，当时他发现了一个定理的完美证明，即对于每个大于1的整数n来说，n和它的一倍即$2n$之间总是有一个质数存在。例如，质数3位于2到4之间。艾狄胥后来提出了描述质数分布的质数定理的基本证明。■

HP-35：第一台袖珍科学计算器

威廉·雷丁顿·休利特（William Redington Hewlett，1913—2001）及其团队

HP-35 计算器是世界上第一台具有三角函数和指数函数的袖珍科学计算器。尽管市场调查给出了袖珍计算器几乎没有市场的错误预测，休利特还是义无反顾地开发了这款袖珍型计算器。

算盘（约 1200 年），计算尺（1621 年），巴贝奇的机械计算机（1822 年），微分分析机（1927 年），ENIAC（1946 年），科塔计算器（1948 年），通用数学包 Mathematica（1988 年）

1972 年，总部设在美国加州帕洛阿托的惠普公司（Hewlett-Packard，HP）推出了世界上第一台袖珍科学计算器，即带有三角函数和指数函数的手持计算器。HP-35 计算器用科学计数法表示的数值范围是介于 10^{-100} 到 10^{+100}。则问世时，HP-35 的售价为 395 美元。之所以被命名为“HP-35”，是因为它有 35 个按键。

公司联合创始人休利特开始开发紧凑型计算器，尽管当时的市场研究表明，袖珍计算器几乎不存在市场。实际上，这也错得太离谱了！在销售的头几个月，订单就超过了公司对整个市场规模的预期。仅在产品上市后的第一年，就售出了 10 万台 HP-35，到 1975 年停产时，共售出了 30 万台。

当 HP-35 刚推出时，计算尺仍是进行高阶科学计算的重要工具，但 HP-35 改变了世界。计算尺通常只能精确到三位有效数字，等待它的命运只能是“寿终正寝”。人们不禁要想，如果古代那些伟大的数学家们有机会使用 HP-35，他们会达到何等境界？

今天，科学计算器价格低廉，大大改变了数学课的授课内容。教育工作者不再教授如何用纸加笔的方法去计算烦琐的超越函数值。在未来，教师可能会花更多的教学时间在数学应用和概念上面，而不必再教授计算方法。

作家鲍勃·刘易斯（Bob Lewis）写道：“休利特和大卫·帕卡德（David Packard）在休利特的车库里建立了硅谷。用投硬币的方式决定了公司的名称叫‘惠普’而不是‘普惠’（Packard-Hewlett）……但休利特从来没有想过要成为名人。终其一生，他始终认为自己是一名工程师。”■

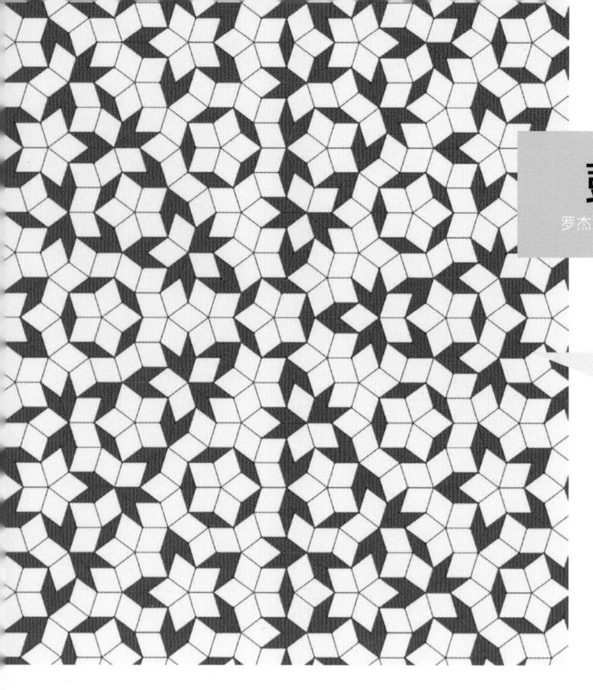

彭罗斯镶嵌

罗杰·彭罗斯（Roger Penrose，1931—）

彭罗斯镶嵌只用两种几何形状，就能没有间隙或重叠地覆盖一个平面区域，而且没有周期性的重复。

壁纸群组（1891 年），图厄-摩斯序列（1906 年），完美矩形和完美正方形（1925 年），万德伯格镶嵌（1936 年），外台球动力学（1959 年）

1973 年

彭罗斯铺砖法的名称来自英国数学物理学家彭罗斯，是一种包含两种简单几何图形的铺砖法。当这两种图形以边相连在一起时，可以互不重叠地完整铺满整个平面而不留下任何缝隙，更重要的是，这种铺砖法不会产生重复的图案。对比之下，有些浴室地板上可以看到简单的六角形铺砖法，而六角形铺砖法会不断重复单调的图案。另外值得注意的是，彭罗斯铺砖法与五芒星类似，是一种五轴旋转对称的结构，也就是当你把整个铺面旋转 72°后，看起来还是跟原本的铺面一模一样。作家加德纳评论道："虽然有可能建构出具有更高阶对称性的彭罗斯铺砖图案……但大多数图案就和我们所处的宇宙一样，会因为混合了规律秩序与无法预期的失序状态而充满神秘色彩；当彭罗斯铺砖法不断往外延伸出去时，这些图案像是用尽全力要复制自己的样貌，可是实际上却根本没有实现的可能。"

在彭罗斯发现这种铺砖法前，大多数科学家都认为不可能存在五轴对称的结晶体，但是托彭罗斯的福，之后科学家顺利找到类似彭罗斯铺砖法图案的准晶体结构，同时发现这种结构带有异常特性，比如金属组成的准晶体不论是导电或传热的效果都很差，而且准晶体还可以当成容易滑动、无黏着性的涂料。

还有些科学家在 20 世纪 80 年代早期，猜测某些原子结构所组成的结晶体有可能是非周期性的，也就是不会重复出现的晶格。1982 年，唐·谢克特曼（Dan Shechtman）在电子显微镜下发现非周期性的铝锰合金结构，其五轴对称的造型不禁让人联想到彭罗斯铺砖法。当时的结果可说是一场轰动学界的发现，对某些人的震撼程度，就好像发现了五边形的雪花一样。

另外再谈些有趣的轶事。彭罗斯于 1997 年在英国打了一场著作权的官司，控告某家公司宣称康乃馨卫生纸纹路上的印花使用彭罗斯铺砖法作为装饰。 2007 年，有些研究人员在《科学》杂志上提供中世纪伊斯兰艺术品上，也有类似彭罗斯铺砖法图案的证据，而这个时间点比西方世界早了整整五个世纪以上。■

画廊定理

瓦茨拉夫·奇瓦达（Václav Chvátal，1946—）
维克多·克里（Victor Klee，1925—）

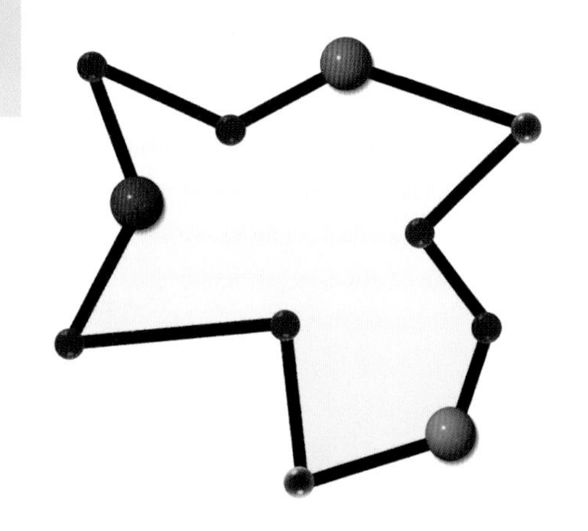

右图：三个警卫站在小球所示的位置，可以同时观察这个多边形房间里的所有空间，这个画廊有 11 个顶点。
下图：画廊定理的研究还在继续，推广到不同墙壁布置、移动的警卫和更高的维度进行复杂的几何研究。

射影几何（1639 年），托卡斯基的暗房（1969 年）

想象你身在一间收藏品都价值不菲、外观呈多边形的画廊中。如果我们打算在陈列室的转角处（即多边形的顶点位置）配置一些警卫，请问最少需要安排几位才能同时监看整间多边形陈列室的内部空间？在此假设警卫可以同时监看 360°的范围，但是不能透视墙壁另一边的情况，而且警卫们只能站在转角，以免打扰访客观赏艺术品的雅兴。读者不妨用笔画出一间多边形的房间、在各转角配置警卫，以初步观察警卫视线被遮挡的情况。

奇瓦达的画廊定理，这个名称是为了纪念在捷克斯洛伐克出生的电脑科学家奇瓦达。奇瓦达指出，在一间有 n 个转角的画廊里，最多只需要 $\lfloor n/3 \rfloor$ 名警卫站在转角处就能监看整间画廊。$\lfloor\ \rfloor$ 符号表示地板函数，函数值是小于或等于 $n/3$ 的最大整数。针对这个问题，我们同时假设这是一个“简单”的多边形，亦即画廊的墙面不但没有互相交叉，而且也只有在端点的地方交会。

1973 年

数学家克里在 1973 年向奇瓦达提出了这个需要几位警卫保全的问题，奇瓦达随后用很简短的方式完成了证明。有趣的是，如果这间多边形画廊的转角都是直角的话，只需要 $\lfloor n/4 \rfloor$ 位警卫就可以监看整间画廊，换句话说，如果是一间画廊有 10 个直角的话，只需要两位而不是三位警卫就能完成监看的工作。

后来的研究人员开始考虑各种不同情况的画廊，像是警卫们可以沿着直线移动而非固定在转角，或者是把问题延伸至三维空间、室内有墙也有洞的画廊。诺曼·杜（Norman Do）曾经留下这样一句评论：“当克里第一次提出这个画廊问题时，他恐怕无法想象后续居然会有那么丰富的研究产出，就算过了三十多年也历久不衰。画廊问题（现在）绝对是个富有启发性与趣味的问题……”

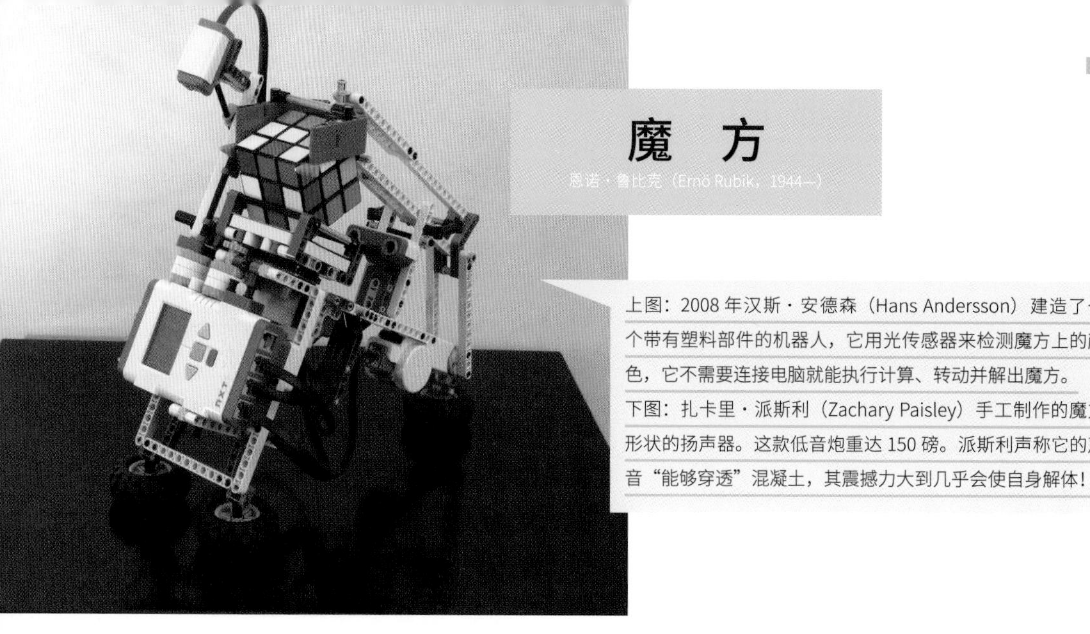

魔 方

恩诺·鲁比克（Ernö Rubik，1944—）

上图：2008 年汉斯·安德森（Hans Andersson）建造了一个带有塑料部件的机器人，它用光传感器来检测魔方上的颜色，它不需要连接电脑就能执行计算、转动并解出魔方。

下图：扎卡里·派斯利（Zachary Paisley）手工制作的魔方形状的扬声器。这款低音炮重达 150 磅。派斯利声称它的声音“能够穿透”混凝土，其震撼力大到几乎会使自身解体！

群论（1832 年），十五数码游戏（1874 年），河内塔（1883 年），超立方体（1888 年），瞬时疯狂方块游戏（1966 年）

1974 年

魔方是 1974 年由匈牙利发明家鲁比克发明的，他于 1975 年获得专利，1977 年魔方进入匈牙利市场。到 1982 年，匈牙利已售出 1000 万个魔方，比这个国家的人口还多。据估计，全世界已售出的魔方有 1 亿多个。

魔方是 3×3×3 个小立方体的阵列，大方块的 6 个面分别涂上了 6 种不同的颜色，26 个外部小立方体的内部由铰连连接，使这 6 个面可以自由旋转。游戏的目标是将一个打乱了的魔方通过旋转恢复到每一面都有单一颜色的状态。魔方的小立方体一共有 43 252 003 274 489 856 000 种不同的排列方法，其中只有一种排列是初始排列：魔方的 6 个面的每个面同色。如果所有的不同排列方式的魔方你都有一个，那么你就可以覆盖地球的整个表面（包括海洋）大约 250 倍的面积。把它们相连组成的一个柱体将延伸约 250 光年。更夸张的是，如果允许撕下小方块上的彩色贴纸并把它们随意地贴回不同的小方块上，那么 3×3×3 的魔方共有 $1.010\,9\times10^{38}$ 种不同的排列组合。

2008 年，托马斯·罗基奇（Tomas Rokicki）证明了以任何方式打乱的魔方都可以用不超过 22 次的旋转复原。2010 年，研究人员通过计算机计算，证明了没有哪一种排列的魔方需要 20 次以上的转动来复原。

魔方的自然衍生物，四维版本的超级魔方在玩具商店的货架上从未出现过。这种魔方的排列方式多达 1.76×10^{120} 种。如果这种超级魔方自从宇宙开始以来，每隔一秒钟就会变成一种不同的排列方式，那它今天仍然还在转动，还没能展示完每一种可能的结构。■

柴廷数 Ω

格雷戈里·约翰·柴廷

（Gregory John Chaitin，1947—）

Ω 的特性有着巨大的数学含义，并对我们所能知道的东西施加了基本的限制。数字 Ω 有无穷多位数字，Ω 的性质表明，可解决的问题“只是在浩瀚无际的茫茫海洋中一些小小的群岛”。

哥德尔定理（1931 年），图灵机（1936 年）

计算机程序在完成任务时被称为“停机”（halt）。例如，当它计算出 π 的前 100 位小数或者第 1 000 个质数时。另一方面，一个程序如果任务没有完成，就永远不会结束，比如计算所有的斐波那契数。

如果我们为图灵机的程序提供一个随机的二进制序列，会发生什么？图灵机是一种可以模拟计算机的逻辑的抽象的符号操纵装置。当这个程序启动后，机器“停机”的概率是多少？答案是柴廷数 Ω（Ω 是希腊字母，读作“欧米伽”）。这个数字因具体机器（包括它的硬件和软件环境）而异，但对于给定的机器，Ω 是一个有定义的无理数，其值为 0 ～ 1。对于大多数计算机，Ω 的值接近于 1，因为一个完全随机的程序很可能指示计算机做一些不可能的事情。阿根廷籍的美国数学家柴廷证明，Ω 的数字序列是无规则的，Ω 可定义但不可完全计算出来，它有无限多的位数。柴廷数 Ω 的特性不但有很多数学引申，也显示了人类已知的基本局限性。

量子理论家查尔斯·贝内特（Charles Bennett）写道：“如果知道 Ω 的前几千位数，那么在原则上足以找到数学中几个最有趣却尚未有定论的问题的解答——这是柴廷数 Ω 最显著的特性。”

达林说，Ω 的性质表明，可解决的问题“只是在浩瀚无际的茫茫海洋中一些小小的群岛”。而按照马库斯·乔恩（Marcus Chown）的说法，Ω“揭示了数学主要是由空洞和裂隙组成，混乱无序……才是宇宙的核心”。

《时代》（*Time*）杂志则解释说：“哥德尔的不完全定理的概念扩大了……它说在任何数学系统中都会有不可证明的命题，图灵的‘停机’问题也是如此。不可能预测是否有一个特定的计算机可以完成计算。”■

1974 年

超现实数

约翰·霍顿·康威（John Horton Conway，1937—）

左图：2005 年 6 月，康威出席加拿大艾伯塔省班夫国际研究站的组合博弈理论会议时的留影。

下图：高纳德的短篇小说集《超现实数》的封面，很少有这样的例子，一个重大的数学发现的第一次出现是在一部小说中。超现实数包括无穷大和无穷小（即比任何可想象的实都小的数）。

芝诺悖论（约公元前 445 年），发明微积分（约 1665 年），超越数（1844 年），康托尔的超限数（1874 年）

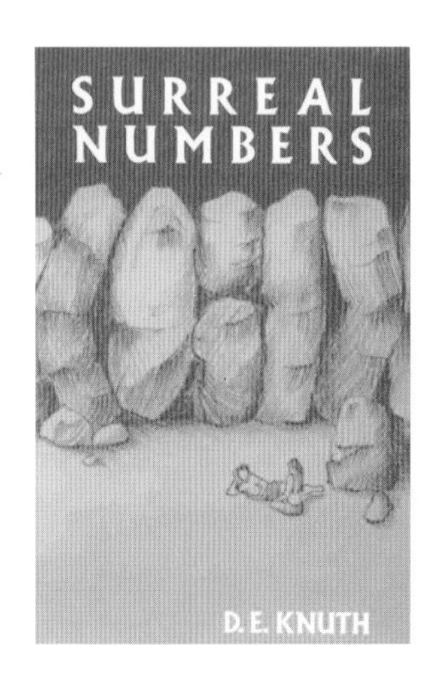

1974 年

超现实数是实数的一个超集，是由多产的数学家康威发明的，用于游戏的分析。而“超现实数”（Surreal Number）这个名词却是高纳德在他 1974 年写的流行小说中发明的。很少有重大的数学发现首先是出现在一部小说中。超现实数有许多奇异的特性。作为背景，实数既包括有理数（如 1/2）也包括无理数（如 π），它们可以被可视化为无限长的直线上的点。

超现实数包括实数加上更多的内容。加德纳在《数学魔术秀》（*The Match Magic Show*）中写道：“超现实数就像一场宏大而精彩的数字魔术。一顶空帽子放在一张桌子上，桌子由几个标准的集合论的公理构成。康威在空中挥舞着两条简单的规则，然后几乎无中生有地扯出了一张无限丰富多彩的数字挂毯，展现出一片真实而又封闭的区域。每个实数都被一大群新的数字所包围，这些新数字比任何其他实数的值都更接近于这个实数本身。这个系统确实是‘超现实’的。”

超现实数是一对集合 $\{X_L, X_R\}$，其中下标表示这一对集合的相对位置（L 和 R 分别表示左和右）。超现实数字之所以令人着迷，是因为它们建立在极小而简单的基础之上。事实上，根据康威和加德纳的说法，超现实数遵循两条规则：一、每个数字都对应于先前创建的数字一对集合，因此左集合中的成员都小于右集合中的任何成员；二、一个数小于或等于另一个数，当且仅当第一个数的左集合中的任何成员都不大于或等于第二个数，而且第二个数的右集合中的成员都不小于或等于第一个数。总而言之，超现实数包括无穷大和无穷小（即比任何可想象的实数都小的数）。■

帕科绳结

肯尼斯·A. 帕科（Kenneth A. Perko，1941—2002）
沃尔夫冈·哈肯（Wolfgang Haken，1928—）

在超过 75 年的时间里，图中这两个绳结一直被认为是两种不同类型的绳结。直到 1974 年，数学家们才发现这两个绳结实际上是一模一样的。

绳结（约公元前 10 万年），琼斯多项式（1984 年），墨菲定律和绳结（1988 年）

1974 年

几个世纪以来，数学家一直在寻找区分绳结的方法。在超过 75 年的时间里，图中这两个绳结一直被认为是两种不同类型的绳结。直到 1974 年，数学家们才发现，可以简单地改变一个绳结的观察角度，就可以证明这两个绳结是相同的。纽约律师兼拓扑学家帕科在客厅地板上仔细摆弄这两个绳结后，发现它们实际上是同一个绳结。

如果有两个绳结，我们可以摆弄其中的一个，不能剪开它，使它看起来和另一个绳结上下交叉的位置完全一样，这两个绳结就可以认为是相同的。绳结的分类取决于其交叉点的排列和数量，以及某些镜像特征。更准确地说，绳结是按照一组不变量来分类的，其中一个是它们的对称性，另一个是它们的交叉数，绳结的镜像的特征在分类中也起着间接的作用。但是还没有通用的算法来确定一团纠缠不清的曲线圈是不是一个绳结，或者两个给定的绳结是不是相同的。显然，简单地将一个绳结投射到平面上，同时保持下交叉和上交叉的信息，来观察判断一个缠绕的绳圈是一个结还是一个非结（非结相当于 一个闭环，等价于一个没有交叉的简单圆周），并不是一个简单可行的方法。

1961 年，数学家哈肯设计了一种算法来确定平面上的一个绳结的投影（同时保持下交叉和上交叉）实际上是不是一个非结。然而这个过程是如此复杂，以至于它从未被实现过。他在《数学学报》（*Acta Mathematica*）上发表的描述该算法的论文就长达 130 页。■

分形

贝诺·B. 曼德布洛特（Benoît B. Mandelbrot，1924—）

由莱斯描绘的分形结构图案，分形往往表现出自相似性，即图案中不同的结构主题会以不同的大小重复出现。

笛卡尔的《几何学》（1637 年），帕斯卡三角形（1654 年），魏尔斯特拉斯函数（1872 年），皮亚诺曲线（1890 年），科赫雪花（1904 年），图厄—摩斯序列（1906 年），豪斯多夫维度（1918 年），安托万的项链（1920 年），亚历山大带角球（1924 年），门格尔海绵（1926 年），海岸线悖论（1950 年），混沌与蝴蝶效应（1963 年），曼德布洛特集合（1980 年）

1975 年

在现代生活中，分形图案无处不在。从设计精巧的电脑艺术海报，到严肃的物理期刊上的插图，都充斥计算机生成的分形图案。科学家们——更令人惊讶的是——还有艺术家和设计师对分形的兴趣在不断增加。分形一词是由数学家曼德布洛特于 1975 年发明的，用来描述一组复杂的曲线，其中许多曲线，在能够快速地进行大量计算的计算机出现之前从未展现出来过。分形通常表现出“自相似性”，这意味着物体的各种精确（或不精确）的复制可以在较小尺寸的原始对象中找到。这一细节在无限次的放大中持续存在，就像无休止地嵌套的俄罗斯套娃一样。其中一些形状只存在于抽象中几何空间中，但也有的图案很像复杂自然物体的模型，如海岸线和血管的分支。这些由计算机生成的眼花缭乱的图像简直令人陶醉，在 20 世纪，它产生的激发学生对数学兴趣的作用超过了任何其他数学发现。

物理学家对分形很感兴趣，因为他们有时可以用分形来描述现实世界现象的混沌行为（混沌行为常常产生分形图案），如行星的运动、流体的流动、药物的扩散、行业间关系的复杂行为和飞机机翼的振动等。在过去，当物理学家或数学家看到复杂的结果时，他们往往倾向于去寻找复杂的原因。现在则相反，许多分形图形揭示了哪怕最简单公式也往往具有惊人的复杂性。

早期的分形探索者包括魏尔斯特拉斯，他在 1872 年研究了处处连续但处处不可微的函数，还有在 1904 年提出科赫雪花几何图形的科赫，等等。在 19 世纪和 20 世纪初，几位数学家研究过复平面上的分形，但在没有计算机帮助的情况下，他们看不到真正的分形图案，也很难想象得出来。■

费根鲍姆常数

米切尔·杰伊·费根鲍姆

(Mitchell Jay Feigenbaum，1944—)

顺时针旋转了 90°的分岔图，这幅图揭示了因为参数 r 的微小变化，就会呈现出无法想象的丰富成果。图中的叉点可以视为在混沌体系内轻薄短小的分支曲线。

混沌与蝴蝶效应（1963 年），突变理论（1968 年），池田吸引子（1979 年）

1975 年

有些简单的公式，例如描述动物种群的增减或某些电子电路行为的公式，可以产生惊人的多样性和混沌行为。一个特别令人感兴趣的公式是逻辑斯谛映射（logistic map），它模拟人口增长。比利时数学家皮埃尔·弗朗西斯·维鲁斯特（Pierre François Verhulst，1804—1849）在研究种群变化模型时做过一些早期工作，1976 年由生物学家罗伯特·梅伊（Robert May）在他工作的基础上提出了逻辑斯谛映射，该公式可写成 $x_{n+1}=rx_n(1-x_n)$。这里 x 表示时刻 n 的种群规模，变量 x 是受限于生态系统容量的最大种群规模，因此其值为 0 ～ 1。它依赖于 r 值，r 值是控制人口增长的饥荒程度，不同的 r 值会导致各种不同的行为。例如，随着 r 的增加，种群规模可能会收敛到一个值，或者发生分叉，使它在两个值之间振荡，然后再分叉在 4 个值之间振荡，然后是 8 个值……并最终进入混沌状态，即使轻微的变化也会产生非常不同的、不可预测的结果。

两个连续分岔间隔之间的距离之比接近费根鲍姆常数：4.669 201 609 1…，这是 1975 年美国数学物理学家费根鲍姆发现的一个数字。有趣的是，费根鲍姆最初以为这只是逻辑斯谛映射中特有的一个普通常数，但他很快发现这个常数适用于所有这类一维映射。意思是在许多物理系统中大量存在的混沌系统将以相同的比率发生分叉，因此他的常数可以用来预测系统何时会出现混沌。因为它们在进入混沌状态之前，这种分叉行为会一直存在。

费根鲍姆意识到他的“普适常数”非常重要，他说：“当天晚上我打电话给我的父母，告诉他们我发现了一些真正了不起的东西，当我彻底弄明白之后，我就要出名了。”■

公钥密码学

罗纳德·洛林·利维斯特（Ronald Lorin Rivest，1947—）
阿迪·夏米尔（Adi Shamir，1952—）
伦纳德·马克斯·阿德曼（Leonard Max Adleman，1945—）
贝利·惠特菲尔德·迪菲（Bailey Whitfield Diffie，1944—）
马丁·爱德华·赫尔曼（Martin Edward Hellman，1945—）
拉尔夫·C. 默克尔（Ralph C. Merkle，1952—）

图为恩尼格玛机，在现代密码学时代之前用于对消息进行编码和解码。纳粹使用恩尼格玛机生成密码，但它有几个弱点，例如当密码本被截获时，敌方很容易破解密码。

质数和蝉的生命周期（约公元前 100 万年），埃拉托色尼的筛法（约公元前 240 年），《转译六书》（1518 年），哥德巴赫猜想（1742 年），高斯的《算术研究》（1801 年），质数定理的证明（1896 年）

1977 年

纵观历史，密码学家一直试图发明一种方法来发送秘密信息，尽量避免使用危险而累赘的密码本。密码本包含了加密和解密的密钥，这些密钥很容易落入敌人的手中。例如，1914—1918 年，德国人丢失了 4 本密码本，被英国情报部门截获。在英国被称为 40 号房间的破译部门破译了德国的通信，使协约国在第一次世界大战中获得了关键性的战略优势。

为了解决密钥管理问题，1976 年，斯坦福大学的迪菲、赫尔曼和默克尔研究了公钥密码学，这是一种使用一对密钥（公钥和私钥）分发编码信息的数学方法。私钥是保密的，而值得注意的是，公钥可以广泛分发而不会造成任何安全损失。这两种密钥在数学上是相关的，但私钥不能通过任何实际上可行的方法从公钥中导出。使用公钥加密的信息只能用相应的私钥解密。

为了更好地理解公钥加密，设想在家的前门有一个信箱的投入口。公用钥匙就像房子的地址，街上的任何人都可以把东西塞进信箱。然而，只有拥有信箱钥匙的人才能取出邮件。

1977 年，麻省理工学院的科学家利维斯特、夏米尔和阿德曼建议可以使用大质数来保护这些信息。两个大质数相乘对于计算机来说很容易，但是，如果只给出它们的乘积要分解出两个原始大质数的逆向过程则是非常困难的。应当指出，计算机科学家早就为英国情报部门开发了公钥加密技术，不过，因为国家安全的问题，这项工作保密至今。■

西拉夕多面体

拉霍斯・西拉夕（Lajos Szilassi，1942—）

这是汉斯・谢普克尔（Hans Schepker）按照西拉夕多面体制作的吊灯灯罩。

柏拉图多面体（约公元前 350 年），阿基米德的半正则多面体（约公元前 240 年），欧拉的多面体公式（1751 年），四色定理（1852 年），环游世界游戏（1857 年），皮克定理（1899 年），巨蛋穹顶（1922 年），塞萨多面体（1949 年），三角螺旋（1979 年），破解极致多面体（1999 年）

多面体是具有平面和直边的三维形体，常见的例子包括立方体和正四面体等。正四面体是由 4 个面构成的金字塔，每个面的形状都是等边三角形。如果是正多面体，则每个面的大小和形状都相同。

西拉夕多面体是 1977 年由匈牙利数学家西拉夕发现的。这个多面体是一个七面体，有 7 个六边形面、14 个顶点、21 条边和 1 个洞。如果能把西拉夕多面体的表面弄圆滑一些，使其边缘轮廓不那么明显，我们就可以看到（从拓扑学的观点来看），这个多面体同胚于甜甜圈（或圆环面）。这个多面体沿着一条轴线呈 180°对称。它有 3 对表面是相互全等的，也就是说，它们有相同的形状和大小。另一个未能配对的表面是一个对称的六边形。

值得注意的是，四面体和西拉夕多面体是目前已知仅有的两种每个面与所有其他的面都能共享一条边（即都直接相邻）的多面体。加德纳曾写道："在电脑程序找到了西拉夕多面体的结构之前，人们还不知道它是否存在。"

西拉夕多面体对地图着色问题提供了直观的范例。一张传统的平面地图可以用至少 4 种颜色着色，没有两个相邻的区域是相同的颜色。而圆环面上的地图，则至少需要 7 种颜色。因为同胚于圆环面的西拉夕多面体有 7 个面，每个面都与其他 6 个面有公共边，必须用不同的颜色才能确保没有两个相邻的面具有相同的颜色。同样的道理，四面体（拓扑学上同胚于球体）的存在也证明了，球面上的作图必须要有 4 种颜色以上。这两个多面体的性质可以概括如下：

四面体	4 个面	4 个顶点	6 条边	0 个孔
西拉夕多面体	7 个面	14 个顶点	21 条边	1 个孔

池田吸引子

池田研介（Kensuke S. Ikeda，1949—）

动力系统是一种描述某些变量随时间变化而变化的规则数学模型。这里所示的池田吸引子就是一个奇异吸引子的例子，具有不规则的且不可预测的行为。

谐振记录仪（1857 年），微分分析机（1927 年），混沌与蝴蝶效应（1963 年），费根鲍姆常数（1975 年）

1979 年

一个深水池中的波纹图像就是一个动力系统。动力系统是一种描述某些变量随时间变化而变化的规则的数学模型。例如，关于绕太阳运行的行星就可以建模为一个动力系统，其中行星根据牛顿定律移动。这里所示的图形表现了被称为微分方程的数学表达式的行为。为了理解微分方程行为，一种方法是我们想象一台机器，它在初始时刻输入该变量初始值，然后在稍后的时刻生成这个变量的新值，正如人们可以通过飞机留下的烟迹来跟踪飞机的路径一样。当粒子运动由简单的偏微分方程决定时，计算机图形学提供了一种跟踪粒子运动轨迹的方法。动力系统有许多实际运用，它们常被用来描述真实世界的现象，如流体的流动、桥梁的振动、卫星的轨道、机器人手臂的控制以及电路的响应等。通常由此产生的图形类似于烟雾、漩涡、蜡烛火焰和风沙。

在这里显示的池田吸引子，是一个“奇异吸引子”的例子，它有着不规则的不可预测的行为。吸引子是一个动力系统在运行或稳定一段时间后趋近的一些点集。对于“平庸吸引子”来说，靠近吸引子的点会被吸引而聚集到吸引子周围；而对于“奇异吸引子”来说，最初相邻的点最终反而会向四周发散，就像暴风中的树叶一样，不可能根据树叶的初始位置去预测它会飘落何方。

1979 年，日本理论物理学家池田研介发表了《环腔系统中光传输的多值平稳状态及其不稳定性》（*Multiple-Valued Stationary State and Its Instability of the Transmitted Light by a Ring Cavity System*），其中就描述了这类奇异吸引子。数学文献中还有许多其他著名的吸引子和相关的数学映射，包括洛伦兹吸引子、逻辑斯谛映射、阿诺德的猫映射、马蹄映射、厄农映射和罗斯勒尔映射。■

三角螺旋

丹尼尔·埃德利（Dániel Erdély，1956—）

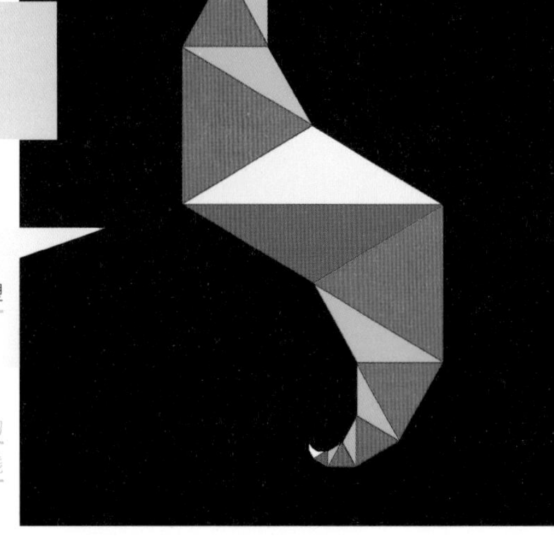

右图：三角螺旋，一种螺旋状的三角形结构，它的两个尖端越来越小。

下图：三角螺旋可以形成各种镶嵌图案和空间填充多面体，这是一尊雕塑《向埃德利致敬》。

柏拉图多面体（约公元前 350 年），阿基米德的半正则多面体（约公元前 240 年），阿基米德螺线（约公元前 225 年），对数螺线（1638 年），万德伯格镶嵌（1936 年）

记者彼得森写道，“一个三角形的区域皱缩并扭曲成波浪状的晶状海洋；水晶球展示出螺旋状的、迷宫般的通道；镶嵌的磁砖紧贴着形成整洁而紧凑的图案结构…… 以上图案的基础都是由一系列三角形组成的著名的几何形状—— 一个类似于海马尾巴的三角螺旋。”

在 1979 年，图形艺术家埃德利（Dániel Erdély）创建了一个三角螺旋的例子，这也是他在布达佩斯艺术和设计大学完成的“魔方理论课”的家庭造型作业的一部分。埃德利早在 1975 年就试验过这个作品的早期版本。

要创建一个三角螺旋，需要先画一个等边三角形，然后从三角形的三个角到它中心点连线，创建三个完全一样的等腰三角形，接下来，将这些等腰三角形中的一个从原始三角形的侧面翻转开来，以这个等腰三角形的腰作为基线，创建一个新的较小的等边三角形…… 不断重复这个过程，你将会得到一个三角螺旋结构，它的尖端变得越来越小。最后你可以擦除原来的最大等边三角形，沿其长边连接上两个三角螺旋结构，就形成了海马的形状。

三角螺旋的意义在于它显著的空间特性，包括了它形成各种空间填充多面体和瓷砖图案的能力。如果我们像蚂蚁一样沿着海马尾巴的方向向更细微的深处爬行，我们发现图形中任何等边三角形的面积等于它后面所有较小三角形的面积之和，即后面这些无穷多小三角形的集合可以没有重叠和空隙地填满它们前面的等边三角形。

如果用正确的方式进行折皱，三角螺旋可为宏伟的三维浮雕提供许多样本。三角螺旋可能的实用例子包括吸音墙砖和机械减震器。■

1979 年

曼德布洛特集合

贝诺・B. 曼德布洛特（Benoît B. Mandelbrot，1924—）

曼德布洛特集合是一个分形，无论物体的边缘被放大多少，它都会继续表现出相似的结构细节。用计算机将 M 集放大将很容易产生以前人类的眼睛从没见过的景象，此图片由莱斯制作。

虚数（1572 年），分形（1975 年）

1980 年

大卫・达林写道，曼德布洛特集合（简称 M 集），是“最著名的分形，也是最美丽的数学图像之一”。吉尼斯世界纪录称之为“数学中最复杂的对象”。 作家克拉克强调了计算机是如何帮助人们获得洞察力的：“原则上，曼德布洛特集合在人们学会数数时就可以发现。但是，即使人们永不疲倦，永不犯错，把世界上所有曾经存在过的人加起来，都没有足够的能力来完成一个中等大小的曼德布洛特集合图像所需要的基本的算术运算。”

曼德布洛特集合是一个分形，无论物体的边缘被放大多少，它都会继续表现出相似的结构细节。美丽的 M 集图像由数学循环生成。事实上，M 集由是一个非常简单的公式 $z_{n+1} = z_n^2+c$ 通过反复迭代产生的，其中 z 和 c 都取复数值，$z_0 = 0$；将不同 c 的复数值代入公式后迭代，那些不发散到无穷大的所有的 c 值组成的点集就是 M 集。第一张 M 集的原始图片是罗伯特・布鲁克斯（Robert Brooks）和皮特・马特尔斯基（Peter Matelski）在 1978 年画出来的。1980 年，曼德布洛特发表了里程碑式的论文，介绍了分形图像以及它所传递的几何和代数的丰富信息。

这种 M 集的图像结构包含着超纤细的螺旋和弯折卷曲的路径，连接着无数多的岛屿形状。计算机放大的 M 集很容易产生我的眼睛以前从未见过的图像。M 集那难以想象的浩瀚景象让作家蒂姆・韦格纳（Tim Wegner）和马克・彼得森（Mark Peterson）赞叹不已：“你可能听说过一家公司，收取费用后，会以你的名字命名一颗恒星，并将其记载在一本书中。也许同样的事情很快就会发生在曼德布洛特集合身上！” ■

怪兽群

罗伯特·L. 格里斯（Robert L. Griess，1945—）

图中是美国数学家格里斯，他于 1981 年构造了“怪兽群”。对“怪兽群”的探索可以帮助数学家理解形成对称性的基本组成砖块。“怪兽群”涉及 196 884 维空间！

群论（1832 年），壁纸群组（1891 年），菲尔兹奖章（1936 年），探索李群 E_8（2007 年）

1981 年

1981 年，美国数学家格里斯构造了“怪兽群”，即所谓“散在单群”中最大、最神秘的一个，是群论领域中的一组特殊的群。对“怪兽群”的研究帮助数学家们理解形成对称性一些基本砖块，这些砖块以及它们的一些特殊的亚族，可用于解决数学和数学物理中涉及对称性的深层问题。我们可以将“怪兽群”想象成一种令人难以置信的雪花，它具有超过 10^{53} 种对称形式，存在于 196 884 个维度的空间中！

格里斯说，1979 年，也就是他结婚的那一年，他对“怪兽群”的构造“上瘾”了——他的妻子对他的不懈追求中“非常理解”，1982 年他在感恩节和圣诞节休假期间，他那篇长达 102 页的论文《怪兽群》（*Monsters*）终于诞生了。数学家们感到惊奇的是，格里斯居然在未使用计算机的情况下构造了“怪兽群”。

研究“怪兽群”的结构不仅是满足人们一种好奇心，它还可能会揭示对称性和物理之间的深层联系，它甚至可能与弦理论有联系（弦理论假定宇宙中所有的基本粒子都是由微小的能量振动回路组成的）。马克·罗南（Mark Ronan）在他的《对称与怪兽》（*Symmetry and the Monster*）一书中写道，怪兽群“是提前到来的‘一群来自 22 世纪的产物’”1983 年，物理学家弗里曼·戴森（Freeman Dyson）则说，“怪兽群可能是以某种未知的方式出现在宇宙结构的构造之中。”

1973 年，格里斯和伯恩德·费舍尔（Bernd Fischer）就预测到了“怪兽群”的存在。1998 年，理查德·博切兹（Richard Borcherds）因其在研究“怪兽群”及其与数学和物理其他领域的深刻联系方面的工作而获得菲尔兹奖章。

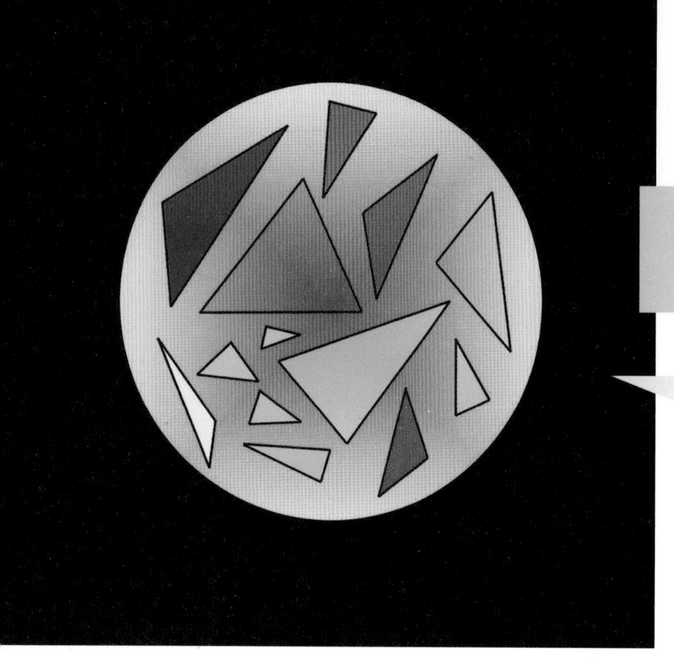

球内三角形

格伦·理查德·霍尔（Glen Richard Hall，1954—）

在一个圆中随机选择三个点来构造一个三角形。问三个角都小于 90°的概率是多少？

维维亚尼定理（1659 年），布丰投针问题（1777 年），拉普拉斯的《概率的分析理论》（1812 年），莫利角三分线定理（1899 年）

1982 年

1982 年，霍尔发表了他著名的研究论文《n 维球体中的锐角三角形》（*Acute Triangles in the n-Ball*）。这是霍尔发表的第一篇数学论文，讨论了他在明尼苏达大学教授研究生几何概率课程时所做的工作。想象一下在一个圆中随机挑选三个点来构造一个三角形，霍尔想知道得到“锐角三角形”的概率是多少。他不仅考虑了圆内的三角形，而且考虑了在更高维度，例如球体和超球体内部，更一般情况称为的 n 维球体内部锐角三角形出现的概率 P_n。锐角三角形是指三个角都小于 90°的三角形。

下面是 P_n 的几个值，如果三角形上的三个点是独立和随机地选择的，则在 n 维球体中得到锐角三角形的概率 P_n 为：

$P_2= 4/\pi^2-1/8 \approx 0.280\,285$（圆）

$P_3= 33/70 \approx 0.471\,429$（球）

$P_4= 256/(45\pi^2)+1/32 \approx 0.607\,655$（四维空间超球体）

$P_5= 1\,415/2\,002 \approx 0.706\,793$（五维空间超球体）

$P_6= 2\,048/(315\pi^2)+31/256 \approx 0.779\,842$（六维空间超球体）

霍尔注意到，随着球体维数的增加，得到锐角三角形的概率也随之增加。当我们到达第九维时，得到锐角三角形的概率达到 0.905 106。这项关于三角形的工作之所以受到重视，是因为直到 20 世纪 80 年代初，从来没有得到过球内三角形在更高维度的一般结果。霍尔曾私下与我交流说，他对不同维度的球内出现锐角三角形的概率在有理数和无理数之间跳动感到十分有趣和惊讶。在这项研究结果出现之前，数学家们可能永远不会猜到会有这种数学上的维数振荡。■

琼斯多项式

沃恩·弗雷德里克·兰德尔·琼斯
（Vaughan Frederick Randal Jones，1952—）

由莱斯绘制的有 10 个交叉点的绳结。纽结理论的目标之一是为等价的绳结找到相同的数学特征，这样就可以用来区分两个绳结是否不同。

1984 年

绳结（约公元前 10 万年），帕科绳结（1974 年），墨菲定律和绳结（1988 年）

在数学中，即使是在三维中最为纠缠不清的绳圈都可以表示为平面上的投影（或者说阴影）。当数学上的纽结被表示为成平面图形时，常用线条上的微小断口来表示绳索交叉时是在另一条绳线的上面还是下面。

纽结理论的目标之一是找到纽结的不变量，不变量是指对等效纽结来说具有的相同的数学特征或数值，用它们就能够判别两个纽结是否相同。1984 年，纽结理论专家们对新西兰数学家琼斯的发现感到惊讶，这是一个不变量，现在被称为琼斯多项式，它能够区分的绳结比以前的任何不变量都要多。琼斯在研究一个物理问题时的偶然发现促成了这个新的突破。数学家基思·德夫林写道："我觉得这是琼斯偶然发现了一个意想不到的、隐秘的联系。琼斯咨询了纽结理论专家琼·比曼（Joan Birman）……正如他们自己说的……开创了历史。"琼斯的研究"为发现一系列新的不变量开辟了道路，并导致了纽结理论研究的快速发展，促进了纽结理论在生物学和物理学中的令人兴奋的新应用"。研究 DNA 双链的生物学家们对纽结理论很感兴趣，因为它可以帮助理解细胞中遗传物质的功能，甚至有助于抵抗病毒攻击。

纽结不变量的使用有着悠久的历史。大约在 1928 年，詹姆斯·W. 亚历山大（James W. Alexander，1888—1971）引入了与绳结相关的第一个多项式。可惜的是，亚历山大提出的多项式无法用于区分绳结与其镜像之间的差异。琼斯多项式针对这一点加以改进。在琼斯宣布他的多项式四个月后，有人发表了更为通用的 HOMFLY 多项式。■

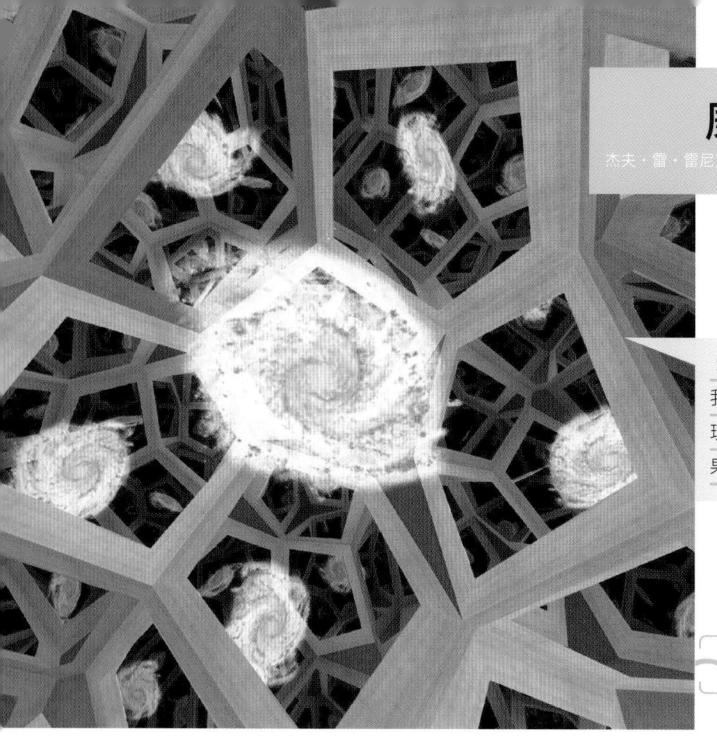

威克斯流形

杰夫·雷·雷尼克·威克斯（Jeffrey Renwick Weeks，1956—）

这个威克斯流形的模型其实只包含一个星系，但我们看到这个星系的图像在一种晶体模式中重复出现，给人一个无限空间的幻象，这和镜厅的错觉效果类似。

欧几里得的《几何原本》（约公元前 300 年），非欧几里得几何（1829 年），伯伊曲面（1901 年），庞加莱猜想（1904 年）

1985 年

双曲几何学是一种非欧几何，在这种几何学中欧几里得的平行公设不成立。在二维的双曲几何空间中，一条直线外的任何一点都存在无数条通过该点、但却不会与第一条直线相交的直线。我们可以用马鞍形曲面来说明何为二维的双曲几何空间，其上的三角形内角之和小于 180°。这种奇怪的几何形状不但影响了数学家们，甚至影响了成天思考我们宇宙可能的性质和形状的宇宙学家。

2007 年，普林斯顿大学的大卫·加贝伊（David Gabai）、波士顿学院的罗伯特·梅耶霍夫（Robert Meyerhoff）和澳大利亚墨尔本大学的皮特·米雷（Peter Milley）证明，一种特殊的双曲三维空间（或者说三维流形）具有最小的体积。这种形状的发现者就是美国数学家威克斯，因此这个形状被命名为“威克斯流形”，它引起了拓扑学家们的极大兴趣。

在传统的欧几里得几何中，三维空间的“最小体积”概念是毫无意义的。形状和体积可以缩放到任何大小。然而，双曲几何学中的空间曲率为长度、面积和体积提供了一个内生的限制。1985 年，威克斯发现了一个体积约为 0.942 707 36 的较小的流形（威克斯流形与其周围的空间通过名为‘怀特海链接’的一对相互交织的环相联系）。直到 2007 年，没有人确切地知道威克斯流形是不是双曲几何中最小的体积结构。

麦克阿瑟天才奖获得者威克斯在威廉·瑟斯顿（William Thurston）教授的指导下，于 1985 年在普林斯顿大学获得数学博士学位。威克斯的主要爱好之一是利用拓扑结构来缩小几何学和观测宇宙学之间的距离。他还开发了交互式软件，向年轻学生介绍几何学，引导他们去探索有界而无限的宇宙。■

安德里卡猜想

多林·安德里卡（Dorin Andrica，1956—）

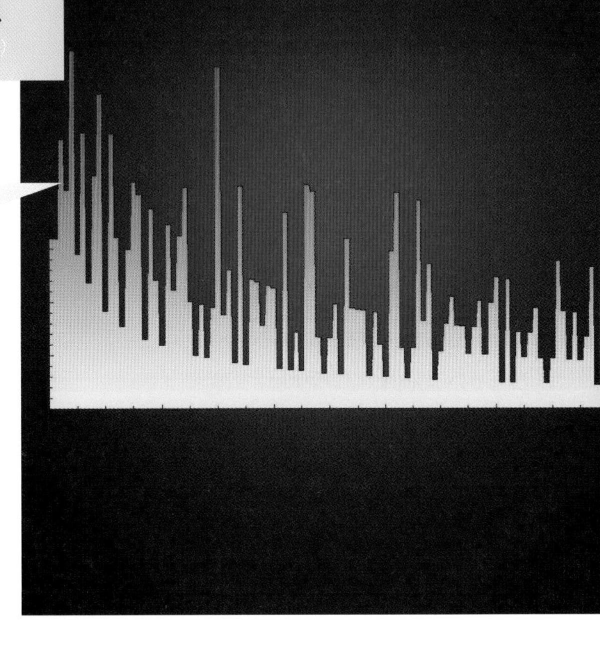

前 100 个质数的间隔的 A_n 值。此图中最高的竖条位于条形图的左边，为 0.670 87，x 轴范围为 1～100。

质数和蝉的生命周期（约公元前 100 万年），埃拉托色尼的筛法（约公元前 240 年），哥德巴赫猜想（1742 年），高斯的《算术研究》（1801 年），莫比乌斯函数（1831 年），黎曼假设（1859 年），质数定理的证明（1896 年），布朗常数（1919 年），吉尔布雷斯猜想（1958 年），谢尔宾斯基数（1960 年），乌拉姆螺线（1963 年），群策群力的艾狄胥（1971 年）

1985 年

质数是只有 1 和它本身两个不同的约数的正整数。质数的例子包括 2、3、5、7、11、13、17、19、23、29、31 和 37、…。瑞士伟大的数学家欧拉评论说："数学家穷尽一切努力试图探究质数序列的规律，但有理由相信，我们也许永远也解不开这个神秘的谜题。"数学家们长期以来也一直在寻找质数之间的间隔规律，间隔一词是指两个连续质数之间的差值。质数之间的平均差值随着间隔两端的质数的自然对数增加而增加。作为已知较大间隔的一个例子，在质数 277 900 416 100 927 和下一个质数之间有 879 个非质数，而在 2009 年，已知最大的连续质数的间隔达到 337 446。

1985 年，罗马尼亚数学家安德里卡提出的"安德里卡猜想"涉及质数之间的差值。猜想指出 $\sqrt{p_{n+1}}-\sqrt{p_n}<1$，其中 p_n 是第 n 个质数。例如质数 23 和 29，根据安德里卡猜想，$\sqrt{29}-\sqrt{23}<1$。猜想的另一种写法是 $g_n<2\sqrt{p_n}+1$，其中 g_n 是第 n 个质数间隔长度，即 $g_n=p_{n+1}-p_n$。截至 2008 年，这一猜想已被验证成立的 n 值高达 $1.300\,2\times10^{16}$。

检视安德里卡猜想中不等式的左边，令 $A_n=\sqrt{p_{n+1}}-\sqrt{p_n}$，$A_n$ 的最大值出现在 $n=4$ 时，$A\approx0.670\,87$。安德里卡猜想正好出现在计算机开始大量普及的时候，这激励了民间长期持续的验证活动，试图证明或找到可能推翻猜想的反例。到目前为止，安德里卡猜想仍然没有得到证明。■

ABC 猜想

大卫·马瑟（David Masser，1948—）
约瑟夫·奥斯达利（Joseph Oesterlé，1954—）

ABC 猜想被认为是数论中最重要的未解问题之一。1985 年数学家马瑟和奥斯达利首次提出了这个猜想。

质数和蝉的生命周期（约公元前 100 万年），埃拉托色尼的筛法（约公元前 240 年），哥德巴赫猜想（1742 年），正十七边形作图（1796 年），高斯的《算术研究》（1801 年），黎曼假设（1859 年），质数定理的证明（1896 年），布朗常数（1919 年），吉尔布雷斯猜想（1958 年），乌拉姆螺旋（1963 年），安德里卡猜想（1985 年）

数论是关于整数性质的研究，而 ABC 猜想被认为是数论中最重要的未解问题之一。如果该猜想被证明是对的，数学家将能够在几行之内证明许多其他著名的定理。

这个猜想是数学家奥斯达利和马瑟在 1985 年首次提出的。为了理解这个猜想，我们先定义一个被称为无平方数的整数，即它不能被任何整数的平方整除。例如，13 是无平方数，但 9（3 的平方）不是。一个整数 n 的无平方部分，表示为 sqp(n)，是由多个质数相乘而得的最大的无平方数。由此可知，对于 n=15，质因数是 5 和 3，而 3×5=15，是一个无平方数，所以 sqp(15)=15 。而对于 n = 8，质因数都是 2，这意味着 sqp(8)=2。同样的道理，有 sqp(18)= 6 = 2×3 和 sqp(13)=13。

接下来，考虑没有公因数的整数 A 和 B，C=A+B 是它们的和。例如，考虑 A=3、B=7 和 C=10。乘积 ABC 的无平方部分为 210，注意 sqp(ABC) =210 大于 C。但情况并非总是如此。可以证明，对于 A、B 和 C 的适当选择，sqp(ABC)/C 的比值可以任意小，而且 ABC 猜想声称，如果 n 是任何大于 1 的实数，则 $[\text{sqp}(ABC)]^n/C$ 可以达到最小值。

多利安·哥德菲尔德（Dorian Goldfeld）写道：“ABC 猜想……不仅仅有实际功效；对数学家来说，它也展现了一种独特的美学。看到如此多的丢番图问题（方程的整数解问题）出人意料地被浓缩成单一的方程式，令人不禁联想到数学的所有子学科都具有潜在统一的倾向。”■

外观数列

约翰·霍顿·康威（John Horton Conway，1937—）

外观数列奇怪的构造过程居然得到了一个康威常数：1.3035…，这是一个 69 项（71 次）的多项式方程的唯一正实根。这个根位于黄球所在位置，其他根的位置则用“+”标出。

图厄—摩斯序列（1906 年），考拉兹猜想（1937 年），整数数列在线大全（1996 年）

看一下这个数字序列：1，11，21，1211，111221，…；为了理解这个数列是如何形成的，不妨把其中每一项都大声念出来。让我们从第一项“1”开始，注意，第二项读成“一个1”，因此是“11”；第三项读成“两个 1”，因此是“21”；第四项读成“一个 2 一个 1”，因此是“1211”……如此继续下去，就可以生成整个数列。数学家康威深入研究了这个序列，并将之命名为“外观数列”（Audioactive Sequence）。

这个数列增长得相当快。例如，它的第 16 项是：132113213221133112132133112111311221 13211131211132221123113112221131112311332111213211321132113211321131211321l。如果你仔细研究，你会发现数字 1 占有较大的优势，数字 2 和 3 就少得多，而且没有大丁 3 的数字。

是否可能证明 333 永远不会发生？在数列的第 11 项的下列表示法（其中的 3 用▁表示）中可以看出，3 的出现似乎不稳定，就像在无边海洋上迷航的小船一样：

这个数列的第 n 项的位数与康威常数的 n 次方：$(1.303\,577\,269\,034\,269\,391\,257\,099\,112\,152\,551\,890\,730\,702\,504\,659\,4\cdots)^n$ 大致成正比。

数学家发现，令人奇怪的是，外观数列这种“古怪的”发声构造过程居然产生了一个常数，而这个常数被证明居然是某个多项式方程的唯一的正实根。更有意思的是，这个常数适用于所有其他数开始的外观数列（比如刚才我们的数列是从“1”开始的），但从“22”开始的除外。

外观数列有许多变体。英国研究人员罗杰·哈格雷夫（Roger Hargrave）将这个数列规则改变了一下，其中每一项是前一项中每个数字的总的个数。例如，从 123 开始的是 123，111213，411213，14311213，…有趣的是，他发现他的数列最终在 23322114 和 32232114 之间摆动。你能证明这一点吗？这个数列的反向相似数列又有什么特点？从外观数列的某一个特定的项开始，可回溯计算出开始的数字吗？

1986 年

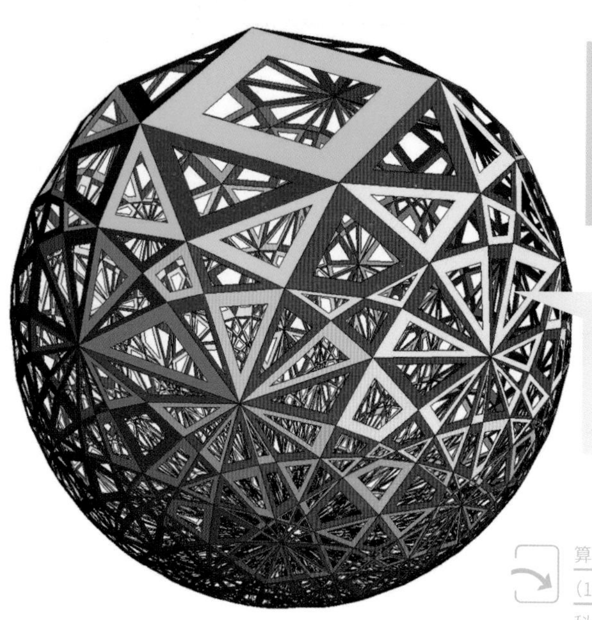

通用数学软件包 Mathematica

斯蒂芬·沃尔夫拉姆（Stephen Wolfram，1959—）

Mathematica 软件包提供了一个通用的计算环境，它提供了许多算法、可视化和用户界面功能。左边这个三维图形就是符号计算与计算机图形学专家迈克尔·特罗特（Michael Trott）用 Mathematica 制作的。

算盘（约 1200 年），计算尺（1621 年），巴贝奇的机械计算机（1822 年），里蒂 I 型收银机（1879 年），微分分析机（1927 年），科塔计算器（1948 年），HP-35：第一台袖珍科学计算器（1972 年）

在过去的 20 年里，数学的实践方式发生了转变——从纯粹的理论研究和证明过渡到计算机和数学实验的使用。

这一转变的部分原因是诸如 Mathematica 等通用数学软件包的出现，Mathematica 由伊利诺伊州香槟市的 Wolfram Research 公司出售，由数学家和理论大师沃尔夫拉姆开发。第一个 Mathematica 的版本于 1988 年发布，今天它能提供一个通用的计算环境，它提供了许多算法、作图工具和丰富灵活的用户界面功能。Mathematica 是今天为数学实验提供的许多计算软件包的一个例子，其他的通用数学软件包还包括 Maple、Mathcad、MATLAB 和 Maxima 等。

自 20 世纪 60 年代以来，针对特定的数值运算、代数运算、图形工具和其他任务，开发过一些单独的专用软件包，而对混沌和分形感兴趣的研究人员长期以来一直使用计算机来完成他们的这些探索任务。Mathematica 以一种方便的方式将各种专用软件包的各种功能集合起来。今天，Mathematica 被广泛应用于工程、科学、金融、教育、艺术、服装设计等领域以及其他需要可视化和数学实验的领域。

1992 年，《实验数学》杂志问世，展示了帮助人们利用计算来研究数学结构和确定重要的数学性质和模式。教育家和作家大卫·贝林斯基（David Berlinski）写道：“计算机使数学实验变得非常自然，这首次表明和物理学一样，数学可能成为一种实验学科，一种试验、观察并发现新事物的场所。”

数学家乔纳森·博文（Jonathan Borwein）和大卫·贝利（David Bailey）写道：“也许这方面最重要的进步是诸如 Mathematica 和 Maple 等通用数学软件产品的开发。如今，许多数学家对这些工具非常熟练，并将它们作为日常研究工作的一部分。因此，我们开始看到一波新的数学成果，部分甚至全部是借助基于计算机的软件工具实现的。”■

墨菲定律和绳结

德·威特·L. 萨默斯（De Witt L. Sumners，1941—）
斯图尔特·G. 惠廷顿（Stuart G. Whittington，1942—）

上图：纠缠的鱼网。
下图：登山绳上的一个绳结就能大大降低绳子所能承受的断裂应力。

结绳（约公元前 10 万年），博罗梅安环（834 年），超空间迷航记（1921 年），帕科绳结（1974 年），琼斯多项式（1984 年）

1988 年

自古以来，船上的水手和纺织工人们观察到绳索（或纱线）具有纠缠成结的趋势，令人十分烦恼和沮丧。正如著名的墨菲定律所说：如果有什么不好的事情可能会发生的话，那它多半会发生。然而直到最近，也没有严格的理论来解释这种令人抓狂的现象。考虑一种严重的实际后果：登山者生命所依赖的绳索如果出现一个结，就可以使绳子所能承受的断裂应力降低 50%！

1988 年，数学家萨默斯和化学家惠廷顿通过模拟绳索和其他类似绳子的物体，如化学聚合物链，明确地阐明了产生打结倾向的原因是“空间中自我回避（self-avoiding）的随机游走”。想象一只蚂蚁在立方网格中的一个点上休息。它下一步可以随机地沿着六个方向（东南西北上下）中的任何一个方向走（意思是在任何一个点，沿三种不同方向向前或向后走一步）。为了模拟已占据相同空间的物理物体，蚂蚁的行走是自我回避的，因此空间中已被这只蚂蚁本身经过的任何点，都不可能再次成为蚂蚁前行的目的。基于他们的研究，萨默斯和惠廷顿证明了一个普遍的结果：几乎所有足够长的“自我回避随机游走”都会形成绳结。

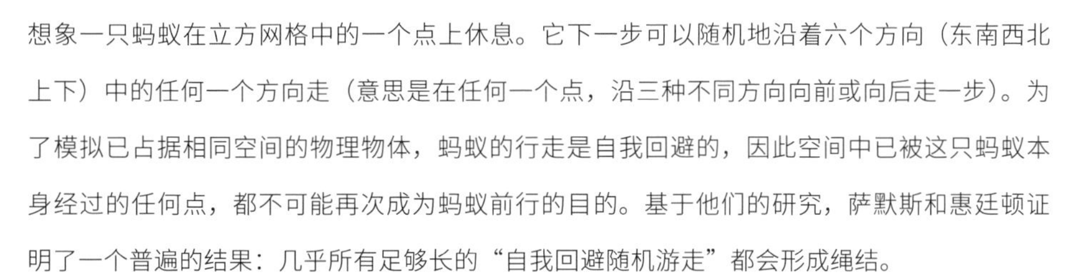

他们的研究不仅有助于解释为什么放在车库里的浇花的软管越长，它就越容易打结，或者为什么在犯罪现场发现了打结的绳子基本没有什么证据价值。这项工作对我们理解 DNA 和蛋白质骨架的缠结有着巨大的意义。以前蛋白质折叠专家们认为形成一个结超出了蛋白质的能力，但现在已经发现了一些这样的结，出现一些结可能有助于稳定蛋白质结构。如果科学家能准确地预测蛋白质的结构，他们就可以根据三维的蛋白质结构，更好地理解疾病和开发新的药物。■

蝶形线

坎普尔·H. 费伊（Temple H. Fay，1940—）

许多代数曲线和超越曲线用其对称性、多重叶瓣和渐近性来展示自己的美丽。这种蝶形线是由费伊构造出来的，可以用极坐标方程 $\rho= e^{\cos\theta}-2\cos(4\theta)+\sin^5(\theta/12)$ 来表示。

谐振记录仪（1857 年）

参数方程是将一组因变量表示为若干自变量的函数的方程组。如果平面曲线上的点的坐标（x，y）可以表示为变量 t 的函数，则通常被写成参数方程。例如，以直角坐标圆的标准方程式为例：$x^2+ y^2= r^2$，其中 r 是圆的半径，我们可以将它用参数方程表示：$x=r\cdot\cos(t)$，$y=r\cdot\sin(t)$，其中 $0 < t \leqslant 360°$ 或 $0 < t \leqslant 2\pi$ 。利用计算机绘图时，计算机程序会自动增加 t 的值，计算出并绘制出（x，y）点并连接成曲线。

数学家和计算机艺术家们经常使用参数方程表示曲线，因为某些几何形状很难像圆一样描述成一个单一的方程。例如，要绘制圆锥螺旋，可以用：$x=a\cdot z\cdot\sin(t)$，$y=a\cdot z\cdot\cos(t)$，$z=t/(2\pi c)$，其中 a 和 c 是常数。圆锥螺旋常被用于某些类型的天线。

许多代数曲线和超越曲线在对称性、多重叶瓣以及渐近线方面展示出它们的美丽。蝶形线是由费伊在密西西比州南部大学时发现的一类美丽而复杂的形状。蝶形线方程可以用极坐标方程：$\rho=e^{\cos\theta}-2\cos(4\theta)+\sin^5(\theta/12)$ 来表示。这个公式描述了一个酷似蝴蝶形象的轨迹，变量 ρ 是点到原点的径向距离。蝶形线之所以重要，是因为它自 1989 年首次推出以来，许多学生和数学家们都为之痴迷，这个图形还启发学生们去尝试各种具有长周期的变体，如 $\rho=e^{\cos\theta}-2.1\cos(6\theta)+\sin^7(\theta/30)$ 。■

整数数列在线大全

尼尔·詹姆斯·亚历山大·斯洛恩
(Neil James Alexander Sloane，1939—)

整数数列在线大全里包含探讨 n 对孔眼的鞋子总共有几种鞋带系法这样的数列。如果每个孔眼都至少要直接连到对面那排孔眼一次，而且鞋带一定要从两排孔眼的两端作为起点与终点的话，数据库数据显示如下：1，2，20，396，14 976，907 200，…。

图厄–摩斯序列（1906 年），考拉兹猜想（1937 年），外观数列（1986 年），床单问题（2001 年）

1996 年

整数数列在线大全（The On-Line Encyclopedia of Integer Sequences，OEIS）是一个极其庞大、可搜索的整数数列数据库。数学家、科学家和那些对数列感兴趣的，从来自博弈论、谜题研究和数论到化学、通信和物理等学科的外行人都可以使用。可以举出两个典型的数列例子来说明 OEIS 惊人的多样性。一只有 n 对鞋眼的鞋子共有几种鞋带系法？古代“楚凯隆宝石棋”（一种与计算石头数量有关的游戏）总共有多少种获胜的摆法？整数数列在线大全的网站包含超过 15 万个数列，是世界上最大的同类数据库。

其中每个数列条目包括数列的前面若干项、关键词、数学依据和参考文献。英国出生的美国数学家斯洛恩从 1963 年作为康奈尔大学的研究生起就开始收集整数数列，他第一个版本的OEIS被储存在穿孔卡片上，然后在1973年以一本书的形式发表，被称为《整数数列手册》，包含了 2 400 个数列，1995 年增补到 5 487 个序列。网络版于 1996 年推出，每年继续增加约 10 000 个新条目。如果现在要把数据库里的所有内容印成书的话，这本书的体量大概相当于 750 本 1995 年版的数列大全。

OEIS 是一项巨大的成就，经常被用来识别数列或查询已知数列的当前状况。然而，它最深刻的用途可能是帮助提出新的猜想。例如，数学家拉夫·斯蒂芬（Ralf Stephan）最近仅仅通过对 OEIS 数列的研究，就在许多领域提出了 100 多个猜想。通过比较具有相同的前导项的数列（或与其相关的简单变换的数列），数学家可以开始思考关于幂级数展开、数论、组合数学、非线性递归、二进制表示和其他数学领域的新猜想。■

永恒拼图

克里斯托弗·沃尔特·蒙克顿子爵（Christopher Walter Monckton，布伦克利的第三代蒙克顿子爵，1952—）

永恒拼图中的一片单独的拼图，即显示在这里的黄色多边形，是由三角形和“半三角形”组成的一个整块。

完美矩形和完美正方形（1925 年），万德伯格镶嵌（1936 年），彭罗斯镶嵌（1973 年）

在 1999—2000 年，有一种极端困难的拼图游戏引领了一股疯狂的热潮，这种游戏被称为“永恒拼图”，最后顺理成章地成为需要通过计算机分析的前沿性数学课题。这种游戏共有 209 片拼图，形状各不相同，每一片都是由等边三角形和半三角形构成，总面积与六个三角形相同。要求完成的任务是把这些拼图组合成一个大的、几乎是正十二边形的图形。

1999 年

永恒拼图的发明者是蒙克顿子爵，当该拼图于 1999 年 6 月由安图玩具公司（Ertl Toys）商业化发行时，蒙克顿曾宣布拼出答案者将获得 100 万英镑的奖金。因为他根据计算机实验结果认定，这个谜题在几年或更长的时间不可能得到解决。事实上，如果使用单纯的搜索来彻底穷尽所有的可能性，用最快的计算机都需要数百万年的时间。

但蒙克顿失算了，两位英国数学家阿历克斯·塞尔比（Alex Selby）和奥利弗·雷奥丹（Oliver Riordan）在 2000 年 5 月 15 日展示了一个正确的拼图答案，当然他们是在计算机的帮助下获得的。有趣的是，他们发现类似的永恒拼图中，当图块数量增加到 70 块时，难度会增加，然而超过 70 块后，正确答案的数量开始急剧增加。官方版的永恒拼图估计至少有 10^{95} 种答案——远远超过我们星系中原子的数量。然而尽管如此，这款游戏的难度仍然属于几乎令人绝望的魔鬼级别，因为非正确答案的拼法比正确答案还是要多得太多太多。

因为塞尔比和雷奥丹意识到可能有许多解决方案，他们决定故意放弃蒙克顿的提示来自己寻找的解决方案，以便找出可能更容易的答案，因此获得了成功。然而蒙克顿并没有气馁（他卖掉祖传的城堡，兑现了奖金），又在 2007 年发布了升级版永恒拼图游戏，这次共有 256 片正方形拼图，目标是最终拼成 16×16 的大正方形，并且新增片块拼图只能用颜色相同的那一边互相连接。据估计，可能的拼出图案的数量多达 1.115×10^{557} 种。■

完美超幻方

约翰·罗伯特·亨德里克斯（John Robert Hendricks，1929—2007）

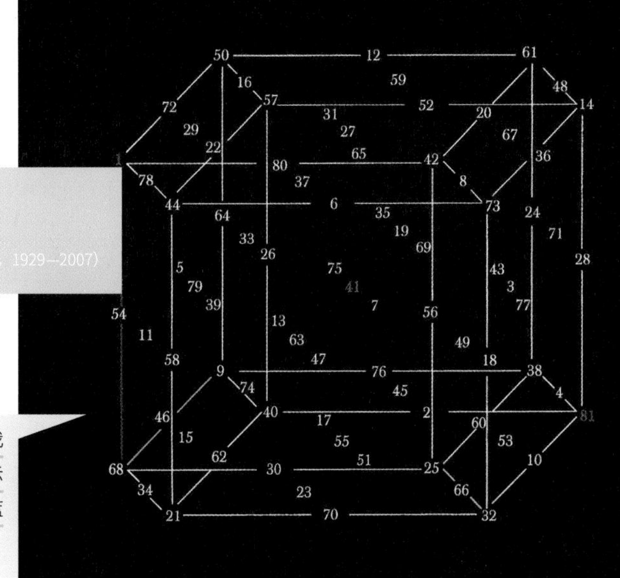

一个 16 阶完美超幻方很难可视化地展现出来，所以我们这里只能展示亨德里克斯的 3 阶超幻方之一，显示了一个行（黄色）、列（绿色）、柱（红色）、延（蓝色）和主对角线（洋红数字），幻和为 123。

幻方（约公元前 2200 年），富兰克林的幻方（1769 年），超立方体（1888 年）

1999 年

传统的幻方包含以方格的形式排列的整数，使每一行、每一列和对角线中的数字相加的结果都是相同的（称为幻和）。如果其元素是从 1 到 N^2 的连续整数，则称此幻方是 N 阶幻方。

在一个神奇的四维立方体中，如果包含的元素是从 1 到 N^4 的连续整数，其排列方式保证了每 N^3 个行、每 N^3 个列、每 N^3 个“柱”、每 N^3 个“延”（柱（pillar）和延（file）是用来表示第三、四个空间方向的术语，类似于行和列），以及在 8 条主对角线（穿过中心并连接对面的角）中所包含的 N 个数字之和，都是一个常数 $S=N(1+N^4)/2$，这就是一个四维 N 阶超幻方，其中 N 是幻方的阶数，一共存在 22 272 个四维三阶超幻方。

加上“完美”二字后，要求就更苛刻了。“完美超幻方”这个术语意味着，超幻方不仅要在行、列、柱、延和主对角线中满足“同和性质”，而且在所有“面对角线”（二维对角线）和“体对角线”（三维对角线）中也满足“同和性质”。一个“完美超幻方”要求所有的它所包含的三维立方体都是“完美的”，所有的正方形也都是“完美的”（也就是说，所有的 2，3，4 维对角线上的元素加起来都等于“幻和”）。

加拿大研究员亨德里克斯是世界上最著名的高维幻方专家之一，他证明了任何低于 16 阶的四维超幻方都不能实现“完美超幻方”的要求，即不存在低于 16 阶的“完美超幻方”。1999 年，他和我计算出了第一个著名的四维 16 阶“完美超幻方”。这个 16 阶的“完美超幻方”包含从 1—65 536 的所有整数，其幻和为 534 296。我们可以总结一下今天所知道的知识：最小的（四维）“完美超幻方”是 16 阶，最小的三维完美立体幻方是 8 阶，而平面上最小的完美幻方（包含泛对角线等于幻和）是一个 4 阶方阵。■

帕隆多悖论

胡安·曼努埃尔·罗德里格斯·帕隆多
（Juan Manuel Rodríguez Parrondo，1964—）

物理学家帕隆多的悖论受到这样的棘轮的启发，它们的行为可能导致违反直觉的结果，特别是当这种装置作为微型机械使用时。帕隆多将对这个物理设备的见解延伸到赌博游戏中。

芝诺悖论（约公元前 445 年），亚里士多德的轮子悖论（约公元前 320 年），大数定律（1713 年），圣彼得堡悖论（1738 年），理发师悖论（1901 年），巴拿赫—塔斯基悖论（1924 年），希尔伯特旅馆悖论（1925 年），生日悖论（1939 年），海岸线悖论（1950 年），纽科姆悖论（1960 年）

1999 年

20 世纪 90 年代末，西班牙物理学家帕隆多展示了如何让两种必输的赌博方式交替进行，最终居然能使玩家赢钱的奇怪赌博方法。科学作家桑德拉·布莱克斯利（Sandra Blakeslee）写道，帕隆多“发现了一种新的自然规律，它可以帮助解释许多其他现象，诸如生命是如何从原始浓汤中产生的，为什么克林顿总统的支持率在他卷入性丑闻后不降反升，为什么投资亏损股票有时反而会得到更大的资本收益”。这个令人难以置信的悖论在从人口动力学到金融风险的评估等领域都有应用。

要理解这个悖论，设想一下你正在玩两个设计不均匀的硬币赌博游戏。在游戏 A 中，每次掷硬币时，你的获胜概率 P_1 小于 50%，以 $P_1=0.5-x$ 表示。如果你赢了，你就得到 1 美元，否则你就输 1 美元；在游戏 B 中，你先看手中的钱是否是 3 的倍数。如果不是，你就掷第二个不均匀的赢钱概率为 $P_2=(3/4-x)$ 的硬币；如果是，你就掷第三个不均匀的赢钱概率为 $P_3=(1/10)-x$ 的硬币。如果你单独玩游戏 A 和游戏 B，例如取 $x=0.005$，从长远来看，你最终会输个精光。然而如果你交替玩它们（哪怕你在游戏 A 和 B 之间随机切换都行），你最终会变得比你最疯狂的发财梦想还要富有！请注意，在这个交替的游戏中游戏 A 的结果会影响游戏 B 的结果。

帕隆多在 1996 年就想到了这个悖论。 澳大利亚阿德莱德大学的生物医学工程师德里克·阿伯特（Derek Abbott）将之命名为“帕隆多悖论”，并于 1999 年出版了相关专著，证实了帕隆多的违反直觉的结果。■

243

破解极致多面体

约翰·霍顿·康威（John Horton Conway，1937— ）
杰德·P. 文森（Jade P. Vinson，1976— ）

右图：一个穿过立方体的三角锥体的例子。
下图：南极冰洞内的空洞和隧道让人联想到极致多面体华丽、多孔的构造。一个极致多面体必须有由多边形包围的隧道，每个极致多面体的面必须包含至少一个隧道开口的多边形孔。

柏拉图多面体（约公元前 350 年），阿基米德的半正则多面体（约公元前 240 年），欧拉的多面体公式（1751 年），鲁珀特王子的谜题（1816 年），环游世界游戏（1857 年），皮克定理（1899 年），巨蛋穹顶（1922 年），塞萨多面体（1949 年），西拉夕多面体（1977 年），三角螺旋（1979 年）

一般认知的多面体是由多边形沿边相连所集合成的立体。所谓极致多面体（Holyhedron）则是指每一面都至少有一个多边形孔洞的多面体，而且这些孔洞不但彼此的边界都不相连，也不会接触到多面体每一面的边界。以一个六面的立方体为例，如果从其中一面贯穿一根五边形的短棒到相对的那一面、制造出一个五边形的隧道后，现在就创造出一个总计十一面的立体（原先立方体的六个面加上隧道外围的五个面），不过，其中只有两个面上有穿孔而已。只要继续依样画葫芦地在立方体上打洞，我们就会创造出越来越多的面。不用多说，最大的挑战，就是在更多的面上打洞，打到多面体上的每一面都有孔洞，最终形成极致多面体。

极致多面体最早是由普林斯顿的数学家康威在 20 世纪 90 年代所提出的构想，康威除了提供一万美元的奖金给任何一位能找到这个物体的人士，还规定最终的获奖金额，是一万美元除以这个物体上总面数的结果。大卫·W. 威尔森（David W. Wilson）随后在 1997 年直接改用极致多面体一词来指称这个到处都是洞的多面体。

后来，美国数学家文森终于在 1999 年找到了世上第一个极致多面体的样本，共有 78 585 627 个面（显然文森最后能领到的奖金真是少得可怜）！ 2003 年，计算机绘图专家唐·哈奇（Don Hatch）找到了一个总面数为 492 的极致多面体，至今，后续的搜寻工作仍在进行中。■

1999 年

床单问题

布兰尼·加利文（Britney Gallivan，1985—）

在 2001 年，加利文建立了方程来描述了我们在一个方向上折叠一张给定大小的床单或纸张的次数限制。

芝诺悖论（约公元前 445 年），整数数列在线大全（1996 年）

2001 年

某个失眠无聊的夜晚，你决定换一张床单，床单只有 0.4 毫米厚。你折叠一次，它就会变成 0.8 毫米厚。你想过折叠多少次就能使床单厚度等于地球和月球之间的距离吗？答案出人意料，你只需要把你的床单折叠 40 次，你就能在月球上睡觉了！问题还有另一个版本，给你一张厚度为 0.1 毫米的纸，如果你能把它折叠 51 次，这个堆栈将能达到比太阳更远！

实际上，在现实生活中不可能把一个物体连续折叠那么多次。直到在 20 世纪的后期人们普遍认为，即使开始时纸张很大，一张真正的纸不能折叠超过 7 到 8 次。但在 2002 年，一位高中学生加利文却出人意料地将一张纸折叠了 12 次，震惊了世界。

在 2001 年，加利文建立了方程来描述了我们可以在一个方向上折叠一张给定大小的纸的次数限制。对于厚度为 t 的纸张，要实现 n 次折叠，我们可以估计出纸张初始时的最小长度为：$L=[(\pi t)/6]\times(2^n+4)\times(2^n-1)$。我们可以研究 $(2^n+4)\times(2^n-1)$ 的行为。从 $n=0$ 开始直到 $n=11$，我们会得到整数序列 0，1，4，14，50，186，714，2 794，11 050，43 946，175 274，700 074。这就是说，第十一次把纸对折时，纸张因为弯曲折叠产生的垂直高度造成的长度损失至少是第一次折叠造成长度损失（即纸张厚度 t）的 700 074 倍。■

破解阿瓦里游戏

约翰·W. 罗梅因（John W. Romein，1970—）
亨利·E. 鲍尔（Henri E. Bal，1958—）

阿瓦里游戏对人工智能领域的研究人员有着巨大的吸引力。2002 年，计算机科学家计算了所有 889 063 398 406 种可能的棋局，并证明阿瓦里游戏对不犯错误的双方必然以平局结束。

井字棋（约公元前 1300 年），围棋（约公元前 548 年），高德纳和珠玑妙算游戏（1970 年），永恒拼图（1999 年），破解西洋跳棋（2007 年）

阿瓦里游戏是一款有 3500 年历史的非洲棋盘游戏。如今，阿瓦里是加纳的国家竞赛项目之一。这种游戏在西非各国也颇受欢迎。阿瓦里是一种计数和捕获游戏，属于播棋这种策略游戏的分支。

阿瓦里棋盘由两排各有六个凹槽组成，每个凹槽中有四颗棋子（用豆子、种子或小卵石代替都行）。两排各六个凹槽分属两个玩家，双方轮流移动棋子。轮到的一方从他的六个凹槽中选择一个，从那个凹槽取出所有的棋子，并向这个凹槽逆时针方向的每个凹槽中放进一粒棋子。轮到对方时，他也从他的六个凹槽中的一个取走所有棋子，并做同样的事情。

当玩家把他的最后一粒棋子放进对方的某个凹槽，而那个凹槽里只有一粒或两粒棋子（即总共有两粒或三粒棋子）时，玩家就可以取走这个凹槽里所有的棋子，这些棋子不再进入游戏，作为玩家的得分。同时这个玩家还可以取走空凹槽前面属于对方的总共两粒或三粒棋子的凹槽里的所有棋子。如果一方玩家的所有凹槽都已经空了，游戏就结束，手中收获棋子多的一方获胜。

阿瓦里游戏对人工智能领域的研究人员有着巨大的吸引力，在人工智能领域，算法有时被开发出来解决谜题或玩游戏，但直到 2002 年，没有人知道阿瓦里游戏是否像井字棋那样，不犯错的双方总是会在平局中结束比赛。最后，阿姆斯特丹自由大学的计算机科学家罗梅因和鲍尔写了一个计算机程序，计算出所有 889 063 398 406 种可能的阿瓦里棋局的结果，并证明阿瓦里游戏对完美的双方来说应该以平局结束。这项庞大的计算工程需要使用一台拥有 144 个处理器的计算机同步运算，花费 51 个小时完成。■

2002 年

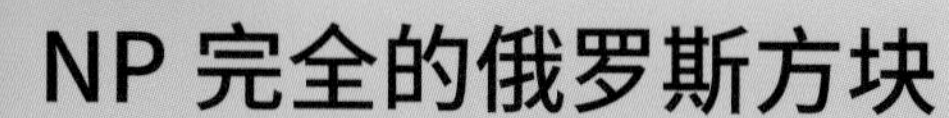

NP 完全的俄罗斯方块

艾瑞克·D. 德梅因（Erik D. Demaine，1981—）
苏珊·霍恩伯格（Susan Hohenberger，1978—）
大卫·劳威尔（David Liben-Nowell，1977—）

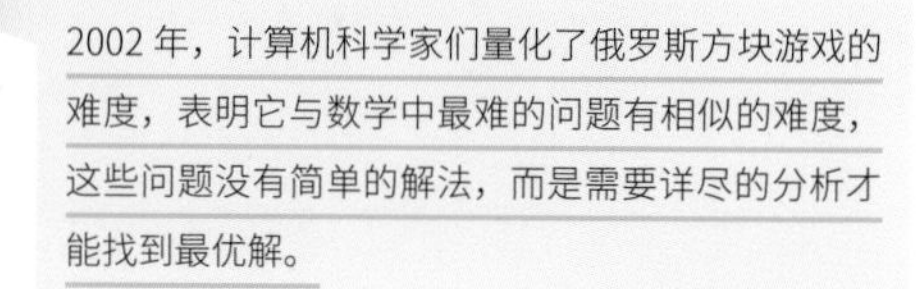

2002 年，计算机科学家们量化了俄罗斯方块游戏的难度，表明它与数学中最难的问题有相似的难度，这些问题没有简单的解法，而是需要详尽的分析才能找到最优解。

井字棋（约公元前 1300 年），围棋（约公元前 548 年），永恒拼图（1999 年），破解阿瓦里游戏（2002 年），破解西洋跳棋（2007 年）

2002 年

1985 年，由俄罗斯计算机工程师阿列克谢·帕基特诺夫（Alexey Pajitnov）发明的俄罗斯方块是一种非常流行的落块拼图电子游戏。2002 年，美国计算机科学家们量化了游戏的难度，证明它与数学中最难的问题有相似的难度，这些问题没有简单的解法，而是需要详尽而烦琐的分析计算才能找到最优解。

在俄罗斯方块游戏中，不同形状的积木块从游戏屏幕的顶部出现，并开始向下移动。当一个积木块下降时，玩家可以将其旋转或侧移，使其落到理想的位置。这些积木块也被称为四联块，由四个小方格组成，像字母 T 或其他各种可能的简单的形状。当一个积木块到达底部时，下一个积木块又在顶部生成并下落。当下部的一行被填满而没有空隙时，那一行就会被消除，而且上面已有的所有行都会下降一行。当一个新的积木块因行数不够被阻挡而不能下降时，游戏就结束。玩家的目标是使游戏持续尽可能长的时间，以获得更多的分数。

2002 年德梅因、霍恩伯格和劳威尔研究了这种游戏的一个广义版本，它使用了任意数量的小方格的宽度和高度的游戏屏幕。这个团队发现，如果他们在玩给定顺序的积木块时试图将清除的行数最大化，那么游戏就是 NP 完全的。“NP”代表“不可确定为多项式算法”之意，虽然这类问题可以验证以确定解决方案是否正确，但要寻求实际上的解决方案却需要非常长的时间。NP 完全问题的典型例子是“货郎担问题”，这涉及一项极具挑战性的任务——为必须访问许多不同城镇的推销员或送货员确定最有效的路线。求解这类问题是极其困难的，因为本质上不存在简单快捷或所谓聪明巧妙的算法来快速解决问题。■

《数字追凶》

尼古拉斯·法拉契(Nicolas Falacci)
谢丽尔·海顿(Cheryl Heuton)

这是《数字追凶》的一个场景。《数字追凶》是一部美国电视连续剧，展示了一位杰出的数学家，他利用他在数学方面的天赋帮助联邦调查局破获罪案。这是第一部围绕数学而又很受欢迎的每周连续剧目，背后有一个数学家顾问团队作支撑。

马丁·加德纳的数学游戏(1957年)，群策群力的艾狄胥(1971年)

《数字追凶》(NUMBERS)是由夫妻档作家法拉契和海顿共同创作的美国电视连续剧节目。这部犯罪剧讲述了一位才华横溢的数学家查理·艾普斯(Charlie Epps)，他用他在数学上的天赋帮助联邦调查局破获罪案。

虽然把电视节目和费马定理或欧几里得的著作放在一起似乎有点不伦不类，但《数字追凶》却非常引人注目，因为它是第一部围绕数学而创作的电视剧，它背后有一个数学家顾问团队作支撑，也得到了数学家们的好评。在剧目中所看到的方程式是都真实的而且与剧情十分吻合。该剧目中涉及的数学内容从密码分析、概率论、傅里叶分析到贝叶斯分析和基础几何学。

《数字追凶》之所以引人注目，还因为它为学生创造了许多学习机会。例如，数学老师在课堂上引用《数字追凶》的剧情讲课。2007年，美国国家科学委员会将当年的公共服务奖颁发给了剧组，以表彰其对提高科学和数学素养的贡献。在《数字追凶》中涉及的著名数学家包括阿基米德、艾狄胥、拉普拉斯、冯·诺依曼、黎曼和沃尔夫拉姆，这些数学历史名人在整部剧中频频登场！肯德里克·弗雷泽(Kendrick Frazier)曾写道:“科学、理智和理性思维在剧情故事中扮演了如此重要的角色，以至于美国科学促进协会在其2006年会上用了一整个下午来举行《数字追凶》的专题研讨会，专门探讨该剧集对改变公众对数学的看法方面的巨大作用。”

本剧一开始就是对数学重要性的热烈称赞:“我们无时无刻不在使用数学，用来报时，用来预测天气，用来处理金钱……数学不仅仅是公式和方程式，不仅仅是数字，它更是逻辑，更是理智，它能让你用头脑来解决我们所知的最悬疑的谜团。”■

破解西洋跳棋

乔纳森·谢弗（Jonathan Schaeffer，1957—）

法国艺术家路易斯–莱昂纳德·波利（Louis-Léopold Boilly，1761—1845）在 1803 年左右画了一场家庭跳棋游戏的场景。2007 年计算机科学家证明，西洋跳棋在双方都不出错的情况下将以平局结束。

井字棋（约公元前 1300 年），围棋（约公元前 548 年），豆芽游戏（1967 年），破解阿瓦里游戏（2002 年）

2007 年，计算机科学家谢弗和他的同事们终于用计算机证明了如果玩家不犯错的话，西洋跳棋是一场没有赢家的游戏。这意味着西洋跳棋就像井字棋一样，如果双方都没有出错的话，谁也不会是赢家，双方将以平局告终。

谢弗的证明是由数百台计算机花费 18 年才完成的，这使得西洋跳棋成为到目前为止人类破解过的最复杂的游戏。这也意味着理论上可以设计出一台机器棋手，它永远不会输给人类。

西洋跳棋用的是 8×8 的方格棋盘，在 16 世纪的欧洲非常流行。西洋跳棋棋子通常是黑色和红色的，棋子只能走斜线。双方玩家轮流下棋，只要跳过对手的棋子就能吃掉它。当然，考虑到大约有多达 5×10^{20} 种可能的走法，要证明跳棋是一个平局结局比证明井字棋没有赢家要难得多。

破解西洋跳棋的研究小组首先考虑了在棋盘上只有 10 枚或更少的棋子时的 390 亿种“残局模式”，研究确定红棋或黑棋的赢棋状况；然后小组还使用了一种专门的搜索算法来研究跳棋的开局，看这些开局是如何“归入”10 枚棋子的“残局”中去。破解西洋跳棋是人工智能领域发展的一个重要标志，这通常涉及复杂的计算机解决问题的策略。

1994 年，谢弗开发的名为“奇努克”（Chinook）的计算机程序多次战平了当时的世界冠军马里恩·廷斯利（Marion Tinsley）。廷斯利 8 个月后死于癌症，一些人责备说，正是谢弗的“奇努克”对廷斯利造成的压力加速了他的死亡！

探索李群 E_8

马里乌斯·索菲斯·李（Marius Sophus Lie，1842—1899）

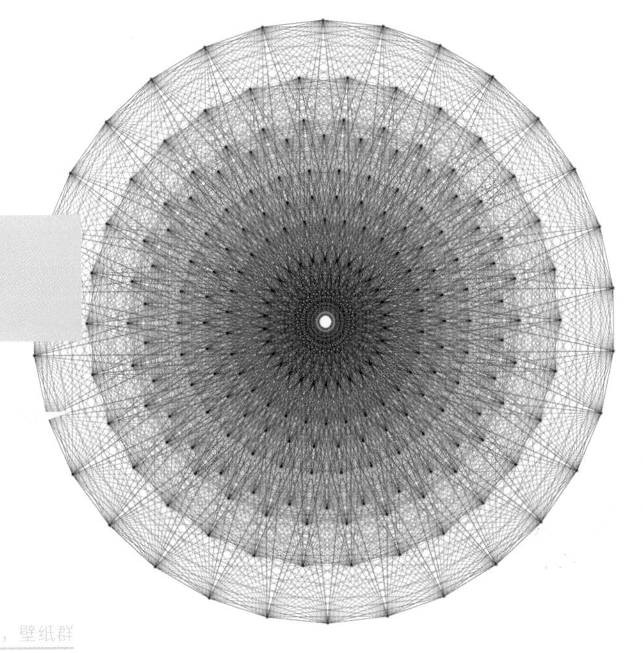

E_8 的图形。一个多世纪以来，数学家一直在探索理解这个庞大的、248 维的物体。2007 年，一台超级计算机完成了 E_8 探索计划表中的最后一个栏目的计算，该栏目描述了一个 57 维物体的对称性。

柏拉图多面体（约公元前 350 年），群论（1832 年），壁纸群组（1891 年），怪兽群（1981 年），数学宇宙假说（2007 年）

一个多世纪以来，数学家一直在试图探索理解一个庞大的、248 维的物体，他们将其称为 E_8。最终在 2007 年，一个国际数学家和计算机科学家团队利用一台超级计算机驯服了这头错综复杂的怪兽。

作为背景，回忆一下开普勒写的《宇宙的奥秘》，开普勒痴迷于宇宙的对称性，所以他认为整个太阳系的行星轨道可以用柏拉图多面体（如立方体和正十二面体）来模拟，彼此形嵌套成层，就像一个巨大的洋葱状的水晶球一样。然而，开普勒想象中的这种对称性的视野和规模依然太有限了，一种宏大到他几乎无法想象的对称性也许确实统治着宇宙。

19 世纪末，挪威数学家索菲斯·李研究了具有光滑旋转对称性的物体，比如我们普通三维空间中的球体或甜甜圈（圆环面）。在三维和更高的维度中，这种类型的对称性就是用李群来表示的。德国数学家威廉·基林（Wilhelm Killing）在 1887 年指出了李群 E_8 的存在。已经知道简单的李群控制着电子轨道形状和亚原子夸克的对称性，也许有一天我们会发现诸如 E_8 等更大的李群，掌控着大一统的物理理论的关键，并能帮助科学家理解弦理论和引力。

荷兰数学家兼计算机科学家福克·杜·克鲁克斯（Fokko du Cloux）是探索 E_8 团队的成员之一，他为超级计算机编写了软件，在期待着 E_8 的结果时，他患上了多发性硬化症，依靠呼吸机维持生命。他于 2006 年 11 月去世，没能活着看到 E_8 的探索结果。

2007 年 1 月 8 日，一台超级计算机完成了 E_8 探索计划表中的最后一个栏目的计算，它描述了一个 57 维物体的对称性，它可以用 248 种不同方式旋转而不会改变它的外形。这项工作无论是作为数学知识的进步，还是使用大规模计算来解决深刻数学问题的能力来说都具有重要意义。■

数学宇宙假说

马克斯·特格马克（Max Tegmark，1967—）

根据数学宇宙假说，我们的物理现实世界就是一个数学结构。我们的宇宙不仅仅是用数学来描述而已，甚至可以说——宇宙本身就是数学！

元胞自动机（1952 年），探索李群 E_8（2007 年）

2007 年

在这本书中，我们已遇到了各种被认为是宇宙钥匙的几何模型。开普勒用柏拉图多面体（如正十二面体等）来模拟太阳系，而像 E_8 这样的李群可能有朝一日会帮助我们建立一个大一统的物理理论。甚至 17 世纪的伽利略也说过：“大自然的伟大著作是用数学符号写成的。”20 世纪 60 年代，物理学家维格纳则对“数学在自然科学中的超乎常理的有效性”的深刻印象而赞叹不已。

2007 年，瑞典裔美国宇宙学家特格马克发表了一系列关于数学宇宙假说（Mathematical Universe Hypothesis，MUH）的科普文章，指出我们的物理现实世界就是一种数学结构，我们的宇宙不仅仅是用数学来描述而已——它本身就是数学。特格马克是麻省理工学院的物理学教授和基础科学问题研究所主任。他指出，当我们考虑像 1+1=2 这样的等式时，重要的是我们正在描述的关系，而相对来说使用的数学符号并不重要。他认为，“我们并不发明数学结构——我们只是发现了它们，我们发明的只是描述它们的符号而已。”

特格马克的假设意味着“我们都生活在一个巨大的数学对象之中——这个物体比正十二面体之类要复杂得多，而且可能比那些光听名字就很吓人的、最先进理论，诸如卡拉比—丘流形（Calabi—Yau Manifold）、张量丛（Tensor Bundle）和希尔伯特空间（Hilbert Space）之类的对象还要复杂得多。我们世界上的一切都是纯粹的数学对象——包括你本人”。如果你觉得这种想法有违直觉，这并不奇怪，因为许多现代科学理论，如量子理论和相对论，都是违反直觉的。就像数学家罗纳德·葛立恒（Ronald Graham）说过，“我们的大脑已经进化到能让我们遮风避雨，让我们找到浆果繁茂之地，避免我们死于非命；但我们的大脑并没有进化到能使我们实时掌握大量数据，也没办法在千奇百怪的空间维度中一眼看穿事物的本质。”■

图书在版编目（CIP）数据

数学之书 /（美）克利福德·皮寇弗（Clifford Pickover）著；杨大地译．—2 版．— 重庆：重庆大学出版社，2021. 10（2024.11 重印）
（里程碑书系）
书名原文：The Math Book
ISBN 978-7-5689-2615-7

Ⅰ．①数… Ⅱ．①克… ②杨… Ⅲ．①数学—普及读物 Ⅳ．①O1-49

中国版本图书馆 CIP 数据核字（2021）第 052395 号

数学之书（第 2 版）
SHUXUE ZHI SHU
［美］克利福德·皮寇弗 著
杨大地 译

责任编辑：王思楠
责任校对：夏 宇
装帧设计：鲁明静
责任印制：张 策

重庆大学出版社出版发行
出版人：陈晓阳
社址：（401331）重庆市沙坪坝区大学城西路 21 号
网址：http://www.cqup.com.cn
印刷：重庆升光电力印务有限公司

开本：787mm × 1092mm 1/16 印张：17.5 字数：410 千
2021 年 10 月第 2 版 2024 年 11 月第 19 次印刷
ISBN 978-7-5689-2615-7 定价：88.00 元

数学之书 The Math Book